北京市科协青年人才成长／出版学术专著项目资助

大数据技术
在大规模储能系统中的应用

李相俊　高飞　刘松　惠东　贾学翠　编著

中国电力出版社
CHINA ELECTRIC POWER PRESS

内 容 提 要

能源互联网将承载和推动第四次工业革命，而储能是其中不可分割的重要组成部分。随着分布式或集中式的大容量电化学储能系统建设的不断深入和推进，大规模储能系统（电站）运行和设备监测产生的数据量呈指数级增长，这就需要大数据技术作为存储和快速处理的技术支撑。本书重点阐述了大数据技术在大规模储能系统中的应用。

本书共分 9 章，分别介绍了大数据处理架构 Hadoop；大数据存储、处理与分析技术；数据挖掘基础；储能电池性能分析与评价；储能电池（组）寿命分析与评价；大规模储能系统海量电池数据采集、存储及管理技术；大规模储能系统海量电池数据管理平台；大规模储能系统海量电池数据分析与电池运行状态评价；大规模储能系统海量电池数据云服务平台。

本书以通俗易懂、深入浅出的方式，为从事大规模储能、大数据技术的科研人员提供参考和借鉴，也可供高等院校从事储能和大数据技术研究的师生阅读。

图书在版编目（CIP）数据

大数据技术在大规模储能系统中的应用 / 李相俊等编著. —北京：中国电力出版社，2018.9（2024.12 重印）
ISBN 978-7-5198-1609-4

Ⅰ. ①大… Ⅱ. ①李… Ⅲ. ①数据处理—应用—储能 Ⅳ. ①TK02-39

中国版本图书馆 CIP 数据核字（2018）第 159868 号

出版发行：中国电力出版社
地　　址：北京市东城区北京站西街 19 号（邮政编码 100005）
网　　址：http://www.cepp.sgcc.com.cn
责任编辑：邓　春　刘　薇（010-63412787）
责任校对：黄　蓓　李　楠
装帧设计：张俊霞　左　铭
责任印制：石　雷

印　　刷：北京天泽润科贸有限公司
版　　次：2018 年 9 月第一版
印　　次：2024 年 12 月北京第三次印刷
开　　本：787 毫米×1092 毫米　16 开本
印　　张：14.5
字　　数：332 千字
印　　数：1501—2000 册
定　　价：68.00 元

前　言

能源互联网将承载和推动第四次工业革命，而储能是其中不可分割的重要组成部分。近年来，世界各地都在积极开展储能技术的研究工作。目前，电化学储能尤其是电池储能相关技术得到了快速发展。随着分布式和集中式电池储能系统建设的不断深入和推进，电池储能系统（电站）运行和设备监测产生的数据量呈指数级增长，这就需要相应的存储和快速处理技术作为支撑。

大数据是随着信息技术尤其是近些年的互联网和物联网技术的发展而产生的一个新的趋向。大数据技术是大型电池储能系统状态分析与诊断的重要手段。事实上，人们已将基于大数据及相关分析处理技术的对科学和工程问题的探究统称为"数据密集型"科学，并将之视为与传统的理论科学、实验科学和计算科学比肩的第四种研究范式。数据量的增大会由量变转化为质变，随之而来的是大数据相关问题的两个方面：工程问题和科学问题。电池储能应用中，上述问题将体现为传统数据库系统及相应数据处理系统向大数据应用系统升级改造的工程技术问题，以及对电池储能系统相关累积数据的深入洞察理解和关联价值解析等的科学问题。

本书作者团队多年来一直从事电池特性分析、电池储能系统规划设计、集成与运行控制以及电力大数据应用等方面的科研和实践工作，熟悉我国电池储能系统集成与应用朝着智能化、信息化发展的技术方向和关键问题，致力于促进电池储能及大数据的应用技术发展。2012 年起，先后承担了国家电网公司"大容量储能电站监控技术研究"、"大规模电池储能电站运行技术研究与应用"等科技项目。2016 年起，还承担了国家重点研发计划专项课题"基于新型锂离子电池的大规模储能系统集成及应用示范"等重大研究课题，深感肩负的知识普及、技术引领、科技成果转化的责任重大。为了帮助从事电池储能技术相关行业的广大读者理解究竟什么是大数据、怎样应用大数据、如何开展电池状态分析与评价、如何构建海量数据管理及云服务平台、当前的主要问题、未来发展趋势等基础问题，作者团队以多年的理论与实践积累为基础，出版了这本《大数据技术在大规模储能系统中的应用》科技著作。期望使读者能从中了解大数据与云技术在电池储能系统中是如何应用的，以及对储能电池（组）性能、寿命、一致性等是如何进行分析与评价的。同时为相关领域的科研人员在以后的深入研究和实践中提供参考和助益，为电池储能系统（电站）的建设、运行、维护，以及电力大数据的应用贡献绵薄之力。

本书共分 9 章，第 1 章介绍大数据处理架构 Hadoop；第 2 章介绍大数据存储、处理与分析技术；第 3 章介绍数据挖掘基础；第 4 章介绍储能电池性能分析与评价；第 5 章介绍储能电池（组）寿命分析与评价；第 6 章介绍大规模储能系统海量电池数据采集、存储及管理技术；第 7 章介绍大规模储能系统海量电池数据管理平台；第 8 章介绍大规模储能系统海量电池数据分析与电池运行状态评价；第 9 章介绍大规模储能系统海量电池数据云服务平台。

本书在编写过程中，刘松副教授编写了第 1、2、3 章，高飞高级工程师编写了第 4、5 章，李相俊教授级高级工程师编写了第 6、7、8、9 章并统稿，惠东教授级高级工程师、贾学翠工程师参与编写了第 8 章。另外王林助理研究员、刘佳琦助理研究员、袁涛博士、郑岳久博士等为本书的编写提供了许多素材，王向前工程师、郑昊工程师、姚继峰高级工程师等参与了本书部分研究工作，马锐、李跃等硕士研究生参与了本书的辅助工作，在此表示感谢。本书还借鉴了一些已公开发表的研究成果和网络上的资料，均在参考文献中注明，在此对这些成果涉及的作者和刊物一并表示感谢！同时感谢北京市科协青年人才成长/出版学术专著项目对本书出版的资助。

由于作者水平有限，兼时间仓促，书中难免存在疏漏之处，敬请广大读者批评指正。

编者

2017 年 12 月

目　录

大数据处理架构 Hadoop

本章讲解大数据下的 Hadoop 处理架构，对 Hadoop 的核心组件进行讲解并给出具体安装及应用实例。总体来说，Hadoop 是一个开发和运行处理大规模数据的软件平台，是 Apache 的一个用 Java 语言实现的开源软件框架，可在大量计算机组成的集群中对海量数据进行分布式计算。Hadoop 框架中最核心的设计就是：Hadoop 分布式文件系统（Hadoop Distributed File System，HDFS）和分布式计算基本框架 MapReduce。HDFS 提供了海量数据的存储，MapReduce 提供了对数据的计算。其核心组件的种类和功能可是目前主流应用系统，是数据应用中常用文件存储组件的基础；MapReduce 编程困难，效率低；YARN 是一种分布式资源调度，它可以接收分配给每个集群节点的计算任务，相当于大数据操作系统，具有良好的通用性和良好的生态支持；ZooKeeper 可以被理解为一个小的高性能数据库，用以协作发布订阅函数，并在生态系统中提供许多组件，检测节点的失败（如心跳检测）。如确认消息是否准确到达，防止单点失效，处理负载均衡等。后续章节将针对大数据存储、处理与分析等相关技术及系统组件进行进一步讲解。

Hadoop 生态圈内的开源组件和产品有很多，包括本章中提到的 HDFS、YARN、ZooKeeper，还有诸如 HBase、hive、Spark、pig、kafka、flume、phoenix、sqoop 等也是常用的组件，在实际应用中，需针对不同系统的不同业务需求场景，选取组件配合进行组合使用，从而满足多方面的业务需求。

1.1　Hadoop 基础知识

1.1.1　Hadoop 的概念

今天，我们被各种各样的数据包围。人们聊天、看视频、浏览网页及更新动态等，都会使得计算机产生和保存越来越多的数据。数据的大爆发向谷歌、雅虎、亚马逊和微软等互联网巨头公司提出挑战，需要它们从与活动、交易相关的 TB 级（1TB=1024GB）和 PB 级（1PB=1024TB）数据中获取规律和隐藏信息，用于企业的业务和营销活动。而现有的工具已经不能处理如此大的数据集。

谷歌最先开发出来 MapReduce，用来应对其数据处理的需求。这个举动迅速引起其他互联网公司的关注。Doug Cutting 抓住机会，开发出了开源版本的 MapReduce，称之为 Hadoop。随后，百度、雅虎等公司继续为其提供支持。Hadoop 发展到今天，已经成为如雅虎、淘宝、Facebook 和 Twitter 等互联网公司的计算平台的核心部分。媒体和电信行业等传统行业现在也开始采用 Hadoop 系统。

Hadoop 和大规模分布式处理技术已经成为许多程序员的一项重要技能，网络、安全和关系数据库已经成为一个高效程序员的必修课，每位程序员都应该理解分布式数据处理的基本概念。世界上的许多一流大学已经将 Hadoop 引入了他们的计算机科学教学计划中。

Hadoop 是 Apache Software Foundation 开发的一个分布式系统基础架构，是对谷歌的 MapReduce 核心技术的开源实现，应用 Java 语言进行开发。Hadoop 框架应用工程提供跨计算机集群的分布式存储和计算环境。Hadoop 可实现从单一服务器到上千台机器的扩展中，每个机器都可以提供本地计算和存储。

分布式计算是一个广泛并且不断发展变化的领域，但是 Hadoop 的独特之处在于：

（1）方便。Hadoop 可以运行在由一般机器构成的集群上，或者是云计算服务上。

（2）健壮。Hadoop 在一般商用硬件上运行时，可以从容地处理构架假设硬件频繁失效的故障。

（3）可扩展。Hadoop 通过增加集群内的节点数目，可实现扩展，从而用来处理更大的数据集。

（4）简单。用户可以简单迅速地编写出高效的并行代码。

简单方便的 Hadoop 在编写和运行大型分布式程序方面具有很大的优势。在校学生也可以快速地建立自己的 Hadoop 集群。又因为 Hadoop 的健壮性和可扩展性，它也可以承担亚马逊和雅虎等公司严苛的工作。Hadoop 的这四个优点使得 Hadoop 在学术和商业两个领域都很受欢迎。

图 1-1 描述了用户与 Hadoop 集群交互的过程。Hadoop 就是在某一地点利用网络连接的一组通用计算机，数据的存储和计算处理都由这些并行的计算机来执行。不同的用户可以从自己的客户端将计算"要求"发送到 Hadoop，这些客户端可以是远离 Hadoop 集群的台式机。但是并非所有的分布式系统的系统构建都像这幅图描述的一样。接下来，我们也简单介绍一下其他的分布式系统，以便于更好地对比理解 Hadoop。

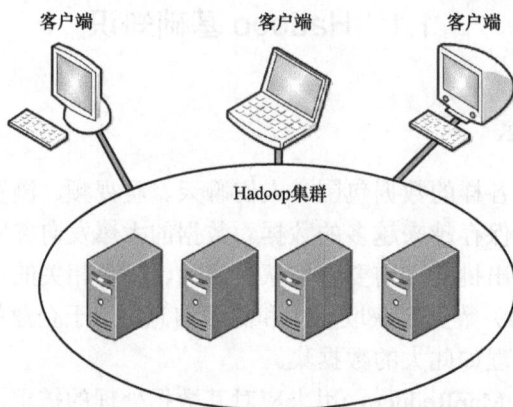

图 1-1　用户和 Hadoop 集群交互过程

1.1.2　分布式系统和 Hadoop

摩尔定律在近几十年都会伴随着我们，但是大规模数据的计算问题不能依靠制作越来越大的服务器来解决。将一组机器组织起来形成一个功能单一的分布式系统，这种解决方案已经逐渐普及。

如果使用单机系统，一台 4 个 I/O 通道的高端机，每个通道吞吐量 100MB/s，读取 4TB 的数据也要 3h。如果利用 Hadoop，数据集会被划分为较小的块（通常为 64MB），通过 Hadoop 分布式文件系统（HDFS）分布在集群内多台机器上。这些集群可以同时并行读取数据，这样就可以有很高的吞吐量。再考虑到现有 I/O 技术的性价比，这样的一组机器比一台高端服务器更加便宜。

Hadoop 在处理数据的理念上与其他的分布式系统架构也不相同。与强调把数据向代码迁移相反，Hadoop 把代码向数据迁移。Hadoop 的集群内既包括数据又包括计算环境，客户只需将需要执行的 MapReduce 程序发送到集群内即可，而这些程序一般都很小。此外，这种代码向数据迁移的理念也被应用到 Hadoop 集群自身。在集群中，数据被拆分分布，且尽量让一台计算机计算同一段数据。

Hadoop 的出现就是为了处理密集型数据，这种代码向数据迁移的理念正好契合这种设计目标。现对于数据的数量级，代码的数量级更小，也更容易在网络上移动，更节省资源和时间。

1.1.3　Hadoop 和 SQL 数据库

Hadoop 是一个数据处理框架，而当今数据处理的主导是标准的关系数据库，那么这两者有什么区别，Hadoop 有什么优势呢？其中一点，SQL（结构化查询语言）是针对结构化数据设计的，而 Hadoop 最初是针对文本这种非结构化数据。从这一方面来看，Hadoop 是更通用的模式。

下面从四个方面简单讨论两者的区别：

（1）用向外扩展代替向上扩展。Hadoop 通过增加集群内的机器数量来扩展资源，而不是去购买一个更大的机器。

（2）用键/值对代替关系表。SQL 针对结构化查询语句，是结构化数据。Hadoop 要处理的大型数据集一般都是非结构化或者半结构化的数据，比如文本、图片和 XML 文件等文件形式。而 Hadoop 使用键值对的方式，将任何形式的数据都转化为键值对，以便于能够更灵活地处理这些数据类型。

（3）用函数式编程（MapReduce）代替声明式查询（SQL）。SQL 使用查询语句，而 Hadoop 使用脚本和代码。此外，Hadoop 还有一些 SQL 不能完成的任务，例如利用读取出的数据来建立复杂的模型或者改变图片格式，但是当数据处理非常适合于关系型数据结构时，使用 MapReduce 会不太方便。

（4）用离线批量处理代替在线处理。Hadoop 是专为离线处理和大规模数据分析而设计的，它并不适合那种对几个记录随机读写的在线事务处理模式。

1.1.4　Hadoop 的构造模块

在此之前，我们已经讨论了分布式存储和分布式计算的相关概念。那么 Hadoop 是如何实现这些思想的呢？

在一个全配置的集群上，"运行 Hadoop"意味着在网络分布的不同服务器上运行一组守护进程。这些守护进程有特殊的角色，一些仅存在单个服务器上，一些则运行在多个服务器上。它们主要有：NameNode（名字节点）、DataNode（数据节点）、Secondary NameNode（次名字节点）、JobTracker（作业跟踪节点）、TaskTracker（任务跟踪节点）。我们逐一讨论并定位它们在 Hadoop 中的作用。

（1）NameNode（NN）是 HDFS 的守护程序，记录了文件如何被拆分成数据块（block），以及这些数据块都存储到了哪里的 DataNode 节点上。NameNode 同时保存了文件系统运行的状态信息，它的主要功能是集中管理内存和 I/O 口。在 Hadoop 的集群中，NameNode 是一个单点，所以 NameNode 发生故障时整个系统将无法进行。

（2）DataNode（DN）是负责存储被拆分的数据块。在集群中的每个服务器都运行一个 DataNode，它负责把 HDFS 数据块读/写到本地的文件系统中。

（3）Secondary NameNode（SNN）是监控 HDFS 状态的辅助后台程序，帮助 Name Node 搜集文件系统运行的状态信息。在 Hadoop 的集群中，Secondary NameNode 与 Name Node 一样也只有一个，且是在一个单独的服务器上。在 NameNode 发生故障时，Secondary NameNode 作为备用 NameNode 使用。

（4）JobTracker（JT）的作用是连接应用程序和 Hadoop，在有任务提交到 Hadoop 集群时负责 Job 的运行，调度多个 TaskTracker。在 Hadoop 的集群中，JobTracker 也只有一个，一般部署在 Master 节点上。

（5）TaskTracker（TT）与负责存储数据的 DataNode 结合，负责某一个 Map 或 Reduce 任务。TaskTracker 还负责与 JobTracker 交互，JobTracker 如果没有收到 TaskTracker 提交出来的信息，就会判定 TaskTracker 已经崩溃，并且把任务分配给其他节点。

讨论 Hadoop 的各个守护进程之后，在图 1-2 中描绘了一个典型的 Hadoop 集群的拓扑结构。

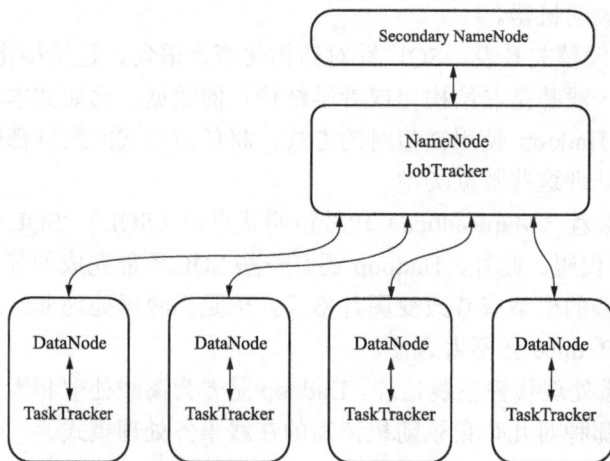

图 1-2　Hadoop 集群

这种拓扑结构的特点是在主节点上运行 NameNode 和 JobTracker 的守护进程，并使用独立的节点运行 SNN 以防主节点失效。在小集群中，SNN 也可以驻留在某一从节点上，而在大型集群中，连 NameNode 和 JobTracker 都会分别驻留在两台机器上，每个从节点均驻留一个 DataNode 和 TaskTracker，从而在存储数据的同一节点上执行任务。

1.1.5　Hadoop 环境配置

首先介绍一下安装环境：1 台 NameNode（CentOSNameNode：192.168.114.131），两台 DataNode（CentOSDataNode1：192.168.114.130，CentOSDataNode2：192.168.114.132），全部都是 CentOS6.4 系统，用户全都名为 Hadoop。具体的安装步骤如下：

1. 安装配置 JDK

首先，卸载 Linux 默认安装的 Java 版本（如果没有默认版本请忽略），使用 yum list installed|grep java 或者 rpm-qa|grep gcj 查看。卸载命令为 yum-yremove java-1.4.2-gcj-compat 或者 rpm-e--nodeps java-1.4.2-gcj-compat-1.4.2.0-40jpp.115，卸载完后查看是否成功。下载最新版本的 JDK，放到/usr/local 文件夹下：

```
sudo cp jdk-7u51-linux-x64.tar.gz /usr/local/
```

然后在目标下解压安装包即可。

```
sudo tar -zxvf jdk-7u51-linux-x64.tar.gz
```

修改配置文件：

```
sudo vim /etc/profile
export JAVA_HOME=/usr/local/java/jdk1.7.0_51
export JRE_HOME=$JAVA_HOME/jre
export CLASSPATH=.:$JAVA_HOME/lib/dt.jar:$JAVA_HOME/lib/tools.jar
export PATH=$PATH:$JAVA_HOME/bin
```

保存完毕之后，在文件末尾如下添加，然后更新文件。

```
source /etc/profile
```

最后，输入测试信息，验证配置是否正确，若出现 Java 的版本信息说明安装成功。

```
[root@localhost java]# java -version
java version "1.6.0_45"
Java(TM) SE Runtime Environment (build 1.6.0_45-b06)
Java HotSpot(TM) Client VM (build 20.45-b01, mixed mode, sharing)
```

2. SSH 无钥登录

Hadoop 在运行过程中需要对远程 Hadoop 守护进程，Hadoop 启动之后，NameNode 是通过 SSH 来启动和停止各个 DataNode 上的各种守护进程的。这就要求节点之间执行指令时要实现不输入密码就能登录，这样 NameNode 使用 SSH 无密码登录并启动 DataName 进程。Hadoop 自身具有 SSH 的资源，但是并没有安装，因此每台机器上都需要安装 SSH，实现每台机器之间的无密码登录。

这里有两台机器，IP 地址分别为：主机 A：10.0.5.199，主机 B：10.0.5.198，需要配置主机 A 无密码登录主机 A、主机 B。先确保所有主机的防火墙处于关闭状态。在主机 A 上执行如下：

```
$ssh-keygen -t rsa
```

然后一直按回车键,就会按照默认的选项将生成的密钥保存在.ssh/id_rsa 文件中。

```
$cd ~/.ssh
$cp id_rsa.pub authorized_keys
```

这步完成后,正常情况下就可以无密码登录本机了,即 ssh localhost,无须输入密码。把刚刚产生的 authorized_keys 文件拷一份到主机 B 上:

```
$scp authorized_keys summer@10.0.5.198:/home/summer/.ssh
```

正常情况下上面几步执行完成后,从主机 A 所在机器向主机 A、主机 B 所在机器发起 SSH 连接,只有在第一次登录时需要输入密码,以后则不需要。下面是一些可能遇到的问题以及解决方法:

(1)进行 SSH 登录时,出现:"Agent admitted failure to sign using the key",则执行下面命令,强行把私钥加进来。

```
$ssh-add
```

(2)如果无任何错误提示,可以输密码登录,但就是不能无密码登录,在被连接的主机上(如 A 向 B 发起 SSH 连接,则在 B 上)执行以下几步:

```
$chmod o-w ~/
$chmod 700 ~/.ssh
$chmod 600 ~/.ssh/authorized_keys
```

(3)如果执行了第(2)步,还是不能无密码登录,再试试下面的操作:

```
$ps -Af | grep agent
```

检查 SSH 代理是否开启,如果有开启的话,kill 掉该代理,然后执行下面,重新打开一个 SSH 代理,如果没有开启,直接执行下面:

```
$ssh-agent
```

还是不行的话,执行下面,重启一下 SSH 服务:

```
$sudo service sshd restart
```

(4)执行(1)时提示 "Could not open a connection to your authenticationh agent" 而失败,则执行:

```
$ssh-agent bash
```

3. Hadoop 安装

(1)关闭防火墙:chkconfig --level 35 iptables off(此命令要用管理员权限执行),之后重启一下虚拟机。

(2)配置机器的 host 文件:/etc/hosts(此命令要用管理员权限执行),配置完后的文件如下图:

```
[hadoop@centosnamenode ~]$ cat /etc/hosts
127.0.0.1   localhost localhost.localdomain localhost4 localhost4.localdomain4
::1         localhost localhost.localdomain localhost6 localhost6.localdomain6
192.168.114.131 CentOSNameNode
192.168.114.130 CentOSDataNode1
192.168.114.132 CentOSDataNode2
```

(3)配置无密码互联 SSH,在三台机器上输入:ssh-keygen -t rsa,之后会在 /home/hadoop/.ssh/生成两个文件,如下:

```
[hadoop@centosnamenode .ssh]$ cd /home/hadoop/.ssh/
[hadoop@centosnamenode .ssh]$ ll |grep 'id'
-rw-------. 1 hadoop hadoop 1675 Jul 21 07:28 id_rsa
-rw-r--r--. 1 hadoop hadoop  397 Jul 21 07:28 id_rsa.pub
```

（4）将 NameNode 上面的 id_rsa.pud 文件发送给两台子节点并命名为 authorized_keys：

```
scp id_rsa.pud hadoop@192.168.114.130:/home/hadoop/.ssh/authorized_keys
scp id_rsa.pud hadoop@192.168.114.132:/home/hadoop/.ssh/authorized_keys
```

将两台 DataNode 的 id_rsa.pud 发送给主节点并合并为 authorized_keys：

```
scp id_rsa.pud hadoop@192.168.114.130:/home/hadoop/.ssh/id_rsa.pud130
scp id_rsa.pud hadoop@192.168.114.132:/home/hadoop/.ssh/id_rsa.pud132
cat id_rsa.pud130 id_rsa.pud132 > authorized_keys
```

最后三台机器的/home/hadoop/.ssh 的文件如下：

```
[hadoop@centosnamenode .ssh]$ ll
total 16
-rw-r--r--. 1 hadoop hadoop 1193 Jul 21 10:03 authorized_keys
-rw-------. 1 hadoop hadoop 1675 Jul 21 07:28 id_rsa
-rw-r--r--. 1 hadoop hadoop  397 Jul 21 07:28 id_rsa.pub
-rw-r--r--. 1 hadoop hadoop 2000 Jul 21 10:14 known_hosts
```

（5）下载软件，以 jdk1.8+hadoop-1.2.1 的软件版本为例，下载到的位置是/home/hadoop/Downloads 文件夹，如下：

```
[hadoop@centosnamenode Downloads]$ ll
total 192500
-rwxrw-rw-. 1 hadoop hadoop  38096663 Jul 21 08:05 hadoop-1.2.1-bin.tar.gz
-rwxrw-rw-. 1 hadoop hadoop 159019376 Jul 21 07:06 jdk-8u11-linux-x64.gz
```

之后用命令解压缩两个文件：

```
tar -zxvf hadoop-1.2.1-bin.tar.gz
ar -zxvf jdk-8u11-linux-x64.gz
```

然后用管理员权限将两个文件移动到/usr/local 文件夹下，并赋予 Hadoop 用户权限。

```
su: password
mkdir /usr/local/java
mv hadoop-1.2.1 /usr/local/
mv jdk1.8.0_11 /usr/local/java/
chown -R hadoop hadoop-1.2.1/
chown -R hadoop java/
chgrp -R hadoop hadoop-1.2.1/
chgrp -R hadoop java/
```

之后目录如下：

```
[hadoop@centosnamenode local]$ ll
total 48
drwxr-xr-x.  2 root   root   4096 Sep 23  2011 bin
drwxr-xr-x.  2 root   root   4096 Sep 23  2011 etc
drwxr-xr-x.  2 root   root   4096 Sep 23  2011 games
drwxr-xr-x. 16 hadoop hadoop 4096 Jul 22 04:26 hadoop-1.2.1
drwxr-xr-x.  2 root   root   4096 Sep 23  2011 include
drwxr-xr-x.  3 hadoop hadoop 4096 Jul 21 08:37 java
drwxr-xr-x.  2 root   root   4096 Sep 23  2011 lib
drwxr-xr-x.  2 root   root   4096 Sep 23  2011 lib64
drwxr-xr-x.  2 root   root   4096 Sep 23  2011 libexec
drwxr-xr-x.  2 root   root   4096 Sep 23  2011 sbin
drwxr-xr-x.  5 root   root   4096 Mar 13 16:13 share
drwxr-xr-x.  2 root   root   4096 Sep 23  2011 src
```

（6）配置 Hadoop，主要的配置文件如下：

Hadoop-env.sh：只需要加一行：

```
# The java implementation to use.  Required.
export JAVA_HOME=/usr/local/java/jdk1.8.0_11
```

还可以多加一行 export HADOOP_HOME_WARN_SUPPRESS="TRUE"来屏蔽"WARM：HADOOP_HOME is deprecated"提醒。

core-site.xml：

```
[hadoop@centosnamenode conf]$ cat core-site.xml
<?xml version="1.0"?>
<?xml-stylesheet type="text/xsl" href="configuration.xsl"?>

<!-- Put site-specific property overrides in this file. -->

<configuration>
  <property>
    <name>fs.default.name</name>
    <value>hdfs://CentOSNameNode:9000</value>
  </property>
  <property>
    <name>hadoop.tmp.dir</name>
    <value>/usr/local/hadoop-1.2.1/tmp</value>
  </property>
</configuration>
```

这里将 hadoop.tmp.dir 更改了位置，避免被 Linux 重启的时候删掉。

hdfs-site.xml：

```
[hadoop@centosnamenode conf]$ cat hdfs-site.xml
<?xml version="1.0"?>
<?xml-stylesheet type="text/xsl" href="configuration.xsl"?>

<!-- Put site-specific property overrides in this file. -->

<configuration>
  <property>
    <name>dfs.replication</name>
    <value>2</value>
  </property>
  <property>
    <name>dfs.name.dir</name>
    <value>/hdfs/name</value>
  </property>
  <property>
    <name>dfs.data.dir</name>
    <value>/hdfs/data</value>
  </property>
</configuration>
```

配置文件的冗余是 2，并且重新配置了 dfs.name.dir，dfs.data.dir 的位置，关于位置选定，首先用命令：df-h 查看一下磁盘空间：

```
[hadoop@centosnamenode conf]$ df -h
Filesystem      Size  Used Avail Use% Mounted on
/dev/sda2        18G  3.4G   14G  20% /
tmpfs           495M  228K  495M   1% /dev/shm
/dev/sda1       291M   33M  243M  12% /boot
```

然后选择较大的那个下面建立 HDFS 文件夹，并且把权限赋予 Hadoop，三台机器全都如此操作。

```
mkdir /hdfs
chgrp -R hadoop /hdfs/
chgrp -R hadoop /hdfs/
```

这里注意，千万不要继续往下创建 name 文件夹和 data 文件夹，这会造成 Hadoop namenode -fomart 不成功。

为了保护数据，不允许对已经存在的 dfs.name.dir 格式化。

1）mapred-site.xml：

```
[hadoop@centosnamenode conf]$ cat mapred-site.xml
<?xml version="1.0"?>
<?xml-stylesheet type="text/xsl" href="configuration.xsl"?>

<!-- Put site-specific property overrides in this file. -->

<configuration>
  <property>
    <name>mapred.job.tracker</name>
    <value>CentOSNameNode:9001</value>
  </property>
</configuration>
```

2）Masters：

```
[hadoop@centosnamenode conf]$ cat masters
CentOSNameNode
```

3）Slaves：

```
[hadoop@centosnamenode conf]$ cat slaves
CentOSDataNode1
CentOSDataNode2
```

（7）至此 Hadoop 就配置好了，用 scp-r 命令将 Hadoop 和 Java 的文件夹 copy 到两个子节点，然后在三台机器上用管理员权限修改/etc/profile 文件，加入几行配置如下：

```
export JAVA_HOME=/usr/local/java/jdk1.8.0_11
export JRE_HOME=$JAVA_HOME/jre
export CLASSPATH=.:$JAVA_HOME/lib/dt.jar:$JAVA_HOME/lib/tools.jar
export HADOOP_HOME=/usr/local/hadoop-1.2.1
export PATH=$PATH:$JAVA_HOME/bin:$HADOOP_HOME/bin:$HADOOP_HOME/sbin
```

之后用命令：source/etc/profile 重新加载一下配置文件，集群的基本配置就完成了。最后需用 java-version 命令检查一下 java 是否配置成功：

```
[hadoop@centosnamenode conf]$ java -version
java version "1.8.0_11"
Java(TM) SE Runtime Environment (build 1.8.0_11-b12)
Java HotSpot(TM) 64-Bit Server_VM (build 25.11-b03, mixed mode)
```

（8）回到 NameNode，运行命令：

```
hadoop namenode -format
start-all.sh
```

然后用命令 jps 检查一下，主节点：

```
[hadoop@centosnamenode conf]$ start-all.sh
Warning: $HADOOP_HOME is deprecated.

starting namenode, logging to /usr/local/hadoop-1.2.1/libexec/../logs/hadoop
CentOSDataNode1: starting datanode, logging to /usr/local/hadoop-1.2.1/libex
CentOSDataNode2: starting datanode, logging to /usr/local/hadoop-1.2.1/libex
CentOSNameNode: starting secondarynamenode, logging to /usr/local/hadoop-1.2
starting jobtracker, logging to /usr/local/hadoop-1.2.1/libexec/../logs/hadc
CentOSDataNode1: starting tasktracker, logging to /usr/local/hadoop-1.2.1/li
CentOSDataNode2: starting tasktracker, logging to /usr/local/hadoop-1.2.1/li
[hadoop@centosnamenode conf]$ jps
5393 SecondaryNameNode
5586 Jps
5219 NameNode
5475 JobTracker
```

子节点：

```
[hadoop@centosdatanode1 hdfs]$ jps
4225 DataNode
4326 TaskTracker
4414 Jps
```

打开网页访问 http：//192.168.114.131：50 030：

centosnamenode Hadoop Map/Reduce Administration

State: RUNNING
Started: Tue Jul 22 05:38:40 PDT 2014
Version: 1.2.1, r1503152
Compiled: Mon Jul 22 15:23:09 PDT 2013 by mattf
Identifier: 20140722 0538
SafeMode: OFF

Cluster Summary (Heap Size is 15.88 MB/966.69 MB)

Running Map Tasks	Running Reduce Tasks	Total Submissions	Nodes	Occupied Map Slots	Occupied Reduce Slots	Reserved Map Slots	Reserved Reduce Slots	Map Task Capacity	Reduce Task Capacity	Avg. Tasks/Node	Blacklisted Nodes	Graylisted Nodes	Excluded Nodes
0	0	0	2	0	0	0	0	4	4	4.00	0	0	0

Scheduling Information

Queue Name	State	Scheduling Information
default	running	N/A

Filter (Jobid, Priority, User, Name)
Example: 'user:smith 3200' will filter by 'smith' only in the user field and '3200' in all fields

Running Jobs

至此 Hadoop 的安装完毕。

1.2 HDFS

1.2.1 HDFS 的概念

Hadoop 是由 HDFS 和 MapReduce 两部分组成，底部是 HDFS，即分布式文件系统。HDFS 与现有的分布式文件系统类似，能在通用机器上运行，但也有不同。HDFS 是以流的方式进行文件数据的访问，用高吞吐量进行应用程序的数据访问，这就使得它能够适合应用于处理海量数据集的应用程序。

HDFS 是一种分布式文件系统，适合在通用硬件上运行。默认的基本存储单位是 64MB 的数据块，和普通文件系统一样，HDFS 中的文件是被分成每 64MB 一块的数据块存储。它的开发是基于流数据模式访问和处理超大文件的需求，其已然成为分布式计算中数据存储管理的基础。和普通的文件系统不同，HDFS 并不浪费存储资源，当一个文件达不到一个数据块的大小时，该文件不占用整个数据块的存储空间。HDFS 还具有高容错的特点，使其能够在价格低廉的服务器上运行，并且能够提供一个高吞吐量的应用数据访问，使其能够在大规模的数据上应用更加方便。此外，HDFS 还有高可靠性、高拓展性、高获得性等特征。HDFS 是 Hadoop 的主要组成部分，将在下面详细介绍。

1.2.2　HDFS 的设计原则

HDFS 可以运行在价格相对低廉的通用机器上，并且在访问超大文件的存储时通过流式的形式进行。HDFS 作为 Hadoop 的分布式文件系统，和传统的分布式文件系统有很多相同的设计原则，如，在可伸缩性及可用性上。但是 HDFS 的设计前提是假设和较早的文件系统有着明显的不同之处。下面简述 HDFS 的设计原则。

（1）超大文件。这里的超大是指几百 MB、GB、TB。雅虎的 Hadoop 集群已经可以存储 PB 级别的数据。

（2）流式数据访问。这种访问方式的思路是基于一次写、多次读，是一个非常高效的模式。

（3）商用硬件。HDFS 的高可用性用软件来解决，因此不需要昂贵的硬件来保障高可用性，各个生产商售卖的 PC 或者虚拟机即可。

（4）动态扩展集群规模。节点以动态的方式加入集群，可以满足不断增长的数据规模。

（5）计算移动而数据不移动。HDFS 是按照处理逻辑不变、改变数据规模的原则来进行数据处理的，相对于移动数据，采用移动计算的方式可以提高系统的吞吐量，减少网络拥塞的状况。

但是 HDFS 也有其不适用的场景。

（1）低延迟的数据访问。HDFS 的强项在于大量的数据传输，不适合低延迟，10ms以下的访问可以无视 HDFS，不过 HBase 可以弥补这个缺陷。

（2）太多小文件。NameNode 节点在内存中存储了整个文件系统的元数据，因此文件的数量就会受到限制，每个文件的元数据大约 150Byte。1 百万个文件，每个文件只占一个数据块，那么就需要 300MB 内存。

（3）多处写和随机修改。目前还不支持多处写入以及通过偏移量随机修改。

1.2.3　HDFS 的架构

正如之前介绍的，Hadoop 文件存储的基础是 HDFS，HDFS 的实现依赖于 NameNode和 DataNode，DataNode 用来存储具体数据，NameNode 用来管理多个 DataNode 中分别存储的是什么。理解起来也不难，因为 HDFS 是分布式的文件系统，也就是有很多机器用来存储数据，一个大文件可能分布在多个机器上，也可能分布在一台机器上。具体分布在哪些或哪个机器上，每块数据块的副本在哪，得需要一个总管来管理，这个总管就是 NameNode，具体存储机器的就是 DataNode。

1. HDFS 架构

HDFS 是主/从架构，其架构结构图如图 1-3 所示，一个 HDFS 集群由一个 NameNode和一定数目的 DataNode 组成。NameNode 是一个中心服务器，负责管理文件系统的NameSpace 和客户端对文件的访问。这个 NameNode 管理整个文件系统的命名空间（the

File System Namespace），并且调节客户端对文件的访问。DataNode 在集群中一般是每个节点一个，负责管理节点上它们附带的存储。DataNode 用来存储数据，还有一些 DataNode 用来管理连接到运行节点的存储。HDFS 公开文件系统的命名空间，允许用户在文件系统中存储数据。

在 HDFS 内部，一个文件被分割为一个或多个数据块，这些数据块存储在一组 DataNode 上。NameNode 负责文件系统的命名空间操作，比如对文件或文件夹执行打开、关闭，以及重命名操作，同时，也负责将数据块映射到 DataNode 上。DataNode 负责向客户端提供对文件系统的读取和写入请求的处理。DataNode 还能根据 NameNode 的指示，执行数据块的创建、删除和复制操作。

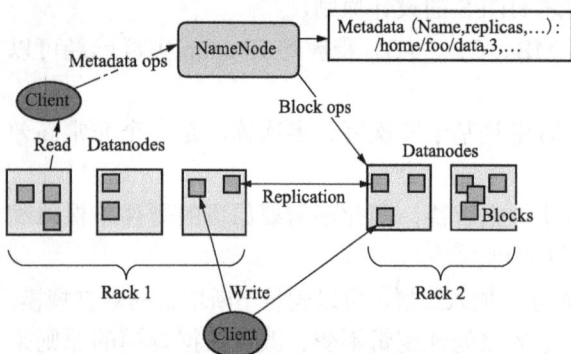

图 1-3　HDFS 架构结构图

NameNode 和 DataNode 通常运行在普通商用服务器上（这里是针对小型机这种很贵的机器说的），这些机器一般装的是 Linux。HDFS 是用 Java 实现的，而且 Java 号称是一处编译到处运行，也就是只要有 Java 环境，就能运行 NameNode 和 DataNode。典型的部署方式是，一台机器运行 NameNode，其他机器运行 DataNode，每台机器一个进程。（当然也可能一台机器上有多个 DataNode，但是生产环境应该不会有这种情况，毕竟没有任何好处）。

HDFS 的这种主从架构保证了所有的数据都会从 NameNode 经过，这样也简化了系统的体系结构，所有数据都经过 NameNode。当然也可能出现意外，就得需要其他 HA 的部署方式。

2. 文件系统

HDFS 文件系统设计与传统分层文件系统类似，有文件夹，文件夹里可以有文件夹或文件。客户端可以对这些文件夹或文件进行操作，比如创建、删除、移动、重命名等。不过目前还不支持软连接和硬连接，后面可能会支持。如前面所说，这个命名空间由 NameNode 维护。所有的文件/文件夹的名字、属性、复制因子都由 NameNode 记录。

3. 数据复制

HDFS 设计用于在大型集群中存储非常大的文件，它将每个文件存储在一组数据块中，除了最后一块外，所有文件块大小相同（默认是 64MB），HDFS 通过复制数据块进行容错，每个文件的数据块大小、复制因子都是可配的。客户端可以指定文件的副本数，可以在创建时指定，也可以在之后修改。HDFS 中的文件是一次写入的，并且在任何时候都有一个明确的作者。

NameNode 来管理所有数据块复制操作，它定期与集群中每个 DataNode 进行心跳和文件块报告。收到心跳意味着 DataNode 正常运行，文件块报告是 DataNode 上所有文件块的列表。

图 1-4 说明了 NameNode 和 DataNode 的角色。图中显示了两个数据文件 part-0 和 part-1。文件 part-0 有两个数据块，即 1/3，而文件 part-1 由 2、4、5 这三个数据块组成。这些文件的内容分散在几个 NameNode 上，这个例子中，每个数据块都有 3 个副本。这确保了如果任何一个 DataNode 崩溃或者无法通过网络访问时，仍然可以读取这些文件。

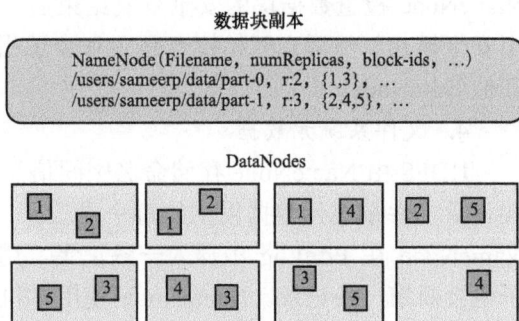

图 1-4　数据块副本存储

（1）副本存储。

副本存储的位置对于 HDFS 的可靠性和性能是至关重要的，优化副本存储是 HDFS 与大多数其他分布式文件系统区分开来的优点之一，这是一个经过大量调整和体验的功能。机架感知副本存储策略的目的是提高数据可靠性、可用性和网络带宽的高利用率。目前的副本存储策略是朝这个方向努力的第一步。实施这一政策的短期目标是对生产系统进行验证，更多地了解其行为，并为更加复杂的策略进行测试和研究奠定基础。

大型的 HDFS 实例通常运行在多个机架上，不同机架中的两个节点之间通信必须通过交换机。通常，同一机架上的机器之间的网络速率会优于不同机架间的速率。

NameNode 通过 Hadoop 机架感知中介绍的方式确定每个 DataNode 所属的机架 ID。一个简单但不是最优的策略是将副本存储在不同的机架上，这样可以防止整个机架故障导致数据丢失，并允许读取数据时使用多个机架的带宽。该策略保证可以在集群中均匀分配副本，可以轻松平衡组件故障时的负载。但是，这种策略会因为需要将副本数据写到多个机架，而增加写入成本。

常见情况中，复制因子是 3，HDFS 的副本存储策略是将一个副本放置在当前机架上的一个节点上，另一个放置在另一个机架上的某个节点上，最后一个放置第二个机架上的另一个节点上。这种策略减少了机架间的通信，从而提高写入性能。机架故障的概率远小于节点故障的概率，这种策略不会影响数据可靠性和可用性。但是，它会降低读取数据的网络带宽，因为数据块放置在两个机架上，而不是三个。使用这种策略，副本不会均匀地分布在机架中。还有一种比较好的策略，就是 1/3 的副本在一个节点上，1/3 的副本在另一个机架上，其余的均匀分布在其他机器上，这种方式可以改善写入策略，不会影响数据可靠性或读取性能，不过这种方式还在开发中。

（2）副本选择。

为了最大限度地减少全局带宽消耗和读取延迟，HDFS 尝试让读取器读取最接近的副本。如果在同一机架上存在副本，就优先读取该副本，如果 HDFS 跨越多个数据中心，则优先读取当前数据中心的副本。

（3）安全模式（SafeMode）。

在启动的时候，NameNode 进入一个成为安全模式的特殊状态。NameNode 处于安全模式时，不会复制数据块。NameNode 从 DataNode 节点接收心跳和数据块报告，数据块报告包含 DataNode 存储的数据块列表信息。每个数据块有指定的最小数量副本。当使用 NameNode 检入该数据块的最小副本数量时，数据块被认为是安全复制的。在

NameNode 检查数据块的安全复制结束后（可配的时间段，再加上 30s），NameNode 退出安全模式。然后它开始检查是否有少于指定数量的数据块列表，将这些数据块复制到其他 DataNode。

4. 文件系统元数据

HDFS 由 NameNode 存储命名空间信息，NameNode 使用名为 EditLog 的事务日志持续记录文件系统元数据发生的每个更改。比如，在 HDFS 中创建一个新的文件会导致 NameNode 在 EditLog 中插入一条记录，用于记录该操作。同样地，修改文件的复制因子也会新增一条记录。NameNode 使用本机文件系统存储 EditLog 文件。整个文件系统命名空间（包括块映射文件和文件系统属性等信息）存储在一个名为 FsImage 的文件中，该文件也是存储在 NameNode 所在的本机文件系统中。

NameNode 在内存中存储整个文件系统的命名空间和文件数据块映射关系，这个元数据存储模块设计为紧凑存储，可以在 4GB 内存的 NameNode 中支持大量的文件和文件夹。在 NameNode 启动时，它从磁盘读取 FsImage 和 EditLog，将所有从 EditLog 的事务应用到 FsImage 的内存中表示，并将这个新版本的 FsImage 保存到文件中。该操作会截断旧的 EditLog，因为其中的事务操作已经应用到 FsImage 文件中。这个过程称为检查点（checkpoint）。在当前版本中，检查点操作只会发生在 NameNode 启动时，正在增加定期检查点检查操作。

DataNode 将 HDFS 数据存储在其本地文件系统的文件中，DataNode 不知道 HDFS 的文件数据，它只是将 HDFS 文件数据的数据块存储在本地文件系统中的单独文件中。DataNode 不会存储同一文件夹下的所有文件，相反，它会确定每个文件夹的最佳文件数量，并适当的创建子文件夹。在同一文件夹中创建所有本地文件是不合适的，因为本地文件系统可能无法在单个文件夹中有效支持存储大量文件。当 DataNode 启动时，它会扫描其本地文件系统，生产与每个文件对应的所有 HDFS 数据块数控报告，并发送给 NameNode。

5. 通信协议

所有 HDFS 的通信协议都是基于 TCP/IP 协议。客户端通过客户端协议与 NameNode 建立连接，并通信。DataNode 通过 DataNode 协议与 NameNode 通信。NameNode 从不发起通信请求，它只响应客户端和 DataNode 发出的请求。

6. 稳健性

HDFS 的主要目标是可靠性存储，即使发生故障，也能够很好地支撑存储。比较常见的故障类型有：NameNode 故障、DataNode 故障、网络分区异常。

（1）数据磁盘故障、心跳和重新复制。

每个 DataNode 会定期向 NameNode 发送心跳请求。网络分区可能导致一部分 DataNode 与 NameNode 失去连接，NameNode 通过心跳检测这种情况，如果发现长时间没有心跳的 DataNode，则标记为丢弃，而且不再转发任何新的 IO 请求，这些 DataNode 的数据也不在作用于 HDFS。DataNode 的死亡可能导致某些数据块的复制因子低于设定值，NameNode 会不断扫描哪些数据块需要复制，并在必要的时候进行复制。重复复制可能是因为 DataNode 不可用、副本文件损坏、DataNode 硬盘损坏，或者文件复制因子增加。

（2）集群重新平衡。

HDFS 架构与数据重新平衡方案兼容，如果 DataNode 上的可用空间低于阀值，数据会从一个 DataNode 移动到另一个 DataNode。在对特定文件的需求突然增加的情况下，可能会动态创建其他副本来重新平衡集群中的数据（这种类型的数据重新平衡还未实现）。

（3）数据的完整性。

DataNode 存储的数据块可能会被破坏，这可能是因为存储设备故障、网络故障或软件错误导致的。HDFS 客户端会对 HDFS 文件内容进行校验和检查。当客户端创建一个 HDFS 文件时，它会计算文件的每个块的检验码，然后将该校验码存储在同一 HDFS 命名空间中的隐藏文件中。当客户端操作文件时，会将从 DataNode 接收到的数据与存储的校验文件进行校验和匹配。如果没有成功，客户端会从该数据块的其他副本读取数据。

（4）元数据磁盘故障。

FsImage 和 EditLog 是 HDFS 的核心数据结构，如果这些文件被损坏，可能导致 HDFS 实例不可用。因此，NameNode 可以配置维护 FsImage 和 EditLog 的多个副本。对 FsImage 或 EditLog 的任何更新，这些副本也跟着更新。当时这样可能会导致 NameNode 的每秒传输的事物处理个数降低。但是，这种性能的降低是可以接受的，因为即使 HDFS 应用程序本质上是数据密集型，但却不是元数据密集型的。当 NameNode 重启时，它会选择最新的 FsImage 和 EditLog 使用。

比较常见的多备份存储是一份存在本地文件系统中，另一份存储在远程网络文件系统中。因为 NameNode 是单点的，所以可能会出现 HDFS 集群的单点故障，需要手动干预。这个时候就需要 NameNode 的 HA 方案。

（5）Secondary NameNode。

前面说过，NameNode 是单点的，如果 NameNode 宕机，系统中的文件会丢失，所以 Hadoop 还提供了一种机制：Secondary NameNode。

Secondary NameNode 比较有意思，它并不能直接作为 NameNode 使用，它只是定期将 FsImage 和 EditLog 合并，防止 EditLog 文件过大。通常 Secondary NameNode 也是运行在单独的机器上，因为日志合并操作需要占用大量的内存和 CPU。Secondary NameNode 会保存合并后的元数据，一旦 NameNode 宕机，而且元数据不可用，就可以使用 Secondary NameNode 备份的数据。

但是，Secondary NameNode 总是落后于 NameNode，所以在 NameNode 宕机后，数据丢失是不可避免的。一般这种情况就会使用元数据的远程备份与 Secondary NameNode 中的合并数据共同作为 NameNode 的元数据文件。

（6）快照。

快照功能支持在特定时刻存储数据副本，可以在出现数据损坏的情况下，将 HDFS 回滚到之前的时间点（目前还不支持，之后会增加）。

7. 数据

（1）数据块。

HDFS 是为了存储大文件的。与 HDFS 兼容的程序是处理大型数据集的，这些应用通常是一次写入、多次读取，并且要求在读取速率上满足要求。HDFS 恰好满足"一次写入、多次读取"的要求。在 HDFS 中,数据块大小默认是 64MB。所以,大文件在 HDFS 的内存中切成 64MB 的数据块,每个数据块会存储在不同的 DataNode 上。

（2）阶段。

客户端创建文件的请求不会立即到达 NameNode。一开始,客户端将文件缓存到临时文件中,写入操作透明的重定向到该临时文件中。当临时文件超过一个 HDFS 数据块的大小时,客户端将连接 NameNode,NameNode 会把文件名插入到文件系统中,为其分配一个数据块。NameNode 使用 DataNode 和目标数据块响应客户端请求。然后客户端将数据块信息从本地临时文件刷新到指定的 DataNode 中。关闭文件时,临时文件中剩余的未刷新数据将传输到 DataNode,然后,客户端通知 NameNode 文件关闭,此时,NameNode 将文件创建操作提交到持久存储。如果 NameNode 在文件关闭前宕机,则文件丢失。

HDFS 采用上述方式是经过仔细考虑的,这些应用需要流式写入文件,如果客户端写入远程文件时没有使用客户端缓冲,网速和网络情况将会大大影响吞吐率。这种做法也是有先例的,早先的分布式文件系统也是采用这种方式,比如 ASF。POSIX 要求已经放宽,以便实现高性能的数据上传。

（3）复制流水线。

如上所述,当客户端数据写入 HDFS 时,首先将数据写入本地缓存文件。如果 HDFS 文件的复制因子是 3,当本地缓存文件大小累积到数据块大小时,客户端从 NameNode 查询写入副本的 DataNode 列表。然后,客户端将数据块刷新到第一个 DataNode 中,这个 DataNode 以小数据（4kB）接收数据,将数据写入本地存储库,并将该部分数据传输到第二个 DataNode,第二个 DataNode 存储后,将数据发送给第三个 DataNode。因此,DataNode 可以在流水线中接收来自前一个的数据,同时将数据发送给流水线的下一个,以此类推。

8. 易使用

可以以多种方式访问 HDFS,HDFS 提供了一个 Java API,C 语言包装器也可用。也可以使用浏览器浏览 HDFS 实例文件。（目前正在通过使用 WebDAV 协议公开 HDFS）。

（1）FS Shell。

HDFS 允许以文件和文件夹的形式组织数据,提供了一个名为"FS Shell"的命令行界面,可让用户与 HDFS 中的数据进行交互。该命令集语法类似于用户熟悉的其他 Shell（比如 bash,csh）。以下是一些实例:

操作	命令
创建/foodir文件夹	bin/hadoop dfs -mkdir /foodir
删除/foodir文件夹	bin/hadoop fs -rm -R /foodir
查看文件/foodir/myfile.txt的内容	bin/hadoop dfs -cat /foodir/myfile.txt

FS Shell 针对需要脚本语言与存储数据进行交互的应用场景。

（2）DFSAdmin。

DFSAdmin 命令集用于管理 HDFS 集群,这些应该是由 HDFS 管理员使用的命令,以下是一些实例:

操作	命令
集群置为安全模式	bin/hadoop dfsadmin -safemode enter
生成DataNode列表	bin/hadoop dfsadmin -report
启动或停止DataNode	bin/hadoop dfsadmin -refreshNodes

（3）浏览器接口。

典型的 HDFS 安装会配置 Web 服务器，以配置 TCP 端口公开 HDFS 命名空间，这允许用户浏览 HDFS 命名空间，并使用 Web 浏览器查看文件内容。

9. 文件复用

（1）文件删除。

如果回收站功能可用，通过 FS Shell 删除的文件不会立马删除，而是移动到回收站中（每个用户的回收文件夹不同，是在各自的用户目录的.Trash 中，即/user/.Trash）。只要文件还保留在回收站中，就可以很快恢复。

大多数的删除文件会移动到回收站的 current 目录（即/user/.Trash/Current）中，在配置的时间内，HDFS 会创建检查点（/user/.Trash/），并在旧的检查点过期后删除。具体可以查看删除操作。

文件在回收站的时间过期后，NameNode 会从 HDFS 命名空间中删除文件，同时，释放相关联的数据块空间。

文件删除后，客户端可以取消删除。可以通过浏览/trash 文件夹，查找文件。/trash 文件夹中包含被删除文件的最新副本。目前 HDFS 会从/trash 删除超过 6h 的文件。（/trash 类似于文件系统中的回收站、垃圾桶等功能）。

下面是使用 FS Shell 删除文件的操作：在当前目录中创建两个文件：test1、test2

```
$ hadoop fs -mkdir -p delete/test1
$ hadoop fs -mkdir -p delete/test2
$ hadoop fs -ls delete/
Found 2 items
drwxr-xr-x   - hadoop hadoop          0 2015-05-08 12:39 delete/test1
drwxr-xr-x   - hadoop hadoop          0 2015-05-08 12:40 delete/test2
```

删除 test1：

```
$ hadoop fs -rm -r delete/test1
Moved: hdfs://localhost:8020/user/hadoop/delete/test1 to trash at:
hdfs://localhost:8020/user/hadoop/.Trash/Current
```

使用 skipTrash 选项删除 test2：

```
$ hadoop fs -rm -r -skipTrash delete/test2
Deleted delete/test2
```

查看回收站中的文件只有 test1：

```
$ hadoop fs -ls .Trash/Current/user/hadoop/delete/
Found 1 items\
drwxr-xr-x   - hadoop hadoop          0 2015-05-08
12:39 .Trash/Current/user/hadoop/delete/test1
```

也就是 test1 进入回收站，test2 直接删除了。

（2）减少复制因子。

当文件的复制因子减少后，NameNode 选择可以删除的多余副本，在下一个心跳时将信息传输给 DataNode，DataNode 删除相应的数据块，并释放空间。调用 setReplication API 和集群使用可用空间可能会有延迟。

1.2.4　HDFS 环境配置

1. 创建目录

在完成 Hadoop 配置的基础上，在 3 台机器上创建相同的目录路径，为 HDFS 运行准备环境，比如在/data目录下创建Hadoop目录，将其属主改成Hadoop，然后在下面创建如下4个目录：

（1）install：Hadoop源码解压后，放在该目录下；

（2）name：HDFS的名字节点存放目录；

（3）data01，data02：HDFS的数据存放目录，当然也可以是一个；

（4）tmp：临时空间。

有一点需要注意，name目录只存放在Master上，且权限为755，否则会导致后面的格式化失败。

2. 编辑 HDFS 配置文件

编辑HDFS配置文件，所有节点都要保持一致，共有4个。①core-site.xml：核心配置；②hdfs-site.xml：站点多项参数配置；③Masters：主节点，在HDFS中就是NameNode的名称；④Slaves：数据节点（Datanode）名称。配置文件举例如下：

（1）核心配置：core-site.xml

```
<configuration>
<property>
      <name>fs. default. name</name>
      <value>hdfs://master:9000</value>
   </property>
</configuration>
```

（2）站点节点配置：hdfs-site.xml

```
<configuration>
<property>
      <name>dfs. replication</name>
      <value>2</value>
</property>
<property>
      <name>dfs. name. dir</name>
      <value>/data/hadoop/name</value>
</property>
<property>
      <name>dfs. data. dir</name>
      <value>/data/hadoop/data01,/data/hadoop/data02</value>
</property>
<property>
      <name>dfs. tmp. dir</name>
      <value>/data/hadoop/tmp</value>
</property>
</configuration>
```

注意：

（1）如需要，可以在 hadoop-env.sh 中配置 JAVA_HOME 变量，比如：export JAVA_HOME=/usr/java/jdk1.6.0_18。

（2）保证各个节点上配置文件的一致性。

3. 初始化 NameNode 节点

登录到 NameNode 上，cd/data/hadoop/install/bin，然后格式化 Image 文件的存储空间：./hadoop namenode –format，如果出错，就查看/data/hadoop/install/logs 下的日志文件。

4. 启动 HDFS 服务

在/data/hadoop/install/bin 下有很多命令：

* `start-all.sh` 启动所有的 Hadoop 守护，包括 `namenode, datanode, jobtracker, tasktrack, secondarynamenode`。
* `stop-all.sh` 停止所有的 Hadoop。
* `start-mapred.sh` 动 Map/Reduce 守护，包括 Jobtracker 和 Tasktrack。
* `stop-mapred.sh` 停止 Map/Reduce 守护
* `start-dfs.sh` 启动 Hadoop DFS 守护，Namenode 和 Datanode。
* `stop-dfs.sh` 停止 DFS 守护

5. 简单使用

创建目录：`./hadoop dfs -mkdir test`

查看目录：`./hadoop dfs -ls`

`drwxr-xr-x - hadoop supergroup  0 2010-03-04 21：27/user/hadoop/test`

拷贝文件：`./hadoop dfs-put/etc/servicestest`，即把本地的文件存放到 HDFS 中。

6. Web 界面

HDFS 启动后，可以通过 Web 界面来查看，缺省端口为 50 070，比如 http：//master：50 070/，即可查看整个 HDFS 的状态以及使用统计。对于 MapReduce 的 Web 界面，缺省端口是 50 030。

1.3　MapReduce

1.3.1　MapReduce 的基本概念

Map 本意可以理解为地图，映射（面向对象语言都有 Map 集合），这里可以理解为从现实世界获得或产生映射。Reduce 本意是减少的意思，这里我们可以理解为归并前面 Map 产生的映射。

MapReduce 是一种编程模型，它与处理/产生海量数据集的实现相关。用户指定一个 Map 函数，通过这个 Map 函数处理 key/value（键/值）对，并且产生一系列的中间 key/value 对，并且使用 Reduce 函数来合并所有的具有相同 key 值的中间键值对中的值部分。

使用这样的函数形式实现的程序可以自动分布到一个由普通机器组成的超大机群上并发执行。run-time 系统会解决输入数据的分布细节，跨越机器集群的程序执行调度，处理机器失效的情况，并且管理机器之间的通信请求。这样的模式允许程序员可以不需要有什么并发处理或者分布式系统的经验，就可以处理超大的分布式系统的资源。

MapReduce 系统的实现运行在一个由普通机器组成的大型集群上，并且有着很高的扩展性：一个典型的 MapReduce 计算处理通常分布到上千台机器上来处理 TB 的数据。程序员会发现这样的系统很容易使用：已经开发处理了上百个 MapReduce 程序，并且每天在 Google 上的集群有上千个 MapReduce job 正在执行。

1.3.2 MapReduce 的编程模型

按照 Google 的 MapReduce 论文所说，MapReduce 的编程模型的原理是：利用一个输入 key/value 对集合来产生一个输出的 key/value 对集合。MapReduce 库的用户用两个函数表达这个计算：Map 和 Reduce。用户自定义的 Map 函数接受一个输入的 key/value 对值，然后产生一个中间 key/value 对值的集合。MapReduce 库把所有具有相同中间 key 值的中间 value 值集合在一起后传递给 Reduce 函数。用户自定义的 Reduce 函数接受一个中间 key 的值和相关的一个 value 值的集合。Reduce 函数合并这些 value 值，形成一个较小的 value 值的集合。

考虑这样一个例子，在很大的文档集合中统计每一个单词出现的次数。写出类似如下的伪代码：

```
map(String key String value):
    // key: document name
    // value: document contents
        for each word w in value: EmitIntermediatew quotlquot
reduce(String key Iterator values):
    // key: a word
    // values: a list of counts int result 0
        for each v in values: result ParseIntv EmitAsStringresultmap
```

函数检查每一个单词（在这个例子里就是 '1'），并且对每一个单词增加 1 到其对应的计数器，Reduce 函数把特定单词的所有出现的次数进行合并。此外，我们还要写代码来对 MapReduce specification 对象进行赋值，设定输入和输出的文件名，以及设定一些参数。接着调用 MapReduce 函数，把这个对象作为参数调用过去。把 MapReduce 函数库（C 函数库）和程序链接在一起。

1.3.3 MapReduce 实现过程

通过将 Map 调用的输入数据自动分割为 M 个数据片段的集合，Map 调用被分布到多台机器上执行。输入的数据片段能够在不同的机器上并行处理。使用分区函数将 Map 调用产生的中间 key 值分成 R 个不同分区，例如 hash（key）mod R，Reduce 调用也被分布到多台机器上执行。分区数量（R）和分区函数由用户来指定。

MapReduce 实现的大概过程如下：

（1）如图 1-5 所示，用户程序首先调用的 Map Reduce 库将输入文件按照一定的标准分成 M 个数据片段（InputSplit），每个数据片段（Block）的大小一般从 16MB 到 64MB（可以通过可选的参数来控制每个数据片段的大小）。然后用户程序在集群中创建大量的程序副本。

（2）这些程序副本中的有一个特殊的程序 master。副本中其他的程序都是 worker 程序，由 Master 分配任务。有 M 个 Map 任务和 R 个 Reduce

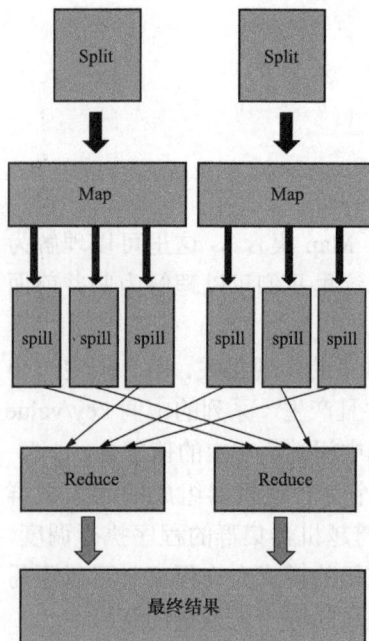

图 1-5 MapReduce 过程

任务将被分配，master 将一个 Map 任务或 Reduce 任务分配给一个空闲的 worker。

（3）被分配了 Map 任务的 worker 程序读取相关的输入数据片段，从输入的数据片段中解析出 key/value 对，然后把 key/value 对传递给用户自定义的 Map 函数，由 Map 函数生成并输出的中间 key/value 对，并缓存在内存中。

（4）缓存中的 key/value 对通过分区函数分成 R 个区域，之后周期性地写入到本地磁盘上，会产生 R 个临时文件。缓存的 key/value 对在本地磁盘上的存储位置将被回传给 Master，由 Master 负责把这些存储位置再传送给 Reduce worker。

（5）当 Reduce worker 程序接收到 Master 程序发来的数据存储位置信息后，使用 RPC 从 Map worker 所在主机的磁盘上读取这些缓存数据。当 Reduce worker 读取了所有的中间数据（这个时候所有的 Map 任务都执行完了）后，通过对 key 进行排序后使得具有相同 key 值的数据聚合在一起。由于许多不同的 key 值会映射到相同的 Reduce 任务上，因此必须进行排序。如果中间数据太大无法在内存中完成排序，那么就要在外部进行排序。

（6）Reduce worker 程序遍历排序后的中间数据，对于每一个唯一的中间 key 值，Reduce worker 程序将这个 key 值和它相关的中间 value 值的集合（这个集合是由 Reduce worker 产生的，它存放的是同一个 key 对应的 value 值）传递给用户自定义的 Reduce 函数。Reduce 函数的输出被追加到所属分区的输出文件。

上面过程中的排序很容易理解，关键是分区，这一步最终决定该键值对未来会交给哪个 Reduce 任务，如统计单词出现的次数可以用前面说的 hash（key）mod R 来分区，如果是对数据进行排序则应该根据 key 的分布进行分区。

1.3.4 MapReduce 实例

假设需要处理一批有关天气的数据，其格式如下：按照 ASCII 码存储，每行一条记录，每一行字符从 0 开始计数，第 15 个到第 18 个字符为年，第 25 个到第 29 个字符为温度，其中第 25 位是符号+/-，现在需要统计出每年的最高温度。

```
006701199099999991950051507+0000+
004301199099999991950051512+0022+
004301199099999991950051518-0011+
004301265099999991949032412+0111+
004301265099999991949032418+0078+
006701199099999991937051507+0001+
004301199099999991937051512-0002+
004301199099999991945051518+0001+
004301265099999991945032412+0002+
004301265099999991945032418+0078+
```

MapReduce 主要包括两个步骤：Map 和 Reduce。每一步都有 key/value 对作为输入和输出：

Map 阶段的 key/value 对的格式是由输入的格式所决定的，如果是默认的 TextInputFormat，则每行作为一个记录进程处理，其中 key 为此行的开头相对于文件的起始位置，value 就是此行的字符文本，Map 阶段的输出 key/value 对的格式必须同 Reduce

阶段的输入 key/value 对的格式相对应。

对于上面的例子，在 Map 过程，输入的 key-value 对如下：

(0 ,0067011990099999991950051507+0000+)
(1 ,0043011990999999991950051512+0022+)
(2 ,0043011990999999991950051518-0011+)
(3 ,0043012650999999991949032412+0111+)
(4 ,0043012650999999991949032418+0078+)
(5 ,0067011990999999991937051507+0001+)
(6 ,0043011990999999991937051512-0002+)
(7 ,0043011990999999991945051518+0001+)
(8 ,0043012650999999991945032412+0002+)
(9 ,0043012650999999991945032418+0078+)

将上面的数据作为用户编写的 Map 函数的输入，通过对每一行字符串的解析，得到年/温度的 key/value 对作为输出：

(1950, 0)
(1950, 22)
(1950, -11)
(1949, 111)
(1949, 78)
(1937, 1)
(1937, -2)
(1945, 1)
(1945, 2)
(1945, 78)

在 Reduce 过程，将 Map 过程中的输出，按照相同的 key 将 value 放到同一个列表中，作为用户写的 Reduce 函数的输入。

(1950, [0, 22, -11])
(1949, [111, 78])
(1937, [1, -2])
(1945, [1, 2, 78])

在 Reduce 过程中，在列表中选择出最大的温度，将年/最大温度的 key/value 作为输出：

(1950, 22)
(1949, 111)
(1937, 1)
(1945, 78)

上面的整个逻辑过程可用图 1-6 表示。

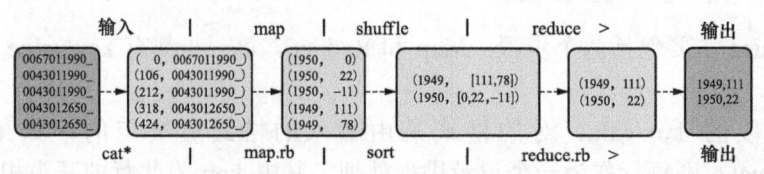

图 1-6　MapReduce 过程

1.4 YARN

1.4.1 YARN 的概念

第一代 MapReduce 框架（MRv1）目前已经相当成熟和稳定，并被越来越多的公司所采用。然而，随着数据量爆炸性增长和更多新型应用的出现，它在可扩展性、内存消耗、线程模型、可靠性和性能上的缺陷越来越明显。MRv1 所存在的各种问题，主要可以归纳为下面几个方面。

（1）可扩展性差。在 MRv1 中，由于 JobTracker 同时兼顾资源管理和作业控制两个功能，这一特点严重制约了 Hadoop 集群的可扩展性。

（2）可靠性差。MRv1 采用了 Master/Slave 结构，其中，Master 存在单点故障问题，一旦它发生故障，将会使整个集群瘫痪。

（3）资源利用率低。在当前 MRv1 系统下，JobTracker 将一个集群看作 TaskTracker 管理的节点的集合，这些节点要么是 Map 槽位，要么是 Reduce 槽位，不可互换。在 Map 槽位用尽，而 Reduce 槽位还没有用尽的情况下，会导致低利用率问题。

（4）无法支持多种计算框架。随着互联网的迅猛发展，MapReduce 这种基于磁盘的离线计算机框架已经不能满足应用的要求，从而出现了一些新的计算机框架，包括内存计算框架、流式计算框架和迭代式计算框架等，而 MRv1 不能支持多种计算框架并存。

仅仅对 MRv1 做一些 bug 的修复是远远不够的，并且如今 bug 修复的成本越来越高，这表明对原框架做出改变的难度越来越大。为从根本上解决旧 MapReduce 框架的性能瓶颈，促进 Hadoop 框架的更长远发展，从 0.23.0 版本开始，Hadoop 的 MapReduce 框架完全重构，发生了根本的变化。新的 Hadoop MapReduce 框架命名为 MapReduceV2 或者 YARN。

1.4.2 YARN 的设计目标

在讨论 YARN 设计目标之前，先分析一下第一代 MapReduce 框架，基于 MapReduce 框架的 Hadoop 集群架构如图 1-7 所示。

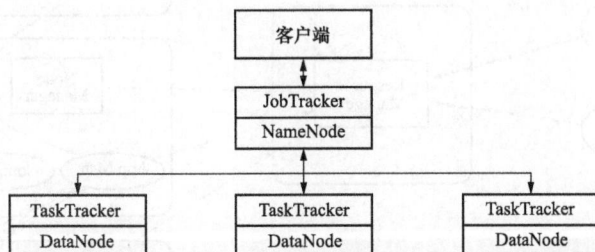

图 1-7 Hadoop 集群架构

从图 1-7 可以看出，当一个客户端向一个 Hadoop 集群发出一个请求时，此请求由 JobTracker 管理。JobTracker 与 NameNode 联合将工作分发到离它所处理的数据尽可能近的位置。NameNode 是文件系统的主系统，提供元数据服务来执行数据分发和复制。

JobTracker 将 Map 和 Reduce 任务安排到一个或多个 TaskTracker 上的可用插槽中。TaskTracker 与 DataNode（分布式文件系统）一起对来自 DataNode 的数据执行 Map 和 Reduce 任务。当 Map 和 Reduce 任务完成时，TaskTracker 会告知 JobTracker，后者确定所有任务何时完成并最终告知客户作业已完成。

当前的 Hadoop MapReduce 之所以在可扩展性、资源利用率和多框架支持等方面存在缺陷，正是由于 Hadooop 对 JobTracker 赋予的功能过多而造成负载过重。此外，从设计的角度上看，Hadoop 未能够将资源管理相关的功能与应用程序相关的功能分开，造成 Hadoop 难以支持多种计算框架。

下一代 MapReduce 框架的基本设计思想是将 JobTracker 的两个主要功能，即资源管理和作业控制（包括作业监控、容错等），分拆成两个独立的进程。资源管理进程是与具体应用程序无关的模块，它负责整个集群的资源（内存、CPU、磁盘等）管理；而作业控制进程则是直接与应用程序相关的模块，且每个作业控制进程只负责一个作业。这样，通过将原有 JobTracker 中与应用程序相关和无关的模块分开，不仅减轻了 JobTracker 负载，也使得 Hadoop 支持更多的计算框架。换句话说，下一代 MapReduce 框架实际上是一个资源统一管理平台，它已经不再局限于仅支持 MapReduce 一种计算模型，而是可无限融入多种计算框架，且对这些框架进行统一管理和调度。

1.4.3　YARN 的基本架构

YARN 是 Apache 的下一代 MapReduce 框架。YARN 的基本思想是将 JobTracker 的两大主要职能（资源管理、作业的调度/监控）拆分为两个独立的进程：一个全局的 ResourceManager 和每个应用对应的 ApplicationMaster（AM）。ResourceManager 和每个节点上的 NodeManager（NM）组成了全新的通用操作系统，以分布式的方式管理应用程序。YARN 基本架构图如图 1-8 所示。

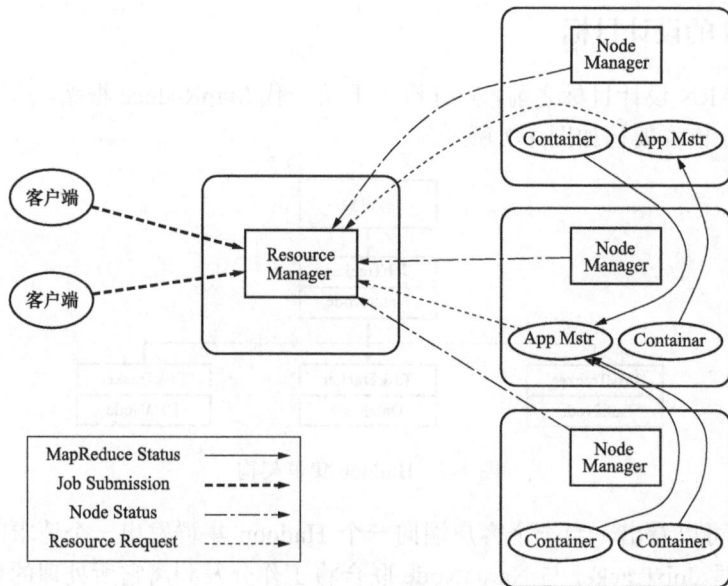

图 1-8　YARN 架构图

从图 1-8 可以看出，重构根本的思想是将 JobTracker 两个主要的功能分离成单独的组件，这两个功能是资源管理和任务调度/监控。新的资源管理器全局管理所有应用程序计算资源的分配，每一个应用的 Application-Master 负责相应的调度和协调。一个应用程序无非是一个单独的传统的 MapReduce 任务或者是一个 DAG（有向无环图）任务。ResourceManager 和每一台机器的节点管理服务器能够管理用户在那台机器上的进程并能对计算进行组织。

事实上，每一个应用的 ApplicationMaster 是一个详细的框架库，它结合从 Resource-Manager 获得的资源和 NodeManager 协同工作来运行和监控任务。图 1-8 中 Resource-Manager 支持分层级的应用队列，这些队列享有集群一定比例的资源。从某种意义上讲它就是一个纯粹的调度器，它在执行过程中不对应用进行监控和状态跟踪。同样，它也不能重启因应用失败或者硬件错误而运行失败的任务。

ResourceManager 拥有为系统中所有的应用的资源分配的决定权。对应于每个应用程序的 ApplicationMaster，是框架相关的，负责与 ResourceManager 协商资源，以及与 NodeManager 协同工作，来执行和监控各个任务。

ResourceManager 有一个可插拔的调度器组件——Scheduler，负责为运行中的各种应用分配资源，分配时会受到容量、队列以及其他因素的制约。Scheduler 是一个纯粹的调度器，不负责应用程序的监控和状态跟踪，也不保证在应用程序失败或者硬件失败的情况下对 Task 的重启。Scheduler 基于应用程序的资源需求来执行其调度功能，使用了叫做资源 Container 的抽象概念，其中包括了多种资源维度，如内存、CPU、磁盘以及网络。

NodeManager 是与每台机器对应的从属进程，负责启动应用程序的 Container，监控它们的资源使用情况（CPU、内存、磁盘和网络），并且报告给 ResourceManager。

每个应用程序的 ApplicationMaster，负责与 Scheduler 协商合适的 Container，跟踪应用程序的状态，以及监控它们的进度。从系统的角度讲，ApplicationMaster 也是以一个普通 Container 的身份运行。

1.4.4　YARN 实例

本节讨论 YARN 的实际操作。具体的操作配置步骤如下。

根据 YARN 框架要求，分别在 core-site.xml 中配置分布式文件系统的 URL，详细如下：

清单 1．core-site.xml 配置

```
<configuration>
<property>
 <name>fs.defaultFS</name>
 <value>hdfs://192.168.137.8:9100</value>
</property>
</configuration>
```

在 hdfs-site.xml 中配置 NameNode，DataNode 的本地目录信息，详细如下：

清单 2．hdfs-site.xml 配置

```
<configuration>
<property>
 <name>dfs.namenode.name.dir</name>
 <value>/hadoop/dfs/name</value>
 <description></description>
</property>
<property>

<property>
 <name>dfs.datanode.data.dir</name>
 <value>/hadoop/dfs/name</value>
 <description></description>
</property>
<property>
 <property>
 <name>dfs.replication</name>
 <value>2</value>
 </property>
 </configuration>
```

在 mapred-site.xml 中配置其使用 YARN 框架执行 MapReduce 处理程序，详细如下：
清单 3．mapred-site.xml 配置

```
<configuration>
<property>
 <name>mapreduce.framework.name</name>
 <value>Yarn</value>
</property>
</configuration>
```

最后在 Yarn-site.xml 中配置 ResourceManager，NodeManager 的通信端口，Web 监控
端口等，详细如下：
清单 4．Yarn-site.xml 配置

```
<?xml version="1.0"?>
<configuration>

<!--Site specific YARN configuration properties -->
<property>
 <name>Yarn.nodemanager.aux-services</name>
 <value>mapreduce.shuffle</value>
</property>
<property>
 <description>The address of the applications manager interface in the RM.</description>
 <name>Yarn.resourcemanager.address</name>
 <value>192.168.137.8:18040</value>
</property>
<property>
 <description>The address of the scheduler interface.</description>
 <name>Yarn.resourcemanager.scheduler.address</name>
 <value>192.168.137.8:18030</value>
</property>

<property>
 <description>The address ofthe RM web application.</description>
 <name>Yarn.resourcemanager.webapp.address</name>
 <value>192.168.137.8:18088</value>
</property>

<property>
 <description>The address of the resource tracker interface.</description>
 <name>Yarn.resourcemanager.resource-tracker interface.</description>
 <value>192.168.137.8:8025</value>
</property>
</configuration>
```

1.5　ZooKeeper

1.5.1　ZooKeeper 的概念

ZooKeeper 由雅虎研究院开发,其中文译名为动物管理员。分布式系统就像一个动物园,而各个独立的进程或程序就相当于动物园中的各种动物。如果缺乏有效的管理,动物园就会变得混乱且难以管理。为了让各种不同的动物待在它们应该待的地方,而不是相互串门,或是相互厮杀,就需要动物园管理员按照动物的各种习性加以分类和管理,这样才能更加放心安全地观赏动物,而 ZooKeeper 正是扮演这样的角色。

随着信息化水平的不断提高,企业级系统变得越来越庞大臃肿,性能急剧下降,客户抱怨频频。拆分系统是目前可选择的解决系统可伸缩性和性能问题的唯一行之有效的方法。但是拆分系统同时也带来了系统的复杂性——各子系统不是孤立存在的,它们彼此之间需要协作和交互,这就是常说的分布式系统。

相对于开发在一台计算机上运行单个的程序,如何让一个应用中多个独立的程序协同工作是一件非常不容易的事。开发类似这样的应用,很容易导致开发人员陷入如何使多个程序协同工作的逻辑中,最后导致没有时间更好地思考和实现他们自己的应用程序逻辑;换句话说开发人员对协同逻辑关注不够,只是用很少的时间开发了一个简单脆弱的主协调器,导致不可靠的单一失效点。而 ZooKeeper 的设计就是让应用开发人员能更好地关注应用本身的逻辑,而不是浪费大量时间在协同工作上。

对于分布式系统一般可以这样定义:分布式系统是同时跨越多个物理主机、独立运行的多个软件组件所组成的系统。采用分布式系统有很多原因,分布式系统能够利用多处理器的运算能力来运行组件,比如并行复制任务。一个系统也许由于战略原因,需要分布在不同地点,比如一个应用由多个不同地点的服务器提供。

分布式系统开发过程很复杂,这一点伴随着开发过程会逐渐显现出来。比如当应用运行后,所有不同的进程通过某种方法,需要知道应用的配置信息。一段时间后,配置信息也许发生了变化,可以停止所有进程,重新分发配置信息文件,然后重新启动。但与配置信息问题相关的是组成员关系的问题,当负载变化时,希望增加或减少新机器和进程。

就像前文所提到的动物管理员那样,ZooKeeper 主要负责协调工作。关于 ZooKeeper 的系统功能的讨论都是围绕一条主线:它可以在分布式系统中协作多个任务。一个协作任务是指一个包含多个进程的服务。这个任务可以为了协作或者为了管理竞争,协作意味着多个进程需要共同处理同一件事情,一些进程采取某些行动使得其他进程可以继续工作。例如,典型的主-从(Master-Worker)工作模式中,从节点处于空闲状态时会通知主节点可以接受工作,于是主节点就会分配任务给从节点。

1.5.2　ZooKeeper 的设计目标

ZooKeeper 致力于提供一个高性能、高可用,且具有严格的顺序访问控制能力(主要是写操作的严格顺序性)的分布式协调服务。高性能使得 ZooKeeper 能够应用于那些对系统吞吐有明确要求的大型分布式系统中,高可用使得分布式的单点问题得到很好的解决，而严格的顺序访问控制使得客户端能够基于 ZooKeeper 实现一些复杂的同步原语。下面来具体看一下 ZooKeeper 的 4 个设计目标。

1. 简单的数据模型

ZooKeeper 使得分布式程序能够通过一个共享的、树形结构的名字空间来进行相互协调。这里所说的树形结构的名字空间，是指 ZooKeeper 服务器内存中的一个数据模型，其由一系列被称为 ZNode 的数据节点组成，总地来说，其数据模型类似于一个文件系统，而 ZNode 之间的层级关系，就像文件系统的目录结构一样。不过和传统的磁盘文件系统不同的是，ZooKeeper 将全量数据存储在内存中，以此来实现提高服务器吞吐、减少延迟的目的。

2. 可以构建集群

一个 ZooKeeper 集群通常由一组机器组成，一般 3~5 台机器就可以组成一个可用的 ZooKeeper 集群，如图 1-9 所示。

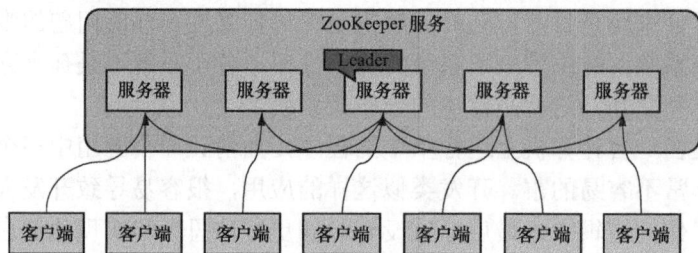

图 1-9　ZooKeeper 集群模式

组成 ZooKeeper 集群的每台机器都会在内存中维护当前的服务器状态，并且每台机器之间都互相保持着通信。值得一提的是，只要集群中存在超过一半的机器能够正常工作，那么整个集群就能够正常对外服务。ZooKeeper 的客户端程序会选择和集群中任意一台机器共同创建一个 TCP 连接，而一旦客户端和某台 ZooKeeper 服务器之间的连接断开后，客户端会自动连接到集群中的其他机器。

3. 顺序访问

对于来自客户端的每个更新请求，ZooKeeper 都会分配一个全局唯一的递增编号，这个编号反映了所有实物操作的先后顺序，应用程序可以使用 ZooKeeper 的这个特性来实现更高层次的同步原语。

4. 高性能

由于 ZooKeeper 将全量数据存储在内存中，并直接服务于客户端的所有非事务请求，因此它尤其适用于以读操作为主的应用场景。

1.5.3　ZooKeeper 的架构

下面讨论 ZooKeeper 架构，以此来了解服务是如何运行的。应用通过客户端来对 ZooKeeper 实现调用。客户端库负责与 ZooKeeper 服务器端进行交互。

ZooKeeper 的架构图如图 1-10 所示。ZooKeeper 服务器端运行于两种模式下：独立模式（standalone）和仲裁模式（quorum）。独立模式几乎与其术语所描述的一样：有一个单独的服务器，ZooKeeper 状态无法复制。在仲裁模式下，具有一组 ZooKeeper 服务器，我们称为 ZooKeeper 集合（ZooKeeper ensemble），它们之前可以进行状态的复制，并同时为服务与客户端的请求。从这个角度出发，我们使用术语 ZooKeeper 集合来表示一个服务器设施，这一设施可以由独立的一个服务器组成，也可以由仲裁模式下的多个服务器组成。

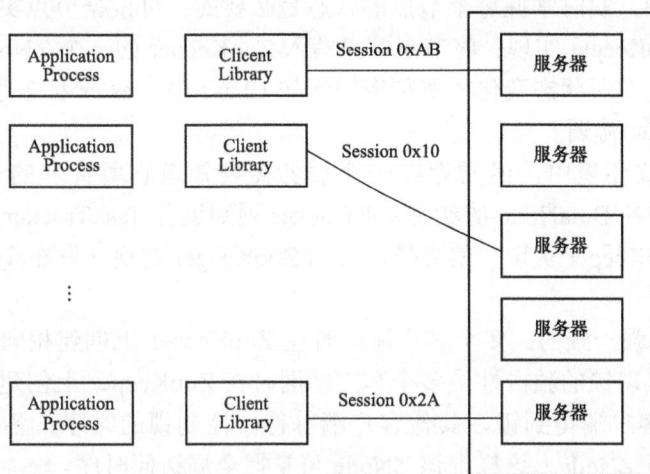

图 1-10   ZooKeeper 架构图

1.5.4   ZooKeeper 的应用场景

ZooKeeper 是一个典型的发布/订阅模式的分布式数据管理与协调框架，开发人员可以使用它来进行分布式数据的发布与订阅。通过对 ZooKeeper 中丰富的数据节点类型进行交叉使用，配合 Watcher 事件通知机制，可以非常方便地构建一系列分布式应用中都会涉及的核心功能，如数据发布/订阅、负载均衡、命名服务、分布式协调/通知、集群管理、Master 选举、分布式锁和分布式队列等。

ZooKeeper 是一个高可用的分布式数据管理与协调框架。基于对 ZAB 算法的实现，该框架能够很好地保证分布式环境中数据的一致性。也正是基于这样的特性，使得 ZooKeeper 成为了解决分布式一致性问题的利器。

随着近年来互联网系统规模的不断扩大，大数据时代飞速到来，越来越多的分布式系统将 ZooKeeper 作为核心组使用，如 Hadoop、HBase 和 Kafka 等，因此，正确理解 ZooKeeper 的应用场景，对于 ZooKeeper 的使用者来说，显得尤为重要。下面讨论 ZooKeeper 的典型应用场景。

1. 统一命名服务

分布式环境下，经常需要对应用/服务进行统一命名，便于识别不同服务；类似于域名与 IP 之间对应关系，域名容易记住；通过名称来获取资源或服务的地址，提供者等信息按照层次结构组织服务/应用名称，将服务名称以及地址信息写到 ZooKeeper 上，客户端通过 ZooKeeper 获取可用服务列表类。

2. 配置管理

分布式环境下，配置文件管理和同步是一个常见问题；一个集群中，所有节点的配置信息是一致的，比如 Hadoop；对配置文件修改后，希望能够快速同步到各个节点上配置管理可交由 ZooKeeper 实现；可将配置信息写入 ZooKeeper 的一个 ZNode 上；各个节点监听这个 ZNode，一旦 ZNode 中的数据被修改，这时 ZooKeeper 将通知各个节点。

3．集群管理

分布式环境中，实时掌握每个节点的状态是必要的；可根据节点实时状态作出一些调整；可交由 ZooKeeper 实现；将节点信息写入 ZooKeeper 的一个 ZNode 上；监听这个 ZNode 可获取它的实时状态变化；典型应用例如 Hbase 中 Master 状态监控与选举。

4．分布式通知/协调

在一般分布式环境中，经常存在一个服务需要知道它所管理的子服务的状态；NameNode 须知道各 DataNode 的状态 JobTracker 须知道各 TaskTracker 的状态，心跳检测机制可通过 ZooKeeper 实现；信息推送可由 ZooKeeper 实现（发布/订阅模式）。

5．分布式锁

ZooKeeper 是强一致的；多个客户端同时在 ZooKeeper 上创建相同的 ZNode，只有一个创建成功。实现锁的独占性：多个客户端同时在 ZooKeeper 上创建相同的 ZNode，创建成功的那个客户端得到锁，其他客户端等待。控制锁的时序：各个客户端在某个 ZNode 下创建临时 ZNode，这样，该 ZNode 可掌握全局访问时序。

6．分布式队列

两种队列：当一个队列的成员都聚齐时，这个队列才可用，否则一直等待所有成员到达，这种是同步队列；另一种队列是先进先出队列，这种队列按照 FIFO 方式进行入队和出队操作，例如实现生产者和消费者模型。

1.5.5 ZooKeeper 的实例

客户端要连接 ZooKeeper 服务器可以通过创建 org.apache.zookeeper.ZooKeeper 的一个实例对象，然后调用这个类提供的接口来和服务器交互。

而 ZooKeeper 主要是用来维护和监控一个目录节点树中存储的数据的状态，所有能够操作的 ZooKeeper 也和操作目录节点树大体一样，如创建一个目录节点，给某个目录节点设置数据，获取某个目录节点的所有子目录节点，给某个目录节点设置权限和监控这个目录节点的状态变化。

ZooKeeper 基本的操作示例：

```
public class ZkDemo {

    public static void main(String[] args) throws IOException, KeeperException,
InterruptedException {
        // 创建一个与服务器的连接
        ZooKeeper zk = new ZooKeeper("127.0.0.1:2180", 60000, new Watcher() {
            // 监控所有被触发的事件
            // 当对目录节点监控状态打开时，一旦目录节点的状态发生变化，Watcher 对象的
process 方法就会被调用。
            public void process(WatchedEvent event) {
                System.out.println("EVENT:" + event.getType());
            }
        });
```

```
        // 查看根节点
        // 获取指定 path 下的所有子目录节点，同样 getChildren 方法也有一个重载方法可以设置特定
的 watcher 监控子节点的状态
        System.out.println("ls / => " + zk.getChildren("/", true));

        // 判断某个 path 是否存在，并设置是否监控这个目录节点，这里的 watcher 是在创建
ZooKeeper 实例时指定的 watcher；
        // exists 方法还有一个重载方法，可以指定特定的 watcher
        if (zk.exists("/node", true) == null) {

            // 创建一个给定的目录节点 path，并给它设置数据；
            // CreateMode 标识有四种形式的目录节点，分别是：
            //      PERSISTENT：持久化目录节点，这个目录节点存储的数据不会丢失；
            //      PERSISTENT_SEQUENTIAL：顺序自动编号的目录节点，这种目录节点会根据当前已
近存在的节点数自动加 1，然后返回给客户端已经成功创建的目录节点名；
            //      EPHEMERAL：临时目录节点，一旦创建这个节点的客户端与服务器端口也就是
session 超时，这种节点会被自动删除；
            //      EPHEMERAL_SEQUENTIAL：临时自动编号节点
            zk.create("/node", "conan".getBytes(), ZooDefs.Ids.OPEN_ACL_UNSAFE,
CreateMode.PERSISTENT);
            System.out.println("create /node conan");
            // 查看 /node 节点数据
            System.out.println("get /node => " + new String(zk.getData("/node",
false, null)));

            // 查看根节点
            System.out.println("ls / => " + zk.getChildren("/", true));
        }

        // 创建一个子目录节点
        if (zk.exists("/node/sub1", true) == null) {
            zk.create("/node/sub1", "sub1".getBytes(),
ZooDefs.Ids.OPEN_ACL_UNSAFE, CreateMode.PERSISTENT);
            System.out.println("create /node/sub1 sub1");
            // 查看 node 节点
            System.out.println("ls /node => " + zk.getChildren("/node", true));
        }

        // 修改节点数据
        if (zk.exists("/node", true) != null) {
            // 给 path 设置数据，可以指定这个数据的版本号，如果 version 为 -1 怎可以匹配任何
版本
            zk.setData("/node", "changed".getBytes(), -1);
            // 查看 /node 节点数据
            // 获取这个 path 对应的目录节点存储的数据，数据的版本等信息可以通过 stat 来指定，
同时还可以设置是否监控这个目录节点数据的状态
            System.out.println("get /node => " + new String(zk.getData("/node",
false, null)));
```

```
    }

    // 删除节点
    if (zk.exists("/node/sub1", true) != null) {
        // 删除 path 对应的目录节点，version 为 -1 可以匹配任何版本，也就删除了这个目录
节点所有数据
        zk.delete("/node/sub1", -1);
        zk.delete("/node", -1);
        // 查看根节点
        System.out.println("ls / => " + zk.getChildren("/", true));
    }

    // 关闭连接
    zk.close();
    }
}
```

本 章 参 考 文 献

［1］刘晨，焦合军. 基于 HADOOP 集群的数据采集和清洗[J]. 软件工程, 2016, 19(11): 20-24.

［2］常广炎. Hadoop 的 HDFS 大数据存储技术[J]. 电脑编程技巧与维护, 2016(6): 70-71.

［3］廖彬，于炯，张陶，等. 基于分布式文件系统 HDFS 的节能算法[J]. 计算机学报, 2013, 36(5): 1047-1064.

［4］张波良，周水庚，关佶红. MapReduce 框架下的 Skyline 计算木[J]. 计算机科学与探索, 2011, 5(5): 385-397.

［5］赵颖. Hadoop 环境下的动态资源管理研究与实现[D]. 上海: 上海交通大学, 2015.

［6］郭其标，吕春峰. 基于云计算 Hadoop 异构集群的并行作业调度算法[J]. 计算机测量与控制, 2014, 22(6): 1846-1849.

［7］李东辉，吴小志，朱广新，等. 分布式数据库协调技术—Zookeeper[J]. 科技展望, 2016, 6(1): 7-8, 10.

［8］黄毅斐. 基于 ZooKeeper 的分布式同步框架设计与实现[D]. 杭州: 浙江大学, 2012.

2

大数据存储、处理与分析技术

　　本章对不同数据存储需求进行分析，对于实现大数据存储关键技术进行具体讲解，对云存储的概念及架构设计进行阐述，并给出实际操作示例。针对 MapReduce 的工作原理及架构进行解析和讲解，并针对流处理技术中典型的两个组件 Strom 和 Spark 进行原理上的分析及实现过程的讲解，使读者对以上两个组件有整体上的认识，并给出操作实例供读者学习。后续章节将针对数据挖掘基础及数据的整理与分析等具体的数据挖掘技术进行进一步讲解。主要可以概括为：NoSQL 有着非常高的读写性能，能够解决海量数据集合下，对多重数据种类进行快速存储和读取的难题；Hbase 具有大、操作面向列、设计稀疏、无模式、数据多版本、数据类型单一的特点；云存储通过网络将大量普通存储设备构成的存储资源池中的存储和数据服务以统一的接口按需提供给授权用户；MapReduce 用于大规模数据集（大于 1TB）的并行运算，也是云计算的核心技术，一种分布式运算技术，也是简化的分布式编程模式；Spark Streaming 具有容错、持久化和性能调优等特性；Storm 实现了一个可扩展的、低延迟、可靠性和容错的分布式计算平台。

　　大数据存储是数据科学建立的重点和前提。在大数据时代，海量的数据所带来的一个巨大的挑战就是如何对大数据进行高效存储，要想获得海量数据所带来的价值，必须首先解决存储问题。

2.1　分布式数据存储的概念、原理和技术

2.1.1　什么是分布式数据存储

　　近年来，随着互联网和 Web 的持续扩张和计算机技术的迅速发展，以及存储容量和速度的飞速发展，数据处理、存储、传输越来越廉价，相较而言，数据和数据组织才是真正最有价值的东西。从行业区分，数据类型的分布区域有商业、金融、娱乐等。从规模区分，大到企业小到个人，都在时时刻刻产生着不同类型的数据。

　　在大数据时代，海量的数据所带来的一个巨大的挑战就是数据的存储问题，要想获得海量数据所带来的价值，首先要对数据进行存储，然后才能进行下一步的数据分析及价值提取。然而，数据的增长速度远远高于存储介质的扩容能力，要想单个存储服务器的存储能力满足数据的增长速度，所带来的人力消耗及资金消耗是难以承担的。此外，

海量数据对现在的存储系统提出的诸如数据查询需求、容错纠错需求、安全性需求等都是大数据研究的重点难点。因此，如何存储并处理互联网带来的海量数据，对相关研究者带来了巨大的挑战，同时也开辟了广阔的研究空间。

在分布式数据库中，数据存储包括数据分片和数据分配两个部分。数据分片和分布是分布式数据库中两个重要概念，分布式数据库大部分问题均与数据分片和分布有关，它们对整个系统的可用性、可靠性及效率都有极大的影响，同时也与分布式数据库系统的其他方面密切相关，尤其是分布式查询处理问题。与目前常见的集中式存储技术不同，分布式存储技术并不是将数据存储在某个或多个特定的节点上，而是通过网络使用企业中的每台机器上的磁盘空间，并将这些分散的存储资源构成一个虚拟的存储设备，数据分散地存储在企业的各个角落。所谓结构化数据是一种用户定义的数据类型，它包含了一系列的属性，每一个属性都有一个数据类型，存储在关系数据库里，可以用二维表结构来表达实现的数据。大多数系统都有大量的结构化数据，一般存储在 Oracle 或 MySQL 等关系型数据库中，当系统规模大到单一节点的数据库无法支撑时，一般有两种方法：垂直扩展与水平扩展。

（1）垂直扩展：垂直扩展比较好理解，简单来说就是按照功能切分数据库，将不同功能的数据，存储在不同的数据库中，这样一个大数据库就被切分成多个小数据库，从而达到了数据库的扩展。一个架构设计良好的应用系统，其总体功能一般是由很多个松耦合的功能模块所组成的，而每一个功能模块所需要的数据对应到数据库中就是一张或多张表。各个功能模块之间交互越少，越统一，系统的耦合度越低，这样的系统就越容易实现垂直切分。

（2）水平扩展：简单来说，可以将数据的水平切分理解为按照数据行来切分，就是将表中的某些行切分到一个数据库中，而另外的某些行又切分到其他的数据库中。

为了能够比较容易地判断各行数据切分到了哪个数据库中，切分总是需要按照某种特定的规则来进行的，如按照某个数字字段的范围、某个时间类型字段的范围，或者某个字段的 hash 值。

2.1.2　分布式数据存储的原理

分布式数据存储系统的核心，就是很多机器组成的集群，靠彼此之间的网络通信，担当的角色可能不同，共同完成同一个事情的系统。如果按"实体"来划分的话，就是如下这几种：

（1）节点：系统中按照协议完成计算工作的一个逻辑实体，可能是执行某些工作的进程或机器。

（2）网络：系统的数据传输通道，用来彼此通信，通信是具有方向性的。

（3）存储：系统中持久化数据的数据库或者文件存储。

以关系数据库为例，在关系型分布式数据库系统（RDDB）中，数据分片是从逻辑上将全局关系划分为逻辑片断即子关系，而数据分配就是再以一定的冗余度将子关系分配到多个结点上，数据存储即数据分片与数据分配的总和。数据分片是一种对关系的划分，在集中式数据库中可以将所有的表视为一个总全局表的逻辑子表，而总全局表是这些子表的并集，其属性包括这些子表的所有属性，元组包括这些子表的所有元组，对应的在这个总全局表上元组的非空值呈块状区域分布。数据分配则是将这些子表以不同的冗余度存放在一个或多个场地或节点，这两者间的区别在于集中式数据库不存在数据复制的问题，不需要存在多副本，但也会出现表名不同，而表属性和属性值完全相同。

2.1.3 分布式数据存储的技术

数据呈多样化，包括非结构化、结构化、半结构化数据。其中非结构化数据包括办公文档、文本、图片、视音频等；结构化数据可以设计成二维关系表来存储，数据属性基本固定，数据的模式要预先定义；半结构化数据的模式和内容混在一起，没有明显区分，也不需要预先定义数据的模式结构。

2.1.3.1 系统特点

分布式数据存储系统的特点如下：

（1）并发。在一个计算机网络中，执行并发程序是常见的行为，用户可以在各自的计算机上工作，在必要时共享注入 Web 页面或文件之类的资源。系统处理共享资源的能力会随着网络资源（例如计算机）的增加而提高。在这本书的许多地方将描述有效部署这种额外能力的方法。对共享资源的并发执行程序的协调也是一个重要的重复提及的主题。

（2）缺乏全局时钟。在程序需要协作时，他们通过交换信息来协调他们的动作。密切的协作通常取决于对程序动作发生的时间的共识。但是，事实证明，在网络上的计算机与时钟同步所达到的准确性是有限的，即并没有一个正确时间的全局概念。这是通信仅仅通过网络发送消息这个事实带来的直接结果。

（3）故障独立性。所有的计算机系统都可能出故障，一般由系统设计者负责为可能的故障设计结果。分布式系统可能以新的方式出现故障，网络故障导致网上互联的计算机的隔离，但这并不意味着他们停止运行。事实上，计算机上的程序不能够检测到网络是出现故障还是网络运行得比通常慢。类似地，计算机的故障或系统中程序的异常终止，并不能马上让与它通信的其他组件了解。系统的每个组件会单独地出现故障，而其他组件还在运行。分布式系统的这个特征所带来的后果将是贯穿本书的一个反复提及的主题。

构造和使用分布式系统的主要动力来源于对共享资源的期望，所描述的内容是能在连网的计算机系统中共享的事物的范围。所涉及的范围从硬件组件（如硬盘、打印机）到软件定义的实体（如文件、数据库和所有的数据对象）。包括来自数字摄像机的视频流和移动电话呼叫所表示的音频连接。

2.1.3.2 系统构架

分布式数据存储的系统构架如图 2-1 所示，分为三个部分：对象关系图、类型定义和对象元数据。对象关系图维护对象之间的相关关系，类型定义规定了对象类型，对象元数据保存对象的属性和属性取值。索引数据结构主要分为三种：树索引、倒排索引和最短路径索引。树索引用于值查询处理，倒排索引用于关键词检索，而最短路径索引记录任意两个对象之间的距离，用于相关检索。

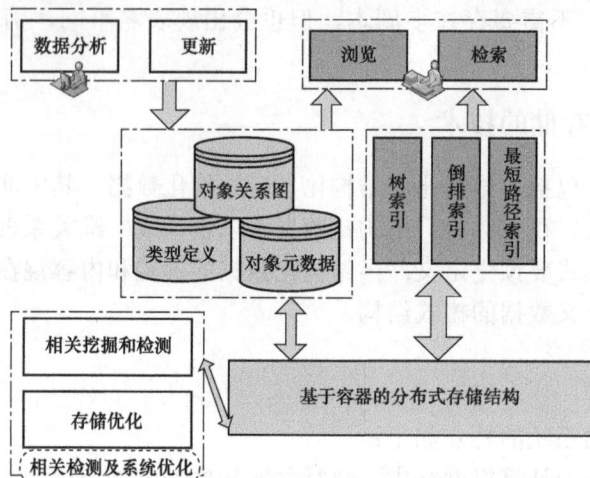

图 2-1　分布式系统体系结构

系统主要模块有：①浏览模块，是可以实现浏览相关功能检索的模块，基于元数据和索引来处理、查询和检索数据并进行分析。②从数据中提取对象属性和相关关系更新模块。③负责对象、相关关系更新维护分布式存储模块，为对象数据，系统元数据提供可扩展的、可靠的存储空间相关性挖掘和检测。

体系结构模式构建在上述讨论过的相对原始的体系结构元素之上，提供组合的、重复出现的结构，这些结构在给定的环境中恒运行良好。它们未必是完整的解决方案，但当与其他模式组合时，它们会更好地引导设计者给出一个给定问题域的解决方案。

分层的概念是一个熟悉的概念，与抽象紧密相关。在分层方法中，一个复杂的系统被分成若干层，每层利用下层提供的服务。因此，一个给定的层提供一个软件抽象，更高的层不清楚实现细节，或不清楚在它下面的其他层。

就分布式系统而言，这等同于把服务垂直组织成服务层。一个分布式服务可由一个或多个服务器进程提供，在这些进程相互交互，并与客户进程交互，维护服务中的资源在系统范围内的一致视图。例如，在互联网上基于网络时间协议（Network Time Protoco，NTP）可实现一个网络时间服务，其中，服务器进程运行在互联网的主机上，给任一发出请求的客户提供当前的时间作为与服务器交互的结果，客户调整它们当前的时间，给定分布式系统的复杂性，这些服务组织成若干层经常是有帮助的。

总地来说，分布式数据的优势也正体现在"分布"这两个字，让操作终端的人感觉不到数据库的分散，当然这也需要好的网络的支持。使使用者感觉是在本地数据库操作一样。这样方式既方便又快捷，维护起来不用操作大量的数据。它综合了计算机（Computer）、通信（Communication）、显示（CRT）和控制（Control）这四项技术，其基本思想是利用分散控制、集中操作、分级管理、配置灵活、高可靠性、易于维护等基本特点，从而实现异地存储。

2.2 NoSQL 数据库

2.2.1 什么是 NoSQL 数据库

NoSQL 数据库最早在 1988 年由 Carlo Strozzi 提出，当时用来命名一个不支持传统 SQL 接口的文件数据库。近年来，NoSQL 已经成为继传统关系型数据库之后一种全新的存储模式。

NoSQL 作为新兴数据库系统概念，由于其具有处理海量数据的能力，近年来受到各大 IT 公司的追捧。Facebook、Google 等大型网商纷纷斥资进行相关研究。虽然相对成熟的 RDBMS 仍存在不少功能问题，但在这个数据爆炸的时代，由于数据处理需求的不断提升，预计这种发展热潮仍将持续下去，并且普遍化。

2.2.1.1 NoSQL 数据库概念

谈及 NoSQL 数据库概念，首先应该了解支持 NoSQL 概念的理论三大基石：CAP 理论、BASE 思想和最终一致性。理解这三大理论，对于了解 NoSQL 的本源有着极其重要的作用。本节将对三大基石的理论基础和其之间的关系进行着重介绍。

1. CAP 理论

Eric Brewer 在发表于 ACM 的 PODC 中名为《关于 Robust 分散式系统》的文章中首次提及 CAP 理论。此理论目前被大型公司广泛采纳，如 Amazon 和其他 NoSQL 拥护者。CAP 解释为一致性（consistency）、可用性（availability）以及分区容忍性（partition tolerance）。其中，一致性是描述一个数据系统如何处理读写操作的一致性问题；可用性是描述一个系统能够持续不间断使用的问题；分区容忍性描述为系统在提供持续性时分区处理的能力。

2. BASE 思想

BASE 思想实际上是 CAP 理论 AP 的衍伸。它通过牺牲一致性，保证高可用性和分区容忍性。它同时也是 ACID 的一个变种。BASE 在英文中有基本的意思，也可以说实际上强调的就是能保证连续"基本"可用的一种模型。BASE 思想的组成有以下三个部分：基本可用、软状态、最终一致性。该模式不需要总是一致而应用在任何时间首先应该能完成最基本化的工作。

3. 最终一致性

最终一致性属于弱一致性的一种，即存储系统保证如果没有新的更新提交，最终所有的访问都将获得最后的更新。如果没有故障发生，不一致性取决于通信时延、系统负载以及复制策略中涉及的副本数。实现最终一致性最常见的系统是 DNS。根据 name 更新的传播、配置模式以及时间控制的缓存，最终所有节点都会看到更新。当同一片区的数据不同更新同时发生，而客户端并不需要依靠于读取数据的即时更新时，弱一致性是一个很好的选择。有关一致性模型的选择，需要考虑客户端如何请求数据和处理副本更新的方式。

Apache 以 Google 三大核心技术，即 MapReduce 计算模型、GFS 分布式文件系统、

BigTable 分布式存储数据库为基础，开发其开源实现 Hadoop 框架、HDFS 分布式文件系统以及 HBase 数据库。Dynamo 是 Amazon 所采用的基于键值对的分布式存储数据库。Cassandra 被称为混合型的非关系数据库，主要借鉴了 Google 的 BigTable 并结合了 Dynamo 的特点，由 Facebook 开发并发布其开源版本。MongoDB 是一个介于关系数据库和非关系数据库之间的产品，与 Cassandra 和 HBase 不同，MongoDB 是文档型数据库，它的许多概念及设计和关系型数据库相近，是 NoSQL 数据库中功能最丰富、最像关系数据库的产品。它支持的数据结构松散，类似 JSON 的 BSON（Binary JSON）格式，因此可以存储比较复杂的数据类型。除此之外，NoSQL 产品层出不穷，例如 CouchDB、Redis、SimpleDB 等。

2.2.1.2 NoSQL 与 SQL 的区别

应用层的类型很多，在云计算的时代，NoSQL 作为新兴数据库，可以满足更多的需求，从以下四个方面体现：

（1）低延迟的读写速度。应用快速的反应能极大地提升用户的满意度。

（2）支撑海量的数据和流量。对于搜索这样大型应用而言，需要利用 PB 级别的数据和能应对百万级的流量。

（3）大规模集群的管理。系统管理员希望分布式应用能更简单的部署和管理。

（4）庞大运营成本的考量。IT 经理们希望在硬件成本、软件成本和人力成本能够有大幅度地降低。

目前世界上主流的存储系统大部分还是采用了关系型数据库，但是由于其天生的几个限制，使其很难满足应用需求：

（1）扩展困难。由于存在类似 Join 这样多表查询机制，使得数据库在扩展方面很艰难。

（2）读写慢。这种情况主要发生在数据量达到一定规模时，由于关系型数据库的系统逻辑非常复杂，使得其非常容易发生死锁等的并发问题，所以导致其读写速度下滑非常严重。

（3）成本高。企业级数据库的 License 价格很惊人，并且随着系统的规模，而不断上升。

（4）有限的支撑容量。现有关系型解决方案还无法支撑 Google 这样海量的数据存储。

为解决上面提到的几个需求，推出"NoSQL"系列数据库。总的来说，在设计上，它们非常关注对数据高并发地读写和对海量数据的存储等，与关系型数据库相比，它们在架构和数据模型方面做了"减法"，而在扩展和并发等方面做了"加法"。现在主流的 NoSQL 数据库有 BigTable、HBase、Cassandra、SimpleDB、CouchDB、MongoDB 和 Redis 等。

NoSQL 数据库其优势主要有：

（1）简单的扩展。典型例子是 Cassandra，由于其架构类似于经典的 P2P，所以能通过轻松地添加新的节点来扩展这个集群。

（2）快速的读写。主要例子有 Redis，由于其逻辑简单，而且纯内存操作，使得其性能非常出色，单节点每秒可以处理超过 10 万次读写操作。

（3）低廉的成本。这是大多数分布式数据库共有的特点，因为主要都是开源软件，没有昂贵的 License 成本。

NoSQL 数据库也有一些不足之处：

（1）不提供对 SQL 的支持。如果不支持 SQL 这样的工业标准，将会对用户产生一定的学习和应用迁移成本。

（2）支持的特性不够丰富。现有产品所提供的功能都比较有限，大多数 NoSQL 数据库都不支持事务，也不像 MS SQL Server 和 Oracle 那样能提供各种附加功能，比如 BI 和报表等。

（3）现有的产品不够成熟。大多数产品都还处于初创期，和关系型数据库几十年的完善不可同日而语。

时至今日，互联网上有数以亿计的用户。大数据与云计算已经成为很多主要的互联网应用都在使用或是准备使用的技术，这是因为互联网用户每天都在不断增长，数据也变得越来越复杂，而且有很多非结构化的数据存在，这是很难通过传统的关系型数据库管理系统来处理的。NoSQL 技术则能比较好地解决这个问题，它主要用于非结构化的大数据与云计算上。从这个角度来看，NoSQL 是一种全新的数据库思维方式。

2.2.2　NoSQL 技术

非关系型的数据库 NoSQL 有着非常高的读写性能，能够解决海量数据集合下、对多重数据种类进行快速存储和读取的难题。当前 NoSQL 的数据模型包括 key-value 存储、key-结构化存储、key 文档存储等几种不同键值模型的数据结构。

1. 键值（key-value）存储数据库

键值存储型数据库可以运用于 Hash 表，在每一个 Hash 表中，有一个特定的键和一个指针会指向特定的数据。对于应用系统来说键值模型的优势是简单、容易部署。但是假如数据库管理员只需要对其中一部分值进行查询或更新操作的时候，键值存储数据库就显得效率低下了。如：Redis、Voldemort。

2. 列存储数据库

为了应对分布式存储的海量数据，通常会用到列存储数据库。虽然在数据库中仍然存在键，但不同的是它们是指向多个列，而这些列则是由列家族来安排的。如：Cassandra、HBase、Riak。

3. 文档型数据库

文档型数据数据库最大的特点在于数据模型是文档，它们以特定的格式存储在数据库中，如 JSON。与键值数据库相比较而言，文档型数据库的查询效率更高一些，它被认为是键值存储数据库的升级版，允许数据库之间嵌套键值。如：CouchDB、MongoDB。

4. 图形（Graph）数据库

图形数据库同关系型数据库最大的不同就在于，它使用了灵活多变的图形模型，并且能够将该模型扩展到多个服务器上。NoSQL 数据库没有标准的查询语言（SQL），因此进行数据库查询时需要制定相应的数据模型，这就使得数据库的可扩展性受到一定的限制。

以 NoSQL 大家族中的 Redis 数据库为例，Redis 是一个内存数据库，根据它数据结构的特点，非常适合作为消息队列，而且具备持久化机制，因此被用作消息服务器的底层存储。然而单个 Redis 的吞吐量毕竟有限，而且存在单点问题，为了提高消息服务的吞吐量和可用性，需要构建一个分布式的系统。研究适当的数据结构和存储方式充分发挥 Redis 的高超性能，同时结合实际项目设计 Redis+MySQL 存储系统并进行优化，充分发挥关系数据库和 Redis 的优点。

Redis 数据存储功能如图 2-2 所示。这种架构方式操作简单、高效，适用于数据结构简单、不需要对表进行关联查询的系统，如快递运单号查询系统、个人账单应用。但这种架构的缺点是使用范围有限，仅适用于简单应用。当 Redis 服务器出现意外情况宕机时，整个系统会直接崩溃。

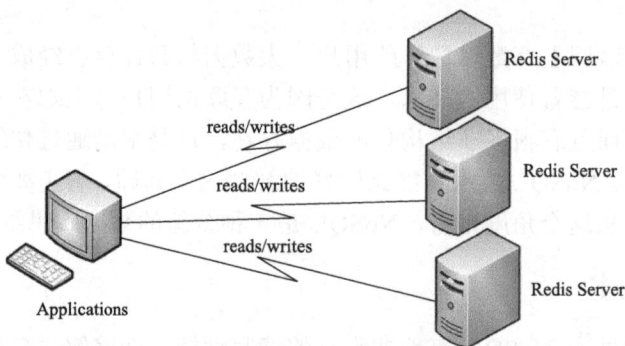

图 2-2 Redis 数据存储功能

另外，Redis 不适合用在系统需要尽量避免在服务器故障时丢失数据的情形，虽然 Redis 允许设置不同的保存点来控制保存 Redis 文件的频率，但是因为 Redis 文件需要保存整个数据集的状态，可能系统会至少 5min 才保存一次 Redis 文件，但一旦发生故障宕机，可能会丢失一小段时间内存储的数据。

方案主要涉及以下三个方面：一是考虑使用 Redis 存储哪些数据、这些数据需要使用什么样的数据结构；在确定数据类型和数据结构之后，还要考虑用什么标识作为该数据结构的键，针对系统不同模块数据类型的不同，需要设计不同的数据结构存储 MySQL 中的数据信息。二是设计合理的方式将关系数据库中的数据同步到 Redis 中，设计数据引擎实现数据快速迁移。三是针对高并发场景，对 Redis 内部和整个系统架构进行设计优化。

系统总体逻辑伪代码如下：

```
if(如果应用发送"写操作"请求)
{
直接将数据写入关系数据库
}
else if(应用发送"读操作"请求)
{
If(从 Redis 中读取数据成功)
{
  Redis 返回数据;
```

```
}
else
{
    应用程序将在 MySQL 中读取数据；
}
}
```

2.2.3 NoSQL 的信息汇聚平台

Web 信息采集系统对查询本身的要求并不复杂，但需要在信息量大的情况下保证查询速率。常见的一种查询是，根据某种查询条件返回符合条件的发帖信息及其所有回复信息，并按时间顺序排序结果。这首先要求数据库提供排序功能。发帖信息和回复信息作为完整的帖子返回，需要根据发帖信息找到全部的回复信息。

传统 MySQL 的单一存储系统架构在高并发访问情况下导致系统响应相对较慢，很难取得良好的用户体验，针对这些问题，引入了 Redis 这种新型的 NoSQL 数据库，改进存储系统的整体架构方案，让 MySQL 负责存储所有数据，提供持久化支持。服务器接收到写入请求时，直接往 MySQL 中写入数据，并定时同步热点数据到 Redis 中。服务器接收到读操作请求时，首先在 Redis 中读取数据，读取失败再从 MySQL 中读取数据。从而实现了存储系统读写分离，提高了大数据量高并发情况下系统访问效率。

综合信息汇聚平台依托现有的电信基础网络和支撑系统、业务系统，综合信息汇聚平台的组网结构如图 2-3 所示。

CP/SP 的业务请求通过 ISAG 接入，或者直接向综合信息汇聚平台发起请求，平台按照订购/被查询用户的 MDN 路由进行查找，同时将数据变化通知给涉及的 CP/SP；综合信息汇聚平台负责数据的接入、维护和管理。

与综合信息汇聚平台相关联的系统包括北向 CP/SP、运营商自营业务、ISAG. ISMP和南向信令采集系统、CRM/IT 系统以及终端自注册平台。

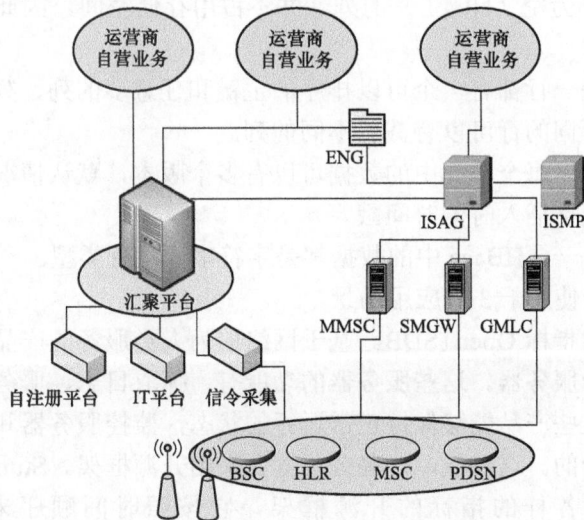

图 2-3 综合信息汇聚平台组网结构

（1）北向 CP/SP：综合信息汇聚平台开放能力接口的主要调用和使用者，向用户提供各种增值业务的内容提供商或服务提供商。

（2）北向 ISAG：CPISP 可以通过 ISAG 接入到综合信息汇聚平台，为 CP/SP 提供融合业务，与 ISMP 配合实现了业务管理和计费的功能。

（3）北向 ISMP：对用户及 CP/SP 的基础信息进行统一管理、认证；同时管理 SP 业务签约，并将 SP 的能力信息以及 SP 的产品业务信息发送给综合信息汇聚平台，平台基于这些信息对 SP 的业务能力进行管控。

（4）南向信令采集系统：综合信息汇聚平台最大数据来源，主要提供动态的用户数据，具有实时性的特点；主要从 IPV4 和 IPV6 数据流采集原始信令数据。

（5）CRM/IT 系统：系统中主要包含了用户的静态数据，作为平台数据源的补充。

（6）终端自注册平台：主要向平台提供终端相关的属性数据。

2.3　HBase

2.3.1　HBase 的介绍

HBase 又称为 Hadoop 数据库。从根本上讲，它是一个平台，可以随时存储、检索。HBase 又被称为 NoSQL 数据库。它提供了键值 API，尽管有些变化，与其他键值数据库有些不同。它承诺强一致性，所以客户端能够在写入后马上看到数据。HBase 运行在多个节点组成的集群上，而不是单台机器。它对客户端隐藏了这些细节。HBase 被设计用来处理 TB 到 PB 级数据，它为这种场景做了优化。它是 Hadoop 生态系统的一部分，依靠 Hadoop 其他组件提供的重要功能，例如数据冗余和批处理。HBase 具有以下特点：

（1）大：一个表可以有上亿行、上百万列。

（2）面向列：面向列表（簇）的存储和权限控制，列（簇）独立检索。

（3）稀疏：对于为空（NULL）的列，并不占用存储空间，因此，表可以设计得非常稀疏。

（4）无模式：每一行都有一个可以排序的主键和任意多的列，列可以根据需要动态增加，同一张表中不同的行可以有截然不同的列。

（5）数据多版本：每个单元中的数据可以有多个版本，默认情况下，版本号自动分配，版本号就是单元格插入时的时间戳。

（6）数据类型单一：HBase 中的数据都是字符串，没有类型。

HBase 目前主要使用于 3 个应用场景。

（1）抓取监控的指标 OpenTSDB。基于网络的为人类服务的产品后台基础设施基本上达到上千或上万台服务器。这些服务器的功能有：抓取日志、服务流量、存储数据、处理数据等。为了这些产品能够保持正常运行的状态，监控服务器和上面运行软件查看是否正常是必不可少的。这时候，一些公司就会采用开源框架。StumbleUpon 创建了用来收集服务器各种各样的指标的开源框架，它按照时间顺序来收集监控指标。StumbleUpon 创建的开源框架叫做 Open Time Series Datebase，缩写为 OpenTSDB。该框架是基于 HBase 作为核心平台，进而存储、检索收集到的监控指标。建立这个框架的目标是想有一个可扩展的监控数据收集系统。StumbleUpon 利用开源框架 OpenTSDB 监控含有 HBase 集群本身的一些基础性设施和某些软件。

（2）抓取用户交互数据。如何知道哪个网站受欢迎？怎样跟踪千万用户网上活动？如何让这次的网页浏览来引出下一次的浏览？如何让浏览量加 1？例如，Facebook、StumbleUpon 的加 1 按钮，每点击一次，计数器就加 1。由于网站服务的繁荣发展，StumbleUpon 初始阶段使用的 MySQL 集群，它的能力满足不了用户急剧增长的在线负载需求，然后，StumbleUpon 就使用 HBase 来代替这些族群。Facebook 利用 HBase 来计算用户喜欢网页的数量。他们可以得到实时的、喜欢网页的用户量等数据信息。据此他们可以及时提供内容给用户。公司经过多种选择，最终使用了 HBase。应用 HBase 的 Facebook 可以很方便地扩大他们的业务规模来为用户提供服务，而且还可以继续用原来的 HBase 集群经验。

（3）遥测技术。可以用 HBase 来捕获、存储用户计算机生成的软件崩溃报告。例如，Mozilla 基金会负责的 FireFox 和 Thunderbird 这两个产品，当软件出现崩溃时，就会发送报告给 Socorro 系统，而这个 Socorro 系统是建立在 HBase 上的。利用 HBase，研发部门可以有充足的数据来研发更稳定的产品。

2.3.2 HBase 的高可用性

当出现图 2-4 所示的三种情况时，高可用策略如下。

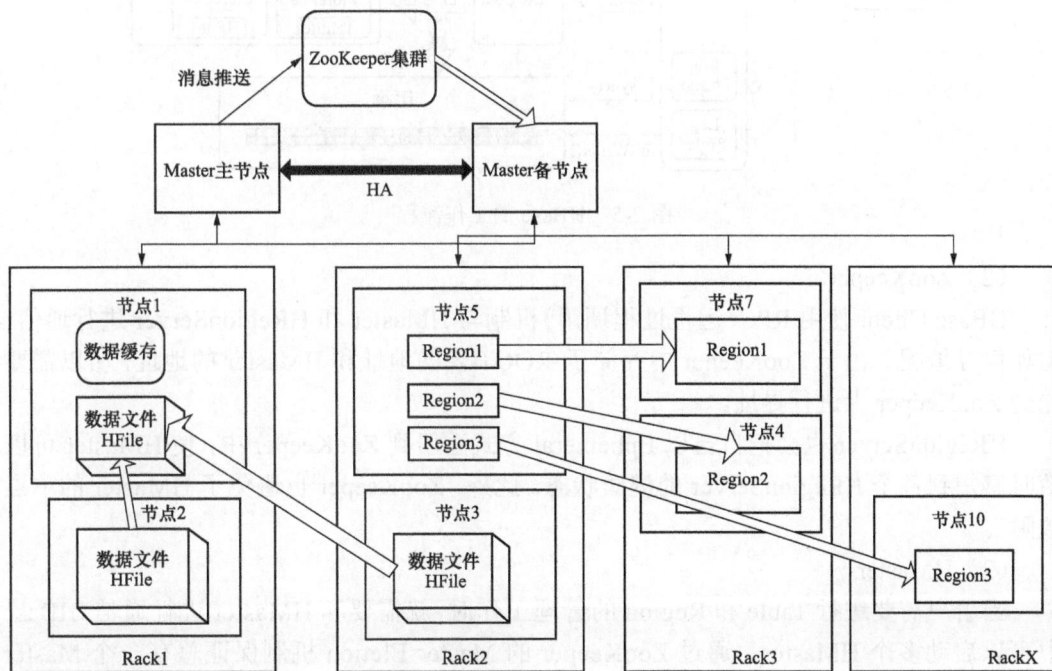

图 2-4 HBase 的高可用性

（1）HDFS 机架识别策略：当数据文件损坏时，会找相同机架上备份的数据文件，如果相同机架上的数据文件也损坏，会找不同机架备份数据文件。

（2）HBase 的 Region 快速恢复：当节点损坏时，节点上的丢失 Region，会在其他节点上均匀快速恢复。

（3）Master 节点的 HA 机制：Master 为一主多备。当 Master 主节点宕机后，剩下的备节点通过选举产生主节点。

2.3.3　HBase 的工作流程

HBase 的工作流程如图 2-5 所示，下面对各部分内容做一一介绍。

（1）Client。

首先当一个请求产生时，HBase Client 使用 RPC（远程过程调用）机制与 HMaster 和 HRegionServer 进行通信，对于管理类操作，Client 与 HMaster 进行 RPC；对于数据读写操作，Client 与 HRegionServer 进行 RPC。

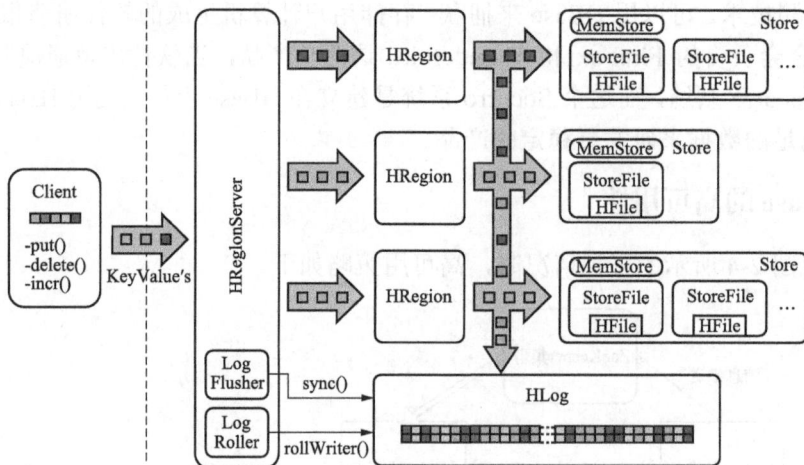

图 2-5　HBase 的工作流程

（2）ZooKeeper。

HBase Client 使用 RPC（远程过程调用）机制与 HMaster 和 HRegionServer 进行通信，但如何寻址呢？由于 ZooKeeper 中存储了-ROOT-表的地址和 HMaster 的地址，所以需要先到 ZooKeeper 上进行寻址。

HRegionServer 也会把自己以 Ephemeral 方式注册到 ZooKeeper 中，使 HMaster 可以随时感知到各个 HRegionServer 的健康状态。此外，ZooKeeper 也避免了 HMaster 的单点故障。

（3）HMaster。

当用户需要进行 Table 和 Region 的管理工作时，就需要和 HMaster 进行通信。HBase 中可以启动多个 HMaster，通过 ZooKeeper 的 Master Eletion 机制保证总有一个 Master 运行。

1）管理用户对 Table 的增删改查操作；

2）管理 HRegionServer 的负载均衡，调整 Region 的分布；

3）在 Region Split 后，负责新 Region 的分配；

4）在 HRegionServer 停机后，负责失效 HRegionServer 上的 Regions 迁移。

（4）HRegionServer。

当用户需要对数据进行读写操作时，需要访问 HRegionServer。HRegionServer 存取一个子表时，会创建一个 HRegion 对象，然后对表的每个列族创建一个 Store 实例，每个 Store 都会有一个 MemStore 和 0 个或多个 StoreFile 与之对应，每个 StoreFile 都会对应一个 HFile，HFile 就是实际的存储文件。因此，一个 HRegion 有多少个列族就有多少个 Store。一个 HRegionServer 会有多个 HRegion 和一个 HLog。

HStore 存储是 HBase 的核心，其中由两部分组成：MemStore 和 StoreFiles。MemStore 是 Sorted Memory Buffer，用户写入的数据首先会放在 MemStore，当 MemStore 满了以后会 Flush 成一个 StoreFile（实际存储在 HDHS 上的是 HFile），当 StoreFile 文件数量增长到一定阀值，就会触发 Compact 合并操作，并将多个 StoreFile 合并成一个 StoreFile，合并过程中会进行版本合并和数据删除，因此可以看出 HBase 其实只有增加数据，所有的更新和删除操作都是在后续的 compact 过程中进行的，这使得用户的读写操作只要进入内存中就可以立即返回，保证了 HBase I/O 的高性能。

2.4 云 存 储

2.4.1 云存储的介绍

如果一个云存储供应商有用户的数据，它必须能够应求将该数据提供给用户。鉴于网络中断、用户错误和其他情况，这很难以一种可靠而确定的方式实现。

云存储网关冗余和 WAN 链路冗余可帮助企业用户避免可能导致停机或数据丢失等损失的保护漏洞。正如高可用性和灵活性是本地存储应用的重要性能要素一样，这两个性能指标对于使用云存储服务的组织也是同等重要的。云存储供应商几乎都是使用了冗余的硬件，从而能够以服务水平协议（SLA）为客户提供服务，而采用这样的冗余策略来规避有可能导致停机事件甚至数据丢失的现有保护漏洞也是较为常见的做法。

虽然云供应商通常都会在他们的各级基础设施中增加冗余，但是单独使用冗余策略并不足以防止停机事件的发生。本地组件故障、WAN 故障或者云供应商中断都会导致数据变得不可用。至少，使用云存储服务的组织应当部署冗余的云存储网关和冗余的 WAN 链路。另外，如果预算允许，应通过采用冗余独立云（BRIC）集合架构以实施更高级别的冗余措施。

确定云存储服务的高可用性的第一步就是验证从云存储服务供应商那里得到的保护等级。确定云存储服务供应商针对业务需求而提供的冗余等级是非常重要的工作。例如，如果企业的数据存储策略要求所有数据都有三个副本，那么仅仅把用户数据复制至二级数据中心的云存储供应商可能就无法满足数据存储策略需求了。可能会需要更高层次的服务才能实现所需的冗余等级。

2.4.2 云存储架构

云存储架构如图 2-6 所示，下面对各层级内容做一一介绍。

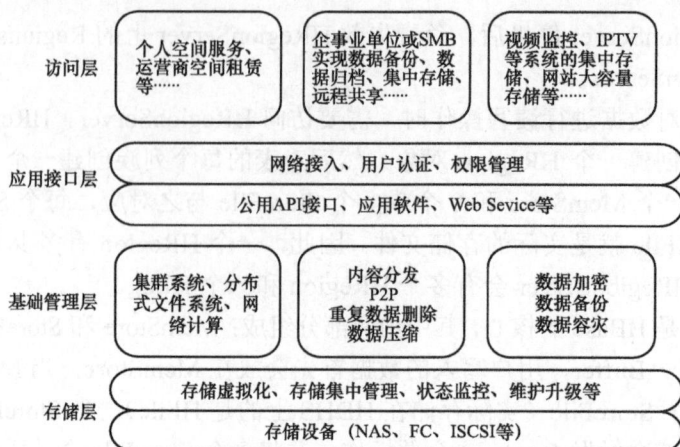

图 2-6　云存储架构

（1）存储层。

存储层是云存储最基础的部分。存储设备可以是 FC 光纤通道存储设备，可以是 NAS 和 iSCSI 等 IP 存储设备，也可以是 SCSI 或 SAS 等 DAS 存储设备。云存储中的存储设备往往数量庞大且分布多不同地域，彼此之间通过广域网、互联网或者 FC 光纤通道网络连接在一起。

存储设备之上是一个统一的存储设备管理系统，可以实现存储设备的逻辑虚拟化管理、多链路冗余管理，以及硬件设备的状态监控和故障维护。

（2）基础管理层。

基础管理层是云存储最核心的部分，也是云存储中最难以实现的部分。基础管理层通过集群、分布式文件系统和网格计算等技术，实现云存储中多个存储设备之间的协同工作，使多个的存储设备可以对外提供同一种服务，并提供更大更强更好的数据访问性能。CDN 内容分发系统、数据加密技术保证云存储中的数据不会被未授权的用户所访问，同时，通过各种数据备份和容灾技术和措施可以保证云存储中的数据不会丢失，保证云存储自身的安全和稳定。

（3）应用接口层。

应用接口层是云存储最灵活多变的部分。不同的云存储运营单位可以根据实际业务类型，开发不同的应用服务接口，提供不同的应用服务。比如视频监控应用平台、IPTV 和视频点播应用平台、网络硬盘引用平台、远程数据备份应用平台、云共享数据应用、云资源服务应用，提供标准化的接口给其他网络服务使用等。

（4）访问层。

任何一个授权用户都可以通过标准的公用应用接口来登录云存储系统，享受云存储服务。云存储运营单位不同，云存储提供的访问类型和访问手段也不同。

2.4.3　云存储实际操作

1. 百度云存储

（1）支持任何类型的数据（文本、多媒体、日志、二进制等）的上传和下载。

（2）提供强大的元信息机制，开发者可以使用通用和自定义的元信息机制实现定义资源属性。

（3）超大的容量。云存储支持从 0～2T 的单文件数据容量，同时对于目标的个数没有限制。利用云存储的 superfile 接口可以实现 2T 文件的上传和下载。

（4）提供断点上传和断点下载功能。该功能在网络不稳定的环境下有非常好的表现。Restful 风格的 API 可以极大地提高开发者的开发效率。基于公钥和密钥的认证方案可以适应灵活的业务需求。

（5）强大的 ACL 权限控制。可以通过 ACL 设置资源为公有或私有，也可以授权特定的用户具有特定的权限。

（6）功能完善的管理平台。开发者可以通过该平台对于所有资源进行统一管理。

2. GoogleDrive（Google）、Dropbox、SkyDrive（微软）、iCloud 等类似的云端存储

（1）不同设备间同步所有文件，包括 PC、移动终端、手机。即使没有安装客户端，也可以方便地在网页端操作文件。

（2）Google Drive 提供了强大的搜索功能，不仅能够对文档内容进行全文搜索，还提供了图片内容搜索和 OCR 的强大功能。

（3）对于用户所上传文件格式并没有严格限制，如同时支持.mov 文件、Office 文档甚至 APK 格式文件。此类文件上传到 Google Drive 服务器后，下载到本地设备也很方便，并能轻松与好友共享。

（4）提供了数款应用程序。如地图编辑应用 MindMeiser，用户可借此查看、共享和编辑地图文件；HelloFax 则是一款给文档签名和发送传真的应用；Lulu 应用允许用户通过 Lulu 服务公开发表文档；Aviary 图片编辑器应用则允许用户对图片进行修改。

（5）各种终端应用。包括桌面应用、手机客户端应用等，以及很好的界面浏览体验。

2.5　Spark Streaming

2.5.1　Spark Streaming 的介绍

Spark Streaming 是 Spark 中最常用的组件之一，将会有越来越多的有流处理需求的用户踏上 Spark 的使用之路。Spark Streaming 是大规模流式数据处理的新贵，将流式计算分解成一系列短小的批处理作业。市面上存在众多可用的流处理引擎，Spark Streaming 具有自己独特的优势：容错、持久化和性能调优等特性。

1. 容错

DStream 基于 RDD 组成，RDD 的容错性依旧有效，SparkRDD 的基本特性如下：

RDD 是一个不可变的、确定性的可重复计算的分布式数据集。RDD 的某些 Partition 丢失了，可以通过血统（Lineage）信息重新计算恢复。

如果 RDD 任何分区因 Worker 节点故障而丢失，那么这个分区可以从原来依赖的容错数据集中恢复。

由于 Spark 中所有的数据的转换操作都是基于 RDD 的，即使集群出现故障，只要输入数据集存在，所有的中间结果都是可以被计算的。

Spark Streaming 可以从 HDFS 和 S3 这样的文件系统读取数据，这种情况下所有的数据都可以被重新计算，不用担心数据的丢失。但是在大多数情况下，Spark Streaming 是基于网络来接收数据的，此时为了实现相同的容错处理，在接受网络的数据时会在集群的多个 Worker 节点间进行数据的复制（默认的复制数是 2），这导致产生两种类型在出现故障时被处理的数据：

（1）Data received and replicated：一旦一个 Worker 节点失效，系统会从另一份还存在的数据中重新计算。

（2）Data received but buffered for replication：一旦数据丢失，可以通过 RDD 之间的依赖关系，从 HDFS 这样的外部文件系统读取数据。

此外，有两种故障值得注意：

（1）Worker 节点失效：据前文可知，这时系统会根据出现故障的数据的类型，选择是从另一个有复制过数据的工作节点上重新计算，还是直接从外部文件系统读取数据。

（2）Driver（驱动节点）失效：如果运行 Spark Streaming 应用时驱动节点出现故障，那么很明显 StreamingContext 已经丢失，同时在内存中的数据全部丢失。对于这种情况，Spark Streaming 应用程序在计算上有一个内在的结构——在每段 micro-batch 数据周期性地执行同样的 Spark 计算。这种结构允许把应用的状态（亦称 checkpoint）周期性地保存到可靠的存储空间中，并在 Driver 重新启动时恢复该状态。具体做法是在 ssc.checkpoint（<checkpoint directory>）函数中进行设置，Spark Streaming 就会定期把 DStream 的元信息写入到 HDFS 中，一旦驱动节点失效，丢失的 StreamingContext 会通过已经保存的检查点信息进行恢复。

Spark Stream 的容错在 Spark 1.2 版本中有一些改进：

实时流处理系统必须要能在 7×24h 时间内工作，因此它需要具备从各种系统故障中恢复过来的能力。最开始，Spark Streaming 就支持从 Driver 和 Worker 故障恢复的能力。然而有些数据源的输入可能在故障恢复以后丢失数据。在 Spark1.2 版本中，Spark 已经在 Spark Streaming 中对预写日志（也被称为 journaling）作了初步支持，改进了恢复机制，并使更多数据源的零数据丢失有了可靠。

对于文件这样的源数据，Driver 恢复机制足以做到零数据丢失，因为所有的数据都保存在了像 HDFS 或 S3 这样的容错文件系统中了。但对于像 Kafka 和 Flume 等其他数据源，有些接收到的数据还只缓存在内存中，尚未被处理，它们就有可能会丢失。这是由于 Spark 应用的分布操作方式引起的。当 Driver 进程失败时，所有在 standalone/yarn/mesos 集群运行的 executor，连同它们在内存中的所有数据，也同时被终止。对于 Spark Streaming 来说，从诸如 Kafka 和 Flume 的数据源接收到的所有数据，在它们处理完成之前，一直都缓存在 executor 的内存中。纵然 Driver 重新启动，这些缓存的数据也不能被恢复。为了避免这种数据损失，在 Spark1.2 发布版本中引进了预写日（WriteAheadLogs）功能。

预写日志功能的流程是：①一个 Spark Streaming 应用开始时（也就是 Driver 开始时），相关的 StreamingContext 使用 SparkContext 启动接收器成为长驻运行任务。这些接收器接收并保存流数据到 Spark 内存中以供处理。②接收器通知 Driver。③接收块中的元数据（metadata）被发送到 Driver 的 StreamingContext。这个元数据包括：定位其在 executor 内存中数据的块 referenceid 和块数据在日志中的偏移信息（如果启用了）。

用户传送数据的生命周期如图 2-7 所示。

类似 Kafka 这样的系统可以通过复制数据保持可靠性。允许预写日志两次高效地复制同样的数据：一次由 Kafka，而另一次由 Spark Streaming。Spark 未来版本将包含 Kafka 容错机制的原生支持，从而避免第二个日志。

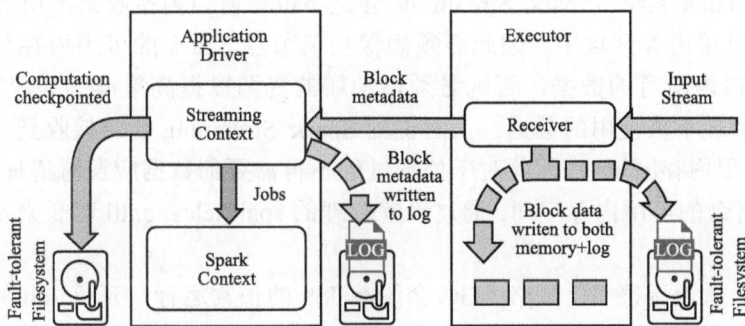

图 2-7　用户传送数据的生命周期

2．持久化

与 RDD 一样，DStream 同样也能通过 persist()方法将数据流存放在内存中，默认的持久化方式是 MEMO RY_ONLY_SER，也就是在内存中存放数据同时序列化的方式，这样做的好处是遇到需要多次迭代计算的程序时，速度优势十分的明显。而对于一些基于窗口的操作，如 reduceByWindow、reduceByKeyAnd Window，以及基于状态的操作，如 updateStateBykey，其默认的持久化策略就是保存在内存中。

对于来自网络的数据源（Kafka、Flume、sockets 等），默认的持久化策略是将数据保存在两台机器上，这也是为了容错性而设计的。

另外，对于窗口和有状态的操作必须 checkpoint，通过 StreamingContext 的 checkpoint 来指定目录，通过 Dtream 的 checkpoint 指定间隔时间，间隔必须是滑动间隔（slide interval）的倍数。

3．性能调优

（1）优化运行时间。

1）增加并行度。确保使用整个集群的资源，而不是把任务集中在几个特定的节点上。对于包含 Shuffle 的操作，增加其并行度以确保更为充分地使用集群资源。

2）减少数据序列化、反序列化的负担。Spark Streaming 默认将接收到的数据序列化后存储以减少内存的使用。但序列化和反序列化需要更多的 CPU 时间，因此更加高效的序列化方式（Kryo）和自定义的序列化接口可以更高效地使用 CPU。

3）设置合理的 batch 窗口。在 Spark Streaming 中，Job 之间有可能存在着依赖关系，后面的 Job 必须确保前面的 Job 执行结束后才能提交。若前面的 Job 执行时间超出了设置的 batch 窗口，那么后面的 Job 就无法按时提交，这样就会进一步拖延接下来的 Job，造成后续 Job 的阻塞。因此，设置一个合理的 batch 窗口确保 Job 能够在这个 batch 窗口中结束是必需的。

4）减少任务提交和分发所带来的负担。通常情况下 Akka 框架能够高效地确保任务及时分发，但当 batch 窗口非常小（500ms）时，提交和分发任务的延迟就变得不可接受了。使用 Standalone 模式和 Coarse-grained Mesos 模式通常会比使用 Fine-Grained Mesos 模式有更小的延迟。

（2）优化内存使用。

1）控制 batch size。Spark Streaming 会把 batch 窗口内接收到的所有数据存放在 Spark 内部的可用内存区域中，因此必须确保当前节点 Spark 的可用内存至少能够容纳这个 batch 窗口内所有的数据，否则必须增加新的资源以提高集群的处理能力。

2）及时清理不再使用的数据。上面说到 Spark Streaming 会将接收到的数据全部存储于内部的可用内存区域中，因此对于处理过的不再需要的数据应及时清理以确保 Spark Streaming 有富余的可用内存空间。通过设置合理的 spark.cleaner.ttl 时长来及时清理超时的无用数据。

3）观察及适当调整 GC 策略。GC 会影响 Job 的正常运行，延长 Job 的执行时间，引起一系列不可预料的问题。所以，应观察 GC 的运行情况，采取不同的 GC 策略以进一步减小内存回收对 Job 运行的影响。

2.5.2　Spark Streaming 的架构

Streaming 是 Spark 核心 API 的一个扩展，可以实现高吞吐量的、具备容错机制的实时流数据的处理。支持从多种数据源获取数据，包括 Kafk、Flume、Twitter、ZeroMQ、Kinesis 以及 TCP sockets，从数据源获取数据之后，可以使用诸如 Map、Reduce、Join 和 Window 等高级函数进行复杂算法的处理。最后还可以将处理结果存储到文件系统、数据库和现场仪表盘。在"one stack rule them all"的基础上，还可以使用 Spark 的其他子框架，如集群学习、图计算等，对流数据进行处理。

Spark Streaming 处理的数据流如图 2-8 所示。

图 2-8　Spark Streaming 处理的数据流

Spark 的各个子框架，都是基于核心 Spark 的，Spark Streaming 在内部的处理机制是，接收实时流的数据，并根据一定的时间间隔拆分成一批批的数据，然后通过 Spark Engine 处理这些批数据，最终得到处理后的一批批结果数据。

对应的批数据，在 Spark 内核对应一个 RDD 实例，因此，对应流数据的 DStream 可以看成是一组 RDDs，即 RDD 的一个序列。通俗点理解的话，在流数据分成一批一批后，通过一个先进先出的队列，然后 Spark Engine 从该队列中依次取出一个个批数据，把批数据封装成一个 RDD，然后进行处理，这是一个典型的生产者消费者模型。生产者消费者模型的问题，即如何协调生产速率和消费速率。

在内部，其工作原理如下。Spark Streaming 接收实时输入的数据流和数据划分批次，然后由 Spark 引擎批处理生成的最终结果流。如图 2-9 所示。

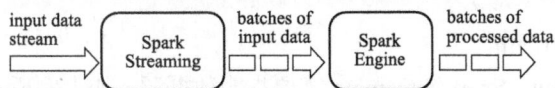

图 2-9 Spark Streaming 内部工作原理

另外，Spark Streaming 提供一个高层级的抽象，称为离散流或 DStream，表示一个连续的数据流。DStreams 可以被输入的数据流创建，如 Kafka、Flume 和 Kinesis，或采用其他的 DStreams 高级别操作的输入数据流。

2.5.3 Spark Streaming 的实现过程

作为构建于 Spark 之上的应用框架，Spark Streaming 承袭了 Spark 的编程风格，对于已经了解 Spark 的用户来说能够快速地上手。接下来以 Spark Streaming 官方提供的 WordCount 代码为例来介绍 Spark Streaming 的使用方式。

```
import org.apache.spark._
import org.apache.spark.streaming._
import org.apache.spark.streaming.StreamingContext._
// Create a local StreamingContext with two working thread and batch
interval of 1 second.
// The master requires 2 cores to prevent from a starvation scenario.
val                  conf              =                    new
SparkConf().setMaster("local[2]"). setAppName("NetworkWordCount")
val ssc = new StreamingContext(conf, Seconds(1))

// Create a DStream that will connect to hostname:port, like localhost:9999
val lines = ssc.socketTextStream("localhost", 9999)

// Split each line into words
val words = lines.flatMap(.split(" "))
import org.apache.spark.streaming.StreamingContext._
// Count each word in each batch
val pairs = words.map(word => (word, 1))
val wordCounts = pairs.reduceByKey( + )

// Print the first ten elements of each RDD generated in this DStream to
the console
wordCounts.print()
ssc.start()                // Start the computation
ssc.awaitTermination() // Wait for the computation to terminate
```

1. 创建 StreamingContext 对象

同 Spark 初始化需要创建 SparkContext 对象一样，使用 Spark Streaming 就需要创建 StreamingContext 对象。创建 StreamingContext 对象所需的参数与 SparkContext 基本一致，

包括指明 Master，设定名称（如 NetworkWordCount）。需要注意的是参数 Seconds（1），Spark Streaming 需要指定处理数据的时间间隔，如上例所示的 1s，那么 Spark Streaming 会以 1s 为时间窗口进行数据处理。此参数需要根据用户的需求和集群的处理能力进行适当的设置。

2. 创建 InputDStream

如同 Storm 的 Spout，Spark Streaming 需要指明数据源。如上例所示的 socketTextStream，Spark Streaming 以 socket 连接作为数据源读取数据。当然 Spark Streaming 支持多种不同的数据源，包括 Kafka、Flume、HDFS/S3、Kinesis 和 Twitter 等数据源。

3. 操作 DStream

对于从数据源得到的 DStream，用户可以在其基础上进行各种操作，如上例所示的操作就是一个典型的 WordCount 执行流程：对于当前时间窗口内从数据源得到的数据首先进行分割，然后利用 Map 和 ReduceByKey 方法进行计算，当然最后还有使用 print() 方法输出结果。

4. 启动 Spark Streaming

之前所做的所有步骤只是创建了执行流程，程序没有真正连接上数据源，也没有对数据进行任何操作，只是设定好了所有的执行计划。只有当 ssc.start() 启动后程序才真正进行所有预期的操作。

2.5.4　Spark Streaming 实例

实例为：Spark Streaming 读 HDFS，统计文件中单词数量，并写入 MySQL。

```
package com.yeliang;
import java.sql.Connection;
import java.sql.Statement;
import java.util.Arrays;
import java.util.Iterator;
import org.apache.spark.SparkConf;
import org.apache.spark.api.java.JavaPairRDD;
import org.apache.spark.api.java.function.FlatMapFunction;
import org.apache.spark.api.java.function.Function2;
import org.apache.spark.api.java.function.PairFunction;
import org.apache.spark.api.java.function.VoidFunction;
import org.apache.spark.streaming.Durations;
import org.apache.spark.streaming.Time;
import org.apache.spark.streaming.api.java.JavaDStream;
import org.apache.spark.streaming.api.java.JavaPairDStream;
import org.apache.spark.streaming.api.java.JavaStreamingContext;

import scala.Tuple2;
import scala.collection.generic.BitOperations.Int;

public class SparkStreamTest {
    public static void main(String[] args) {
        //本地运行
```

```java
        SparkConf conf = new SparkConf().setMaster("local [ 1 ]").setAppName("xxzx");
        //每 5 秒提交 spark
        JavaStreamingContext jssc = new JavaStreamingContext(conf, Durations.seconds(5));
        //读 hdfs
        JavaDStream<String> stream = jssc.textFileStream("hdfs://n1: 9000/wordcount_dir");
        JavaDStream<String> map = stream.flatMap(new FlatMapFunction<String, String>() {
            private static final long serialVersionUID = 1L;

            public Iterable<String>call(String arg0)throws Exception{
                return Arrays.asList(arg0.split(" "));
            }
        });
        JavaPairDStream<String, Integer> pairDStream = map. mapToPair (new PairFunction<String, String, Integer>() {
            private static final long serialVersionUID = 1L;

            public Tuple2<String, Integer> call(String arg0) throws Exception {
                // TODO Auto-generated method stub
                return new Tuple2<String, Integer>(arg0,1) ;
            }
        });
        JavaPairDStream<String, Integer> result = pairDStream. reduceByKey(new Function2<Integer, Integer, Integer>() {
            private static final long serialVersionUID = 1L;

            @Override
            public Integer call(Integer arg0, Integer arg1) throws Exception {
                // TODO Auto-generated method stub
                return arg0+arg1;
            }
        });

        result.print();
        result.foreachRDD(new VoidFunction<JavaPairRDD<String, Integer>>() {

            @Override
            public void call(JavaPairRDD<String, Integer> arg0) throws Exception {
                arg0.foreachPartition(new VoidFunction <Iterator<Tuple2<String,Integer>>>() {
                    @Override
                    public void call(Iterator<Tuple2<String, Integer>> arg0) throws Exception {
```

```
                    Connection conn = ConnectionPool. getConnection();
                    Statement stat = conn.createStatement();
                    while(arg0.hasNext()){
                        Tuple2<String,   Integer>   wordcount   =
arg0.next();
                        String sql = "insert into wordcount (word,
count) values('"+wordcount._1+"', "+wordcount._2()+")";
                        stat.addBatch)sql_;
                    }
                    stat.executeBatch();
                    ConnectionPool.returnConnection)conn_;
                }
            });
        }
    });


    jssc.start();
    jssc.awaitTermination();
    jssc.close();
    }
}
```

2.6 实 时 分 析

2.6.1　Storm 和 Spark Streaming

大数据分析（BDA）包括大数据的采集、存储、分析、展示。而其中分析是 BDA 的关键，可以分为历史分析和实时分析。对于历史分析，典型的就是利用 MapReduce 技术进行数据查询、统计；尤其是交互式历史分析，当然还有批处理式的历史分析。而对于实时分析，最重要的就是实时计算/持续计算技术，其中有流式实时分布式计算技术。

流式实时分布式计算系统在互联网公司占有举足轻重的地位，尤其在在线和近线的海量数据处理上。而处理这些海量数据的，就是实时流式计算系统。Spark 是实时计算的系统，支持流式计算、批处理和实时查询。除了 Spark，流式计算系统最有名的就是 Twitter 的 Storm。本小节主要对 Spark 和 Strom 进行分析对比。

Storm 和 Spark Streaming 都是分布式流处理的开源框架。这里将它们进行比较并指出它们的重要区别。

1. 处理模型以及延迟

虽然两框架都提供了可扩展性（scalability）和可容错性（fault tolerance），但是它们的处理模型从根本上说是不一样的。Storm 可以实现亚秒级时延的处理，每次只处理一条 event，而 Spark Streaming 可以在一个短暂的时间窗口里面处理多条（batches）Event。所以说 Storm 可以实现亚秒级时延的处理，而 Spark Streaming 则有一定的时延。

2. 容错和数据保证

两者的代价都是容错时候的数据保证，Spark Streaming 的容错为有状态的计算提供了更好的支持。在 Storm 中，每条记录在系统的移动过程中都需要被标记跟踪，所以 Storm 只能保证每条记录最少被处理一次，但是允许从错误状态恢复时被处理多次。这就意味着可变更的状态可能被更新两次从而导致结果不正确。

3. 实现和编程 API

Storm 主要是由 Clojure 语言实现，Spark Streaming 是由 Scala 实现。Storm 是由 BackType 和 Twitter 开发，而 Spark Streaming 是在 UC Berkeley 开发的。

Storm 提供了 Java API，同时也支持其他语言的 API。Spark Streaming 支持 Scala 和 Java 语言（其实也支持 Python）。

4. 批处理框架集成

Spark Streaming 的一个很好的特性就是它是在 Spark 框架上运行的。这样就可以像使用其他批处理代码一样来写 Spark Streaming 程序，或者是在 Spark 中交互查询。这就减少了单独编写流批量处理程序和历史数据处理程序。

5. 生产支持

Storm 已经出现好多年了，而且自从 2011 年开始就在 Twitter 及其他公司内部生产环境中使用。而 Spark Streaming 是一个新的项目，在 2013 年仅仅被 Sharethrough 使用（据作者了解）。

6. Hadoop 支持

Storm 是 Hortonworks Hadoop 数据平台中流处理的解决方案，而 Spark Streaming 出现在 MapR 的分布式平台和 Cloudera 的企业数据平台中。除此之外，Databricks 是为 Spark 提供技术支持的公司，包括了 Spark Streaming。

7. 集群管理集成

尽管两个系统都运行在它们自己的集群上，Storm 也能运行在 Mesos，而 Spark Streaming 能运行在 YARN 和 Mesos 上（Storm 也有一个可以运行在 YARN 上的第三方支持组件 Storm on YARN，但毕竟不是原生支持）。

总而言之，Storm 的实际产品应用经验要比 Spark Streaming 久得多，但是 Spark Streaming 有两点优势：①作为开源产品有一个重量级公司给予支持和贡献技术力量；②原生适配 YARN。

2.6.2　Strom

2.6.2.1　Strom 的介绍

当今世界，公司的日常运营经常会生成 TB 级别的数据。数据来源囊括了互联网装置可以捕获的任何类型数据，网站、社交媒体、交易型商业数据以及其他商业环境中创建的数据。考虑到数据的生成量，实时处理成为了许多机构需要面对的首要挑战。经常用的一个非常有效的开源实时计算工具就是 Storm—Twitter 开发，通常被比作"实时的 Hadoop"。然而 Storm 远比 Hadoop 来的简单，因为用它处理大数据不会带来新老技术的交替。面对大批量的数据的实时计算，storm 实现了一个可扩展的、低延迟、可靠性和容错的分布式计算平台。

2.6.2.2 Strom 的架构

Strom 的架构如图 2-10 所示。

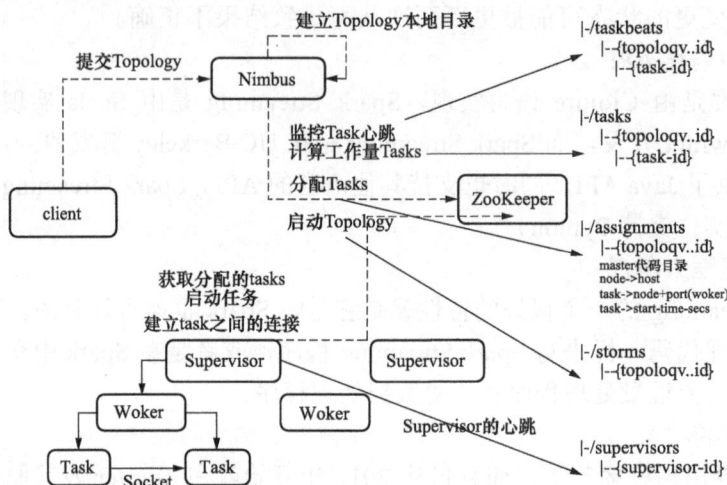

图 2-10　Strom 的架构图

客户端提交拓扑到 Nimbus。

Nimbus 针对该拓扑建立本地的目录，根据 Topology 的配置计算 Task，分配 Task，在 ZooKeeper 上建立 assignments 节点存储 Task 和 Supervisor 机器节点中 Woker 的对应关系；在 ZooKeeper 上创建 Taskbeats 节点来监控 Task 的心跳；启动 Topology。

Supervisor 去 ZooKeeper 上获取分配的 Tasks，启动多个 Woker，每个 Woker 生成 Task，一个 Task 一个线程；根据 Topology 信息初始化建立 Task 之间的连接；Task 和 Task 之间是通过 ZeroMQ 管理的；然后整个拓扑运行起来。

2.6.3　Spark

2.6.3.1　Spark 的介绍

Spark 发源于美国加州大学伯克利分校 AMPLab 的集群计算平台。它立足于内存计算，从多迭代批量处理出发，兼收并蓄数据仓库、流处理和图计算等多种计算范式，是罕见的全能选手。Apache Spark 是一个正在快速成长的开源集群计算系统，正在快速地成长。

Apache Spark 生态系统中的包和框架日益丰富，使得 Spark 能够进行高级数据分析。Apache Spark 的快速成功得益于它的强大功能和易于使用性。相比于传统的 MapReduce 大数据分析，Spark 效率更高，运行时速度更快。Apache Spark 提供了内存中的分布式计算能力，具有 Java、Scala、Python、R 四种编程语言的 API 编程接口。Spark 生态系统如图 2-11 所示。

整个生态系统构建在 Spark 内核引擎之上，内核使得 Spark 具备快速的内存计算能力，也使得其 API 支持 Java、Scala、Python、R 四种编程语言。Streaming 具备实时流数据的处理能力。Spark SQL 可使用户使用他们最擅长的语言查询结构化数据，DataFrame 位于 Spark SQL 的核心，DataFrame 将数据保存为行的集合，对应行中的各列

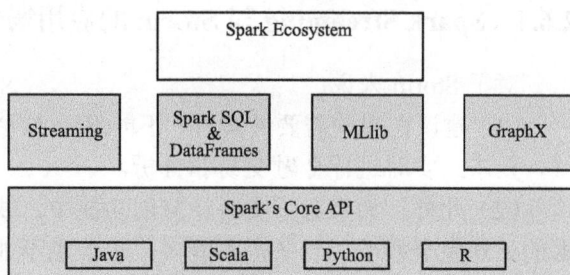

图 2-11　Spark 生态系统图

都被命名，通过使用 DataFrame，可以非常方便地查询、绘制和过滤数据。MLlib 为 Spark 中的机器学习框架。Graphx 为图计算框架，提供结构化数据的图计算能力。以上便是整个生态系统的概况。

2.6.3.2　Spark 的架构

客户 Spark 程序（Driver Program）通过 SparkContext 对象来操作 Spark 集群，SparkContext 是一个操作和调度的总入口，在初始化过程中集群管理器会创建 DAGScheduler 作业调度和 TaskScheduler 任务调度。

DAGScheduler 作业调度模块是基于 Stage 的高层调度模块，DAG 全称为 Directed Acyclic Graph，译为有向无环图。简单来说，就是一个由顶点和有方向性的边构成的图中，从任意一个顶点出发，没有任何一条路径会将其带回到出发的顶点。它为每个 Spark Job 计算具有依赖关系的多个 Stage 任务阶段（通常根据 Shuffle 来划分 Stage，如 groupByKey、reduceByKey 等涉及 shuffle 的 transformation 就会产生新的 stage），然后将每个 Stage 划分为具体的一组任务，以 TaskSets 的形式提交给底层的任务调度模块来具体执行。其中，不同 stage 之前的 RDD 为宽依赖关系。TaskScheduler 任务调度模块负责具体启动任务、监控和汇报任务运行情况。Spark 的架构如图 2-12 所示。

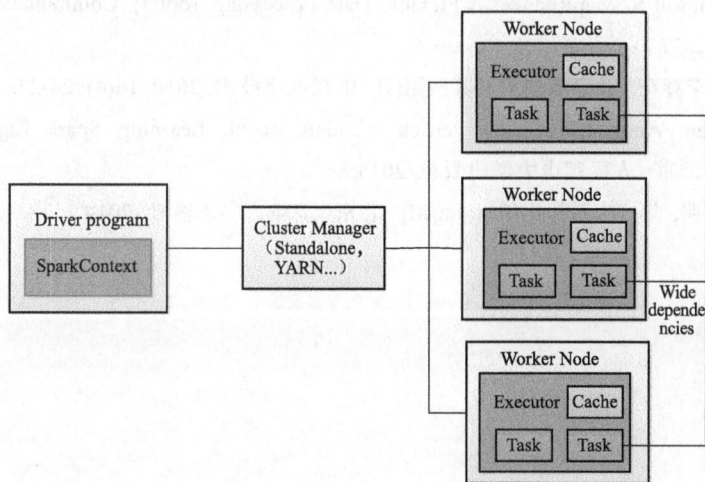

图 2-12　Spark 的架构图

2.6.4　Spark Streaming 与 Storm 的应用场景

对于 Storm 来说：

（1）建议在那种需要纯实时、不能忍受 1s 以上延迟的场景下使用，比如实时金融系统，要求纯实时进行金融交易和分析。

（2）此外，如果对于实时计算的功能中，要求可靠的事务机制和可靠性机制，即数据的处理完全精准，一条也不能多，一条也不能少，也可以考虑使用 Storm。

（3）如果还需要针对高峰低峰时间段，动态调整实时计算程序的并行度，以最大限度利用集群资源（通常是在小型公司，集群资源紧张的情况），也可以考虑用 Storm。

（4）如果一个大数据应用系统，它就是纯粹的实时计算，不需要在中间执行 SQL 交互式查询、复杂的 transformation 算子等，那么用 Storm 是比较好的选择。

对于 Spark Streaming 来说：

（1）如果对上述适用于 Storm 的情况，一条都不满足的实时场景，即，不要求纯实时，不要求强大可靠的事务机制，不要求动态调整并行度，那么可以考虑使用 Spark Streaming。

（2）使用 Spark Streaming 最主要的一个因素，应该是针对整个项目进行宏观的考虑，如果一个项目除了实时计算之外，还包括了离线批处理、交互式查询等业务功能，而且实时计算中，可能还会牵扯到高延迟批处理、交互式查询等功能，那么就应该首选 Spark 生态，用 Spark Core 开发离线批处理，用 Spark SQL 开发交互式查询，用 Spark Streaming 开发实时计算，三者可以无缝整合，给系统提供非常高的可扩展性。

本 章 参 考 文 献

[1] 马延辉, 孟鑫, 李立松. HBase 企业应用开发实战[M]. 北京: 机械工业出版社, 2014.

[2] 刘鹏. 实战 Hadoop: 开启通向云计算的捷径[M]. 北京: 电子工业出版社, 2011.

[3] Dean J, Ghemawat S. MapReduce: A Flexible Data Processing Tool[J]. Communications of the Acm, 2010, 53(1): 72-77.

[4] 周可, 王桦, 李春花. 云存储技术及其应用[J]. 中兴通讯技术, 2010, 16(4): 24-27.

[5] Holden Karau, Andy Konwinski, Patrick Wendell, et al. Learning Spark Lightning-Fast Data Analysis[M]. 北京: 人民邮电大学出版社, 2015.

[6] 赵必厦, 程丽明, 等. 从零开始学 storm[M]. 北京: 清华大学出版社, 2014.

数据挖掘基础

本章首先介绍数据挖掘的相关概念并详细介绍数据挖掘的基本原理。明确指出数据挖掘是大数据应用得以实现的一套技术之一，数据挖掘包括数据管理、数据统计分析等。其中详细介绍一些数据分析的常用方法。随后介绍数据挖掘的一些主要内容，包括分类、预测、关联、聚类和异常检测，并通过典型的数据挖掘算法进行重点介绍，同时借助了一些具体案例进行说明，这些内容有助于读者加深对数据挖掘概念的理解，从整体看也构成数据挖掘的基本框架，这也对于读者了解和学习数据挖掘相关技术有着更重要的意义。

从科学发展角度来说，数据挖掘正处于最佳发展时期。处处可见规模庞大的数据集，如何利用好这些大数据就变得尤为重要，而数据挖掘变成为了这场数据革命的核心技术，它对于未来的科研和实际应用占据着至关重要的地位。

3.1 数据挖掘

3.1.1 数据挖掘的概念

所谓数据挖掘（Data Mining），有着多种名字：数据开采、数据采掘、数据采矿等，多年来众多专家学者给出过不同的定义，综合起来可以概括为：从大量数据中通过一定方法抽取出有意义的模型。也可以简单地理解为在数据中挖掘知识，这其中所说的"大量数据"指的是大型数据库，包括：关系型数据库、面向对象数据库、事物数据库、演绎数据库、时态数据库、多媒体数据库、主动数据库、空间数据库、文本型、Internet信息库以及新兴的数据仓库（Data Warehouse），是大量的、不完全的、有噪声或模糊的各种类数据。一般数据挖掘所处理的数据量都十分庞大，通常数据量都会达到 GB 或 TB数量级，但也并非小数据量就不能应用数据挖掘算法分析，有些研究领域中数据量也比较小，也可以通过数据挖掘算法进行分析，但小数据量可能会存在无法正确反映真实的统计规律即所得到结果的普遍特性的问题。此外，所说的"一定方法"指的是数据挖掘中常用的几类方法：分类、预测、关联、聚类、其他数据类型的挖掘（文本、音频、视频等），最后所谓的"有意义的模型"，指的是，所挖掘出来的结果绝不仅是人们通过观察便可以得到的结论。当前各种企事业单位都有着非常庞大的数据库，但绝大多数都只作为库存数据放在那里，这样的数据几乎不存在价值，但通过深层的挖掘后会得到有价值的知识。这个过程就像从矿山中采矿一样。

数据挖掘并非是一门独立的学科，它是一门交叉学科，涉及的学科包括：统计学、机器学习、数据库、应用数学、信息科学等，所以数据挖掘是一种决策支持过程。

3.1.2　数据挖掘的原理

数据如果只是以数据的形式存在，那么看上去就没有任何有价值的信息，当用数据挖掘方法，可以从数据中挖掘出一定的知识。为了说明这种知识是可信的，现在来简要介绍一下数据挖掘原理。

数据挖掘的实质是综合利用各种技术，对业务相关的数据进行一系列的科学处理，这个过程中需要用到数据库、统计学、应用数学、机器学习、可视化、信息科学、程序开发以及其他学科的知识。其核心是利用算法对处理好的输入、输出数据进行训练，并得到模型，然后再对模型进行验证，使得模型能够在一定程度上刻画出数据由输入到输出的关系，然后再利用该模型，对新输入的数据进行计算，从而得到新的输出，然后这个输出就可以进行解释和应用了。所以这种模型虽然不容易解释或很难看到，但是它基于大量数据训练并经过验证，因此能够反映输入数据和输出数据之间的大致关系，这种关系（模型）就是我们需要的知识。可以说这就是数据挖掘的原理，从中可以看出，数据挖掘是有一定科学依据的，这样数据挖掘的结果也是值得信任的。

3.1.3　数据挖掘的方法及内容

前文提到了数据挖掘其实就是从大量数据中挖掘出有用的知识的一个过程，这也是数据挖掘的广义层面上的内容，但在学术研究和商业应用层面上来看，数据挖掘的内容基本上可以归纳出几种类型，即分类、预测、关联、聚类这四种。不同的应用目标所使用的技术方法是不同的。

3.1.3.1　分类（Classification）

这是一个应用比较多的问题，在日常生活中也常常遇到，例如垃圾分类、银行对当前的一批客户进行分类然后进行贷款风险评估，另外在市场营销领域也可以通过分类的方法对客户进行细分等。客户类别分析的功能也在于此，采用数据挖掘中的分类技术，可以将客户分成不同的类别，这样的分类模型可以让用户了解不同行为类别客户的分布特征。

分类技术的流程是，先从数据中选出已经分好类的训练集，在该训练集上运用数据挖掘分类的技术，建立分类模型，对于没有分类的数据进行分类。

训练：训练集→特征选取→训练→分类器

分类：新样本→特征选取→分类→判决

针对分类问题的研究，已经有了很多成熟的方法，到目前主要的分类方法包括：决策树、神经网络、贝叶斯分类、K-近邻算法、判别分析、支持向量机等分类方法，如图3-1为常见的分类方法。众多的方法有着各自的特点，并且在不同领域都有广泛应用。例如，在医学诊断和贷款风险评估领域决策树的方法已经有了很成功的应用。它采用自顶向下递归的各个击破方式构造决策树。树的每一个结点上使用信息增益度量选择测试属性。可以从生成的决策树中提取规则。神经网络由于其对噪声的承载能力比较好，所以在手写识别、生物识别领域有着广泛的应用，但每种方法都是优缺点并存，例如神经网络由于是基于经验风险最小化原则的学习算法，有一些固有的缺陷，比如层数和神经元个数难以确定，容易陷入局部极小，还有过学习现象。所以无论是哪种分

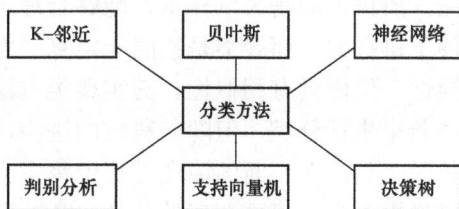

图 3-1　常见分类方法

类方法，已经形成了"某类问题只能用固定的几种方法解决"，但随着近些年人工智能、模式识别等技术的不断发展，分类技术也有了不小的突破。

3.1.3.2　预测（Prediction）

预测是指根据客观事物的发展趋势和变化规律对特定对象的未来发展趋势进行科学的推断与判断。

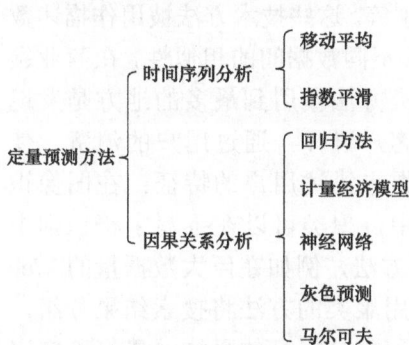

图 3-2　预测方法分类图

数据挖掘预测则是通过对样本数据（历史数据）的输入值和输出值关联性的学习，得到预测模型，再利用该模型对未来的输入值进行输出值预测。它包含采集历史数据并用某种数学模型来预测未来，也可以是对未来的主观或直觉的预测。可见在数据挖掘中，预测是基于数据进行的。

常用的预测方法大体上可分为定量预测和定性预测，从数据挖掘的角度看所用的方法是定量预测方法，如图 3-2 所示，定量预测方法可分为：时间序列分析、因果关系分析两类，定量预测方法是依据调查研究所得的数据资料，运用统计方法和数学模型，近似地揭示预测对象及其影响因素的变化关系，并建立对应的模型。

3.1.3.3　相关性分组或关联规则

提到关联规则，最先想到的典型案例就是"啤酒与尿布"的故事，啤酒与尿布是典型的关联关系，关联规则是指隐藏在数据项之间的关联或相互关系，即可以根据一个数据项的出现推导出其他数据项的出现。即若两个或多个变量的取值之间存在某种规律性，这就是关联。关联规则挖掘过程主要包括两个阶段：第一阶段为从海量原始数据中找出所有的高频项目组；第二阶段为从这些高频项目组产生关联规则。关联规则挖掘技术已经被广泛应用于金融行业企业中用以预测客户的需求，各银行在自己的 ATM 机上通过捆绑客户可能感兴趣的信息供用户了解并获取相应信息来改善自身的营销。

3.1.3.4　聚类

聚类分析又称群分析，可以简单地理解为"物以类聚"，即把一类数据对象划分为多个组，组内的对象在某些方面具有很高的相似度，但与其他组的对象很不相似，其相似性与相异性可以根据对象的不同属性进行评估。对样本进行分类的是一种多元统计方

法，所讨论的是大量样本，能够合理地按各自的特点进行分类，是在没有先验知识的条件下进行的。而聚类是按照一定算法将众多样本进行划分成组，而各组间的样本具有相异性，组内具有相似性。其实聚类方法起源于分类学，古老的分类学主要是依靠人们的经验来进行分类，但随着科技的进步，人类对于分类的要求在不断提高，同时也引入了数学工具，在不断的演变过程中将多元分析技术引入到分类学中就形成了聚类分析。所以说聚类是为了更合理的分类，聚类是看样本空间内大概分为"几类"，然后再对其进行分类。

到目前为止，各领域中通过聚类分析进行研究已经很多了，使用的方法有上百种，概括起来可以讲聚类算法分为以下几种：划分聚类、层次聚类、基于密度的聚类、基于网格的聚类、基于模型的聚类；实践中常用的聚类方法有：K-means、层次聚类、神经网络聚类、模糊-C 均值聚类、高斯聚类等，如图 3-3 所示。

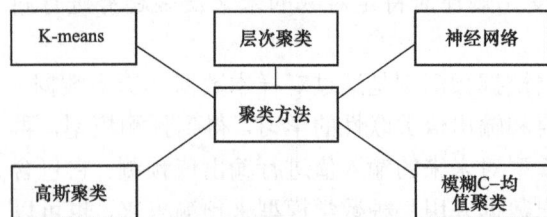

图 3-3　常见聚分类方法

聚类分析已经在多个领域里得到了广泛的应用，包括智能商务、图像识别、生物识别等。这些技术方法被用作描述数据，衡量不同数据间的相似性，在商业领域，聚类方法被用到最多的地方是发现不同的客户群体，通过用户的消费、使用等习惯来描述用户的特征；在图像识别领域中，聚类可以在手写字符识别中用来发现相似的组。在 Web 搜索中也用到很多聚类的方法，例如在巨大数据量的 Web 页面中，关键词搜索经常返回大量的相关对象，可以用聚类的方法将搜索结果分组，以简明的方式提交结果。此外，在保险行业可以通过聚类分析高的平均消费来鉴定汽车保险持有者的分组。

3.1.4　数据挖掘在电力系统中的应用

能源行业是社会经济发展的基础，近年来大数据技术呈快速发展趋势，一些传统行业与大数据应用形成交叉学科并且不断有新的研究成果，在电力行业有着多年来的数据积累，可以从海量的静态数据中挖掘对管理者有用的知识，搜集并分析提取出很多规律性信息。大数据分析给电力行业带来了前所未有的机遇。

大数据与电网的融合可组成智能电网，涉及发电到用户的整个能源转换过程和电力输送链，主要包括智能电网基础技术、大规模新能源发电及并网技术、智能输电网技术、智能配电网技术及智能用电技术等，是未来电网的发展方向。

电力大数据涉及发电、输电、变电、配电、用电、调度各个环节，对电力大数据进行挖掘需要跨单位、跨专业。近年来，随着电力企业的各类网络系统对业务流程的基本覆盖，采集到的数据量迅速增长，各个层级的供电企业都积累了海量的运行、营销数据。所以对这些海量数据进行挖掘有价值的信息就成为必然。挖掘数据价值的重要性已经远超出收集和储存这些数据的迫切程度。越来越多的电力企业开始思考如何利用这些大数据来指导业务开展，例如国家电网在北京亦庄、上海、陕西建立了三个大数据中心，在北京亦庄的数据中心已经安装超过上万个传感器，这些传感器能够及时采集数据存储到云，并且进行分析和利用。

3.2 数据的整理与预分析

3.2.1 了解数据

数据是数据挖掘的基础和核心，数据挖掘所有方法论的实现都依靠高质量的、庞大的数据源。

3.2.1.1 数据的属性概念

若要了解数据就先从数据的属性入手，关于数据的属性 3.3 节中会详细描述，在这里先做简单概述。我们要先建立"数据对象"的概念，所谓数据对象就是代表了一个数据的实体，不同的行业数据其数据对象是不同的，甚至是同行业领域内的数据对象都是不一样的，对于销售数据来说，它的数据对象有可能是顾客、产品、价格等，学校的数据，对象有可能是学生、教师等。那么了解数据对象后，用什么来对这些数据对象进行描述呢？这里就引入了数据属性的概念。属性（Attribute）是一个数据字段，用来表示数据的特性，有的文献中对属性的描述不尽相同，概括起来有"属性"、维（Dimension）、特征（feature）、变量（Variable），这些术语可以互换使用。

3.2.1.2 数据的存储形式

依据数据的不同存储形式可以将其分为：结构化数据、非结构化数据、半结构化数据。

（1）结构化数据：字面意思可以理解为能够用数据或统一的结构来表示的。比如企业 ERP、财务系统，医疗 HIS 数据库，教育一卡通，政府行政审批，其他核心数据库等。

（2）非结构化数据：是指数据结构不规则和不完整。典型的非结构化数据包括：所有格式的办公文档、文本、图片、图像和音频/视频信息等。

（3）半结构化数据：与纯文本的数据相比半结构化数据又有一定的结构性。典型的半结构化数据包括：邮件、HTML、资料库、各类报表等。

3.2.2 如何对数据质量进行分析

3.2.2.1 数据质量分析的概念及必要性

在实际挖掘过程中的数据样本基本上都不是完整的，这是实际生活中所有大型数据库或数据仓库存在的特点，有很多种原因会导致数据质量的损失，比如：数据采集系统的故障、人工输入数据的错误等，这些原因会导致包括其属性值缺失、错误、数据类型不统一等一系列问题在内的数据质量下降。可靠的数据样本是建立模型的重中之重，而一项数据挖掘工程中数据处理阶段也是费时费力的，基本上要占据整体项目工作量的 80%以上，可见数据质量对于构建模型的重要性，所以要在准备数据阶段对目标数据集进行质量分析，就像对一件实体产品进行体检，这样可以找到不合格项并进行处理。

数据的质量分析就是要评估该数据集的有效性、正确性和完整性。所以数据分析主要工作也围绕这三点，对于数据质量分析的工作内容可以概括为以下几点：

（1）对于缺失值的处理；

（2）针对错误数据的处理；

（3）不同度量标准的统一；

（4）对于数据有效性方面，可以通过对数据集的统计学描述进行分析。

数据质量分析应当作为数据预处理的前期工作，它可以帮助我们快速了解数据集的基本概况，进行数据预处理要视数据质量而定。

3.2.2.2　数据质量分析的方法

我们所获得的数据中变量通常可以分为数值变量和分类变量，数值变量又分为连续性和离散型。所谓数据质量分析就是针对这些变量来进行，不同类型的数据用到的分析方法有所不同，大致可以概括为：值分析、频次图、直方图以及统计学分析。

1. 值分析

拿到数据后的第一步便是对数据进行值分析，目的是在整体上先了解数据的分布。这是一种最简单的方法，它是比较直观简便也是最有效的一种方法。如图 3-4 所示，该数据节选自某地级市的用电负荷数据，通过折线图可以直观地观察到其负荷曲线基本符合用电负荷的变化规律，其波动范围是正常的。但观察图 3-5，可以明显地观察到存在缺失值。

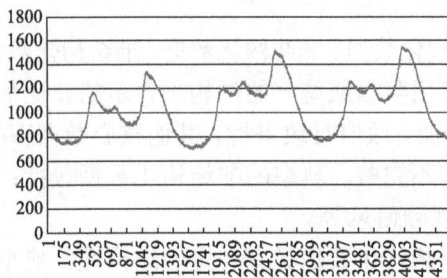

图 3-4　数据与观察示意图

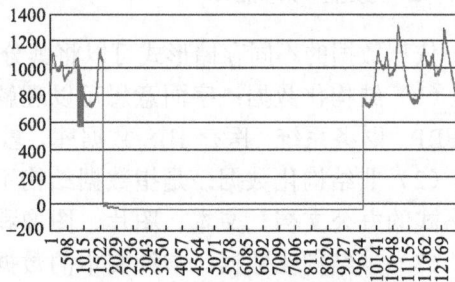

图 3-5　数据异常值示意图

可见，对于数据进行值分析其主要目的是为了宏观地了解数据的特点，由上述例子可以看出，不同的数据具有不同的特点。根据不同的特点采取不同值对数据进行分析。

（1）无效值分析。

图 3-5 举的例子便是无效值分析的一种。空值、空字符都属于无效值。虽然在极个别情况下 0 值也是有意义的，但在绝大多数情况下 0 值是无效值、是没有价值的。在建立数学模型时要尽量避免无效值的出现，无效值的比例越大，模型能够利用的信息就越少。如果在分析数据时发现存在个别无效值，我们可以通过前后值进行取均值进行补全，但如果存在大量或连续的无效值存在，那么在使用数据时应该考虑弃用该段数据。

（2）唯一值分析。

最简单的唯一值的情况是数据变量只取一个值，当数据中出现该值以外的值我们就认为是数据存在质量问题。当然，还有一种情况是对于某些特定性质的数据，其取值只能是固定某几个值（如性别的取值，只能是男、女），那么若存在这两种以外的值时，我们也会认为其数据有质量问题。

（3）异常值分析。

例如电力负荷数据，其数据是不允许出现负值或空值的，如图 3-5 中，负荷数据出现负值，所以该数据值属于异常值。对于不同业务来说，对于异常值的定义是不同的，所以对于数据中异常值的分析也要结合一定的业务背景知识。

2. 统计学分析

统计学分析是通过某些统计量对数据进行分析，如：均值、方差、最大（小）值、标准差、极差和一些拓展统计量。

均值、中位数、众数和中列数这些统计量用来描述数据的中心趋势度量。而极差、四分位数、四分位数极差、盒图这些是用来度量数据的散布。如表 3-1 为某房地产中介二手房相关数据的统计学描述，他们描述的就是数据本身的特征，从数据质量分析的角度看，极差、方差和标准差更有实际意义，这些统计量更关注这个变量所有数据的统计特征。例如，如果在一组数据中发现极差变化很大，说明这组数据的数量级相差较大；如果一组数据的标准差很小，说明数据的波动不是很大，就可以在挖掘过程中根据这些统计描述考虑适当地对数据进行处理。

表 3-1 　　　　　　　　某房地产中介二手房相关数据的统计学描述

项目	极小值	极大值	均值	标准差
价格（元/m²）	44 898.0	119 528.0	77 621.18	18 181.56
建筑面积（m²）	11.00	498.84	112.14	68.46
物业费（元）	0.00	12.50	2.20	1.68

3. 频次图与直方图

直方图和频次图都是柱状图，是用来表示数据分布特征的一种分析方式，由于通过统计描述对数据的分析过于宏观，所以可以通过直方图或频次图来进行更深入的分析。通过直方图和频次图都可以发现数据的集中趋势和离散趋势。对于大量连续型的数据适合用直方图进行分析；对于离散型数据若要对各个值的分布情况进行统计适用于频次图，这样有助于了解某些特殊值的意义。如图 3-6、图 3-7，分别是某房地产公司针对价格、建筑面积的直方图描述。

3.2.3 数据预处理

如前文所述，现实生活中的数据采集存在着各种会导致数据质量存在问题的原因，所以数据质量三要素：准确性、完整性、一致性都不能得到保障。然而我们不必关注导致数据质量变差的原因，只需要关注如何对数据的质量进行分析并且合理地对数据进行预处理，数据质量分析在之前已经有过阐述，在对数据进行过质量分析后便对其特点和质量有了一定的了解，下一步是对数据进行预处理。

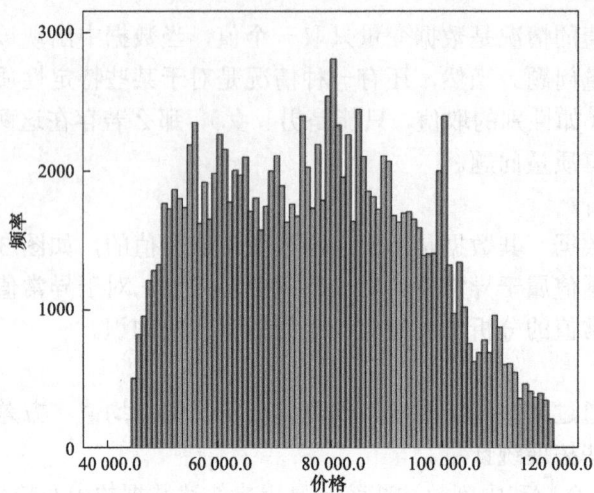

图 3-6　某房地产公司针对价格的直方图

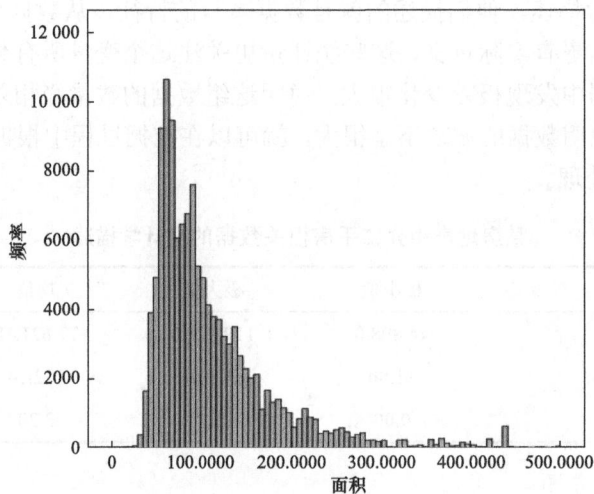

图 3-7　某房地产公司针对建筑面积的直方图

3.2.3.1　数据预处理的方法

数据预处理的内容可以概括为四部分，即：数据清洗、数据集成、数据规约、数据变换。

（1）数据清洗：通过补全缺失值、光滑噪声数据、识别并删除离群点等方式来"清洗数据"。如果数据是不"干净"的，则数据使用者就不会相信挖掘所产生的结果。而且这些有质量问题的数据还会使数据挖掘的程序陷入运行混乱的状态。

（2）数据集成：将不同来源、同属性、不同格式的数据进行一定逻辑上的集成，方便后续数据挖掘工作的开展。在项目中，可能数据存在于不同的表中，集成就是将这些表中的数据集成到一个表中，而对于大型的数据挖掘项目，这个表就会是大型的数据仓库。

（3）数据规约：将数据集进行简化。因为在一个项目中所用到的数据往往是巨大的，用这些数据进行挖掘的运算速度会很慢，所以在保证挖掘分析结果不受影响的前提下，降低数据集的规模就很有必要。虽然简化后的数据集比原始数据要小很多，但是产生的分析结果却不受影响。数据规约包括维规约和数值规约。在维规约中，使用减少变量方案，以便得到原始数据的简化表示。数值规约主要是通过样本筛选来减少数据量。

（4）数据变换：将数据从一种表达方式变为另一种表达方式的过程。

如图 3-8 为数据变换方式的示意图。

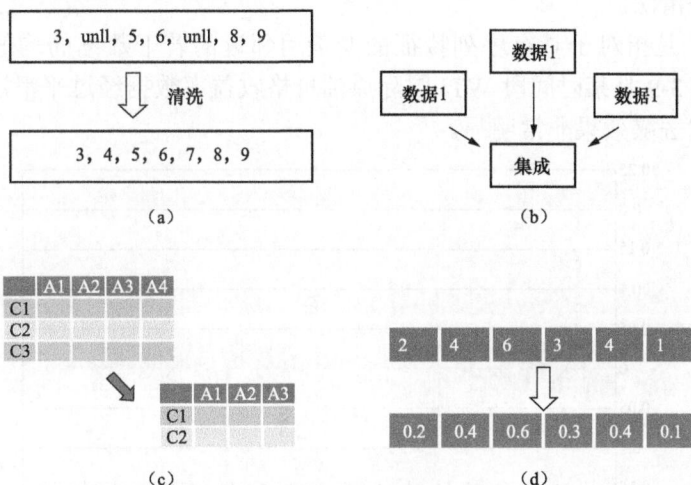

图 3-8　数据变换方式

（a）数据清洗；（b）数据集成；（c）数据规约；（d）数据变换

3.2.3.2　数据清洗

数据清洗的主要内容是缺失值的补充和噪声数据的消除。

1. 处理缺失数据

（1）忽略缺失值。

这是对原始数据最简单的清洗方法，即将缺失值彻底删除。如果缺失的部分只占据总样本数据的很小一部分，那这种方法就是最有效的，也不会影响最终的挖掘结果。

（2）插值法。

这种方法适用于缺失值不多的情况，在大型数据库中若因为个别的数据缺失而删除该段数据得不偿失，所以就需要用到插值法。插值法就是运用相关统计方法对缺失值进行估计，并插入最有可能的数值。

1）均值插补法：根据数据的属性可将数据分为定距型和非定距型。如果缺失值是定距型，就该用平均值来插补缺失值。如果缺失值是非定距的，就用众数方法来补全缺失值，如果数据符合规律的分布，则可以用中值插补法。

2）回归插补法：就是利用线性和非线性回归技术得到的数据来对某个缺失值进行插补。

2. 过滤噪声

所谓噪声（noise）是数据中存在的随机误差。噪声的存在是正常现象，但会影响变量真知的反应，所以有时也需要对这些噪声数据进行过滤。最常用的噪声过滤方法有回归法、均值平滑法、离群点分析。

（1）回归法去噪。

回归法是用一个函数拟合数据来光滑数据。线性回归可以得到两个属性（或变量）的最佳直线，使得一个属性可以用来预测另一个。多元回归是线性回归的补充，其中涉及的属性多于两个。

（2）均值平滑法。

均值平滑法是指对于具有序列特征的变量用邻近的若干数据的均值来替代原始数据的方法。如图 3-9 是某时间段 WTI 国际原油价格收益率数据经过平滑法去噪后的波形变化，可以看出去噪效果非常明显。

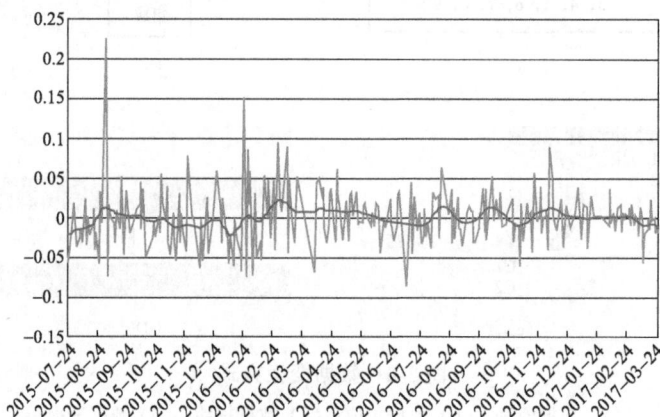

图 3-9   均值平滑波形示意

（3）离群点分析。

离群点分析是通过聚类等方法来检测离群点，并将其删除，从而实现去噪的方法。直观上，落在簇集合之外的值被视为离群点。

3.2.3.3   数据集成

数据集成就是将若干个分散的数据源中的数据，有逻辑地或物理地集成到一个统一的数据集合中。其核心是将相互关联的分布式异构数据集合到一起，使用户能够以更透明的方式访问这些数据。集成是指维护数据源整体上的一致性，提高信息共享的利用效率；透明的方式是指用户无须关心如何实现对异构数据源的数据的访问，只关心以何种方式访问即可。实现数据集成的系统称作数据集成系统，它为用户提供统一的数据源访问接口，执行用户对数据源的访问请求。

3.2.3.4   数据规约

用于分析的数据集可能包含很多个属性，大部分属性可能与项目中需要挖掘的内容无关。规约的目的就是能够得到与原始数据几乎等效甚至更好的数据集，规约后的数据集虽然体量可能比原始数据集小很多，但是几近于原始数据的完整度，不足以影响数据挖掘的效果。

数据规约常用的策略比较多，从数据挖掘的角度来说常用的包括：属性选择和样本选择。

（1）属性选择（维规约）是通过删除不相关的或冗余的属性（维）减少数据量。其删除的属性就是数据集较小的属性，使得数据类的概率分布尽可能地接近使用所有属性得到的原分布。

（2）样本选择就是数据抽样，方法也跟数据抽样所使用的方法一样，在数据挖掘的过程中，对样本的选择不是在收集阶段确定的，而是有个逐渐筛选抽样的过程。

3.2.3.5　数据变换

数据变换是将数据从一种形式变换成另一种形式的过程，常用的数据变换方式是数据标准化、离散化和语义转化等。

1. 标准化

数据的标准化是将数据进行按比例缩放，使之落入一个特别小的范围内。在一些比较和评价的指标处理中经常会用到，去除数据的单位限制，将其转化为无量纲的纯数值，便于不同单位或量级的指标能够进行比较和加权。

（1）0-1标准化（最小-最大标准化）。

对原数据进行线形变换。使结果落在［0，1］区间内，转换函数为：

$$x* = \frac{x - \min}{\max - \min} \tag{3-1}$$

式中：max为数据集的最大值；min为数据集的最小值。

这种方法的弊端就是当有新的数据加入时，导致了最大值或最小值的变化，就需要重新定义，否则就面临"越界"错误。

（2）Z-score标准化（标准差标准化）。

处理后的数据符合标准正态分布，即均值为0，标准差为1。转化函数为：

$$x* = \frac{x - \mu}{\sigma} \tag{3-2}$$

式中：μ为样本数据的均值；σ表示所有样本数据的标准差。

2. 离散化

离散化指把连续型数据分成若干段。有些数据挖掘算法，特别是分类算法，要求数据是分类属性形式的。这样需要将连续属性变为分类属性。此外，如果一个分类属性具有大量不同值，或者某些值出现不频繁，对于某些数据挖掘任务，可以通过合并某些值从而实现减少类别的数目。

采用离散化变换尤其必要，原因包括：①算法需要，有些算法不能使用连续型变量，只能将其离散化后才能作为算法的输入。这一点在当下很多数据挖掘软件中体现不明显，因为很多挖掘工具已经根据算法的需要自动将需要离散化的数据进行了离散处理。②离散化可以有效地化解原数据中的结构性问题，比如对于极端值的存在，可能会影响到模型中的参数估计，从而影响到挖掘结果，而对数据进行离散化后可以有效地解决这类问题。③离散化后有利于对非线性关系进行诊断和描述。

3. 语义转化

对于某些属性，其属性值是由字符型构成的，比如，对于某些属性，在数据挖掘过程中使用不方便，尤其是文本类属性或是定性类的属性，则这时就需要将这些属性用整型数值数据来代替，从而完成这些属性语义上的变换。

3.3　相　似　性　度　量

3.3.1　数据的属性

任何事物其实都可以描述成一个对象。这个概念其实跟面向对象编程中对象的含义是一致的。对象有很多属性，属性的类型也有所不同。例如，如果把一个人看作一个对象，那这个人就基本拥有"姓名"、"性别"、"年龄"、"籍贯"等，这些都是这个人的属性，合起来就是一条数据，也就是户籍部门拿到的关于这个对象的数据。所以，如果把一张图片看作一个对象，那么"像素值"、"亮度"、"对比度"、"饱和度"等就是图片的属性。处理图像数据，就要从这些属性入手。

1. 标称属性

标称属性从表面字义来看应该是跟"名称"有关，标称属性的值一般是一些符号或事物的名称。不同的值代表不同的类别、编码和状态。例如，对相亲网站的注册用户，系统会记录如下信息：性别、年龄、职业、地点、学历等。这些数据都是通过名称来描述的。

2. 二元属性

二元属性也是一种标称属性，而且只有两个类别或状态 0、1，其中 0 通常表示该属性不出现，1 表示出现。例如，一个感冒患者一般会用是否存在"发烧"、"流涕"、"咽痛"等症状来做记录，存在这些状况，记录为 1，不存在，记录为 0。当一个患者来看病时，当然就可以通过这些属性值是否为 1 来做出诊断的结果。

3. 序数属性

序数属性可能的值之间具有有意义的序或秩，但是相继值之间的差是未知的。例如，对一部电影评价，可以分为"剧情"、"演员"、"音乐"、"特技"等几个方面，而每个方面都有"好"、"中"、"差"3 个选项供选择。而这些有排序意义的选择之间我们是无法说明具体差距的。也就是说，是定性，而非定量。

4. 数值属性

数值属性是定量的，就是说它是可以度量的量，用整数或实数值表示。有关于这些属性值的分析可以说是最多的，常见的平均数、众数、中位数，都是处理这些属性的。

3.3.2　度量数据的相似性和相异性

相似性和相异性都称为邻近性，相似性与相异性是有关联的，相似性取值范围为[0，1]，如果两个样本不相似则相似度量返回 0，相似性值越高对象之间的相似性越大。而相异性度量与之相反，数值越低表明相似性越大。

1. 数据矩阵

用于存放数据对象，或称对象—属性结构，这种数据结构用关系表的形式或 $n \times p$（n 个对象 $\times p$ 个属性）矩阵存放 n 个数据对象：

$$\begin{bmatrix} x_{11} & \cdots & x_{1f} & \cdots & x_{1p} \\ \cdots & \cdots & \cdots & \cdots & \cdots \\ x_{i1} & \cdots & x_{if} & \cdots & x_{ip} \\ \cdots & \cdots & \cdots & \cdots & \cdots \\ x_{n1} & \cdots & x_{nf} & \cdots & x_{np} \end{bmatrix} \tag{3-3}$$

数据矩阵由两种实体组成：行和列，所以这种矩阵也叫作二模矩阵。

2. 相异性矩阵

用于存放数据对象相异性值，或称对象—对象结构：存放 n 个对象两两之间的邻近度，通常表示为 $n \times n$ 矩阵：

$$\begin{bmatrix} 0 & & & & \\ d(2,1) & 0 & & & \\ d(3,1) & d(3,2) & 0 & & \\ \vdots & \vdots & \vdots & & \\ d(n,1) & d(n,1) & \cdots & \cdots & 0 \end{bmatrix} \tag{3-4}$$

相异性矩阵只包含一类实体，所以也叫作单模矩阵。

3.3.2.1 标称属性的邻近性度量

标称属性可以取多个状态，例如：颜色属性，可以取值为：红、黄、蓝、绿，可以通过两个对象之间的不匹配率来计算标称属性所代表属性间的相异性：

$$d(i,j) = \frac{p-m}{p} \tag{3-5}$$

式中：i、j 分别表示两个对象；m 为对象匹配数目；p 为对象的属性总数。

3.3.2.2 二元属性的邻近性度量

二元属性的状态只有两种：0 和 1，其中 0 表示该属性不出现，1 表示该属性出现。如果所有的二元都被看作具有相同的权重，则我们得到一个二元属性的列联表（如表 3-2 所示），其中 q 是对象 i 和 j 都取 1 的属性数，r 是对象 i 取 1、对象 j 取 0 的属性数，s 是对象 i 取 0、对象 j 取 1 的属性数，t 是对象 i 和对象 j 都取 0 的属性数。属性的总数是 p。其中 $p=q+r+s+t$。

表 3-2 二元属性的列联表

对象 i		对象 j		
		1	0	Sum
	1	q	r	$q+r$

对象 i	对象 j			
	2	s	t	$s+t$
	Sum	$q+s$	$r+t$	p

二元属性分为对称和非对称两种。对于对称的二元属性，每个状态都同等重要。对称的二元相异性定义为：

$$d(i,j) = \frac{r+s}{q+r+S+t} \tag{3-6}$$

非对称的二元属性的两种状态不是同等重要的。给定两个非对称的二元属性，两个都取 1 的情况（正匹配）被认为比两个都取 0 的情况（负匹配）更有意义。因此，这样的二元属性经常被认为是"一元"的（只有一种状态）。基于这种属性的相异性被称之为非对称的二元相异性，其中负匹配 t 被认为是不重要的，因此在计算中被忽略，如下所示：

$$d(i,j) = \frac{r+s}{q+r+S} \tag{3-7}$$

可以基于相似性而不是基于相异性来度量两个二元属性的差别。例如，对象 i 和 j 之间的非对称的二元相似性可以用下式来计算：

$$sim_{\text{Jaccard}}(i,j) = \frac{r+s}{q+r+S+t} \tag{3-8}$$

式中：系数 sim（i, j）被称作 Jaccard 系数。

3.3.2.3　序数属性的邻近性度量

序数属性的值之间是有意义的序或者排位。假设 f 为 n 个对象的一组序数属性之一。关于 f 的相异性计算涉及如下步骤：

（1）第 i 个对象的 f 值为 x_{if}，属性 f 有 M_f 个有序状态，表示排位 1，…，M_f。用对应的排位 $r_{if} \in \{1, \cdots, M_f\}$ 取代 x_{if}。

（2）由于每个序数属性都可以有不同的状态数，所以通常需要将每个属性的值域映射到 [0.0, 1.0] 上，以便每个属性都有相同的权重。通过用 z_{if} 代替第 i 个对象的 r_{if} 来实现数据规格化：

$$Z_{if} = \frac{r_{if} - 1}{M_f - 1} \tag{3-9}$$

（3）相异性可以用 3.2.2.2 介绍的任意一种数值属性的距离度量计算，使用 z_{if} 作为第 i 个对象的 f 值。

3.3.2.4　数值属性的相异性：闵科夫斯基距离

本节介绍用于计算数值属性刻画的对象的相异性距离度量，包括欧几里得距离、曼哈顿距离和闵科夫斯基距离。

使用最广泛的距离度量是欧几里得距离。$i=(x_{i1}, x_{i2}, \cdots, x_{ip})$ 和 $j=(x_{j1}, x_{j2}, \cdots,$

x_{jp}）是两个被 p 个数值属性描述的对象。对象 i 和 j 之间的欧几里得距离定义为：

$$d(i,j) = \sqrt{(x_{i1} - x_{j1})^2 + (x_{i2} - x_{j2})^2 + \cdots + (x_{ip} - x_{jp})^2} \qquad (3\text{-}10)$$

曼哈顿（或城市块距离）距离的定义为：

$$d(i,j) = |x_{i1} - x_{j1}| + |x_{i2} - x_{j2}| + |x_{ip} - x_{jp}| \qquad (3\text{-}11)$$

欧几里得距离和曼哈顿距离有如下数学性质：

非负性：$d(i, j) >= 0$ 距离是一个非负的数值；

同一性：$d(i, j) == 0$ 对象到自身的距离为 0；

对称性：$d(i, j) = d(j, i)$ 距离是一个对称函数；

三角不等式：$d(i, j) <= d(i, k) + d(k, j)$ 从对象 i 到对象 j 的直接距离不会大于途径任何其他对象 k 的距离。

满足这些条件的测度（measure）称作度量（metric）。

闵科夫斯基距离（Minkowski distance）是欧几里得距离和曼哈顿距离的推广，定义为：

$$d(i,j) = \sqrt{|x_{i1} - x_{j1}|^h + |x_{i2} - x_{j2}|^h + \cdots + |x_{ip} - x_{jp}|^h} \qquad (3\text{-}12)$$

式中：h 是实数，$h \geq 1$。在某些文献中这种距离被称之为 Lp 范数（norm）。当 $p=1$ 时，它表示曼哈顿距离；当 $p=2$ 时，它表示欧几里得距离。

3.4 分　　类

3.4.1 分类的概念

分类是对已知类别的训练数据进行分析，挖掘其中存在的内在规律，以此推测新数据的所属类别。利用数据训练的分类器（分类函数或模型）进行分类，该分类器能把待分类的数据映射到给定的类别中。分类是重要的数据挖掘算法，在图像模式识别、医疗诊断，以及银行的信用卡系统的信用分级等方面具有广泛的应用。例如，可以利用分类器将申请银行贷款划分为两个类别：危险和安全。

给定一个数据库 $D=\{t_1, t_2, \cdots, t_n\}$ 和一组类 $C=\{C_1, \cdots, C_m\}$，分类问题是去确定一个映射 $f: D \to C$，使得每个元组 t_i 被分配到一个类中。一个类 C_j 包含映射到该类中的所有元组，即 $C_j = \{t_i | f(t_i) = C_j, 1 \leq i \leq n,$ 而且 $t_i \in D\}$。如表 3-3 所示的学生信息成绩分类表，把学生的百分制分数分成 a、b、c、d、e 五类，就是一个分类问题：D 是包含百分制分数在内的学生信息 $C=\{a、b、c、d、e\}$。

表 3-3　　　　　　　　　　　　学生信息成绩分类表

条件	类别	条件	类别
成绩≥90	a	60≤成绩<70	d
80≤成绩<90	b	成绩≤60	e
70≤成绩<80	c		

从上述例子看出，我们可以把分类看作是从数据库到一组类别的映射，其中类别是被

预先定义的, 并且是非交叠的。数据库的每一个元组可以准确地分配到其中的一个类别中。

3.4.2 分类模型的建立

(1) 建立一个模型, 描述预定的数据类集或概念集, 即通过分析由属性描述的数据库元组来构造模型。

1) 准备数据样本, 也称为数据元组、实例或者对象。

2) 数据元组形成训练数据集并分析训练数据集来构造分类模型, 通过有监督地学习建立一个可靠的模型。

(2) 使用模型进行分类。

1) 评估模型 (分类法) 的预测准确率。

2) 如果模型的准确率在可控范围内, 则可以利用该模型对未知类标号的数据元祖或实例进行分类。

3.4.3 决策树算法分类

在 20 世纪 70 年代后期和 20 世纪 80 年代初期, 机器学习研究人员 J.Ross Quinlan 开发了决策树算法, 称为迭代的二分器 (Iterative Dichotomiser, ID3)。继 ID3 算法后, Quinlan 提出了 C4.5 算法; 1984 年, Breiman 等多位统计学家提出了 CART 决策树算法。这三种算法都是采用自顶向下的贪心算法构造决策树, 不同的是属性选择度量。每棵决策树在生长过程中, 需要选择某个属性作为分裂节点, 选择最优的属性进行分裂的依据是属性选择度量, 决定了节点属性分裂情况。其中 ID3 决策树算法使用信息增益作为属性选择度量, C4.5 决策树算法选用增益率作为属性选择度量, CART 决策树算法利用基尼指数作为属性选择度量。

3.4.3.1 ID3 决策树算法

ID3 是 Quinlan 提出的一个著名决策树生成方法: 决策树中每一个非叶节点对应着一个非类别属性, 树枝代表这个属性的值。一个叶节点代表从树根到叶节点之间的路径对应的记录所属的类别属性值。每一个非叶节点都将与属性中具有最大信息量的非类别属性相关联。采用信息增益来选择能够最好地将样本分类的属性。

设 S 是 s 个数据样本的集合, 定义 m 个不同类 C_i ($i=1, 2, \cdots, m$), 设 s_i 是 C_i 类中的样本数。对给定的样本 S 所期望的信息值由下式给出:

$$I(s_1, s_2, ..., s_m) = -\sum_{i=1}^{m} p_i \log_2(p_i) \tag{3-13}$$

式中: p_i 是任意样本属于 C_i 的概率: s_i/s。

设属性 A 具有 v 个不同值 $\{a_1, a_2, \cdots, a_v\}$, 可以用属性 A 将样本 S 划分为 $\{S_1, S_2, \cdots, S_v\}$, 其中, S_j 包含 S 中这样一些样本: 它们在 A 上具有值 a_j。设 s_{ij} 是 S_j 中 C_i 类的样本数, 则由 A 划分成子集的熵由下式给出:

$$E(A) = \sum_{j=1}^{v} \frac{s_{1j} + ... + s_{mj}}{s} I(s_{1j}, ..., s_{mj}) \tag{3-14}$$

式中：$\dfrac{s_{1j}+\cdots+s_{mj}}{s}$ 是第 j 个子集的权，并且等于子集（即 A 值为 a_j）中的样本个数除以 S 中的样本总数。熵值越小，子集划分的纯度越高。

则对 A 进行分支将获得的信息增益可以由下面的公式得到：

$$Gain(A) = I(s_1,s_2,\cdots,s_m) - E(A) \tag{3-15}$$

用信息增益计算分类的案例：表 3-4 给出了取自 AllElectronics 顾客数据库元组训练集。

表 3-4   **AllElectronics 顾客数据库**

编号	年龄	收入	学生	信用等级	类别：购买电脑
1	<=30	高	否	一般	不会购买
2	<=30	高	否	良好	不会购买
3	31…40	高	否	一般	会购买
4	>40	中等	否	一般	会购买
5	>40	低	是	一般	会购买
6	>40	低	是	良好	不会购买
7	31…40	低	是	良好	会购买
8	<=30	中等	否	一般	不会购买
9	<=30	低	是	一般	会购买
10	>40	中等	是	一般	会购买
11	<=30	中等	是	良好	会购买
12	31…40	中等	否	良好	会购买
13	31…40	高	是	一般	会购买
14	>40	中等	否	良好	不会购买

例如，$s=14$，类标号属性"购买电脑"有两个不同值（即 {会购买，不会购买}），因此有两个不同的类（即 $m=2$）。设类 C_1 对应于"会购买"，类 C_2 对应于"不会购买"。则 $s_1=9$，$s_2=5$，$p_1=9/14$，$p_2=5/14$。

（1）计算对给定样本分类所需的期望信息为：

$$I(s_1,s_2) = -\sum_{i=1}^{2} p_i \log_2(p_i) = -\frac{9}{14}\log_2\frac{9}{14} - \frac{5}{14}\log_2\frac{5}{14} = 0.904 \tag{3-16}$$

（2）计算每个属性的熵。

先计算属性"年龄"的熵。

对于年龄＝"<=30"：$s_{11}=2$，$s_{21}=3$，$p_{11}=2/5$，$p_{21}=3/5$，有：

$$I(s_{11},s_{21}) = -\frac{2}{5}\log_2\frac{2}{5} - \frac{3}{5}\log_2\frac{3}{5} = 0.971 \tag{3-17}$$

对于年龄＝"31…40"：$s_{12}=4$，$s_{22}=0$，$p_{12}=4/4=1$，$p_{22}=0$，有：

$$I(s_{12},s_{22}) = I(4,0) = -\frac{4}{4}\log_2 1 - 0 = 0 \tag{3-18}$$

对于年龄＝">40"：$s_{13}=3$，$s_{23}=2$，$p_{13}=3/5$，$p_{23}=2/5$，有：

$$I(s_{13},s_{23})=-\frac{3}{5}\log_2\frac{3}{5}-\frac{2}{5}\log_2\frac{2}{5}=0.971 \qquad (3-19)$$

如果样本按"年龄"划分，对一个给定的样本分类所需的期望信息为：

$$E(年龄)=\frac{5}{14}I(s_{11},s_{21})+\frac{4}{14}I(s_{12},s_{22})+\frac{5}{14}I(s_{13},s_{23})=0.694 \qquad (3-20)$$

因此，这种划分的信息增益是：

$$Gain(年龄)=I(s_1,s_2)-E(年龄)=0.246 \qquad (3-21)$$

同理，可以计算出"收入"的熵为：

$$E(收入)=\frac{4}{14}I(s_{11},s_{21})+\frac{6}{14}I(s_{12},s_{22})+\frac{4}{14}I(s_{13},s_{23})=0.911 \qquad (3-22)$$

这时的信息增益为：

$$Gain(收入)=I(s_1,s_2)-E(收入)=0.940-0.911=0.029 \qquad (3-23)$$

同理按"学生"划分的熵为：

$$E(学生)=\frac{7}{14}I(s_{11},s_{21})+\frac{7}{14}I(s_{12},s_{22})=0.789 \qquad (3-24)$$

这时的信息增益为：

$$Gain(学生)=I(s_1,s_2)-E(学生)=0.940-0.789=0.151 \qquad (3-25)$$

同理，按"信用等级"划分的熵为：

$$E(学生)=\frac{8}{14}I(s_{11},s_{21})+\frac{6}{14}I(s_{12},s_{22})=0.892 \qquad (3-26)$$

信息增益为

$$Gain(信用等级)=I(s_1,s_2)-E(信用等级)=0.940-0.892=0.048 \qquad (3-27)$$

由于"年龄"属性具有最高信息增益，它被选作测试属性。创建一个节点，用"年龄"标记，并对每个属性值引出一个分支。样本据此划分，如图3-10所示。

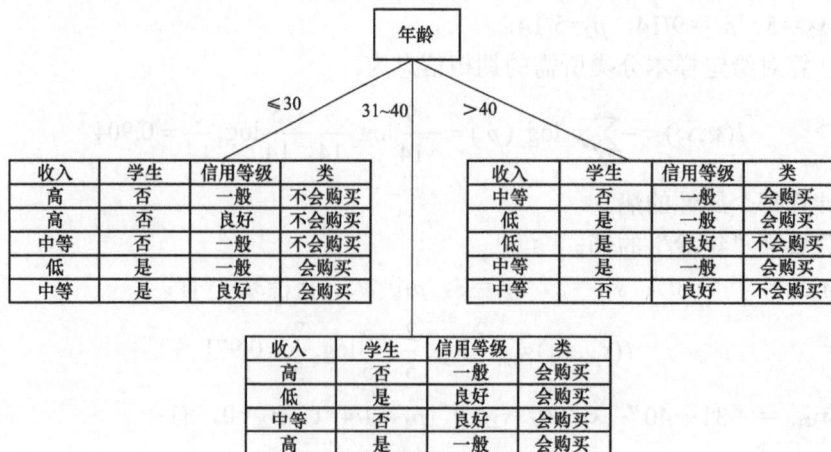

图3-10　按年龄信息划分图

则购买电脑的决策树如图 3-11 所示。

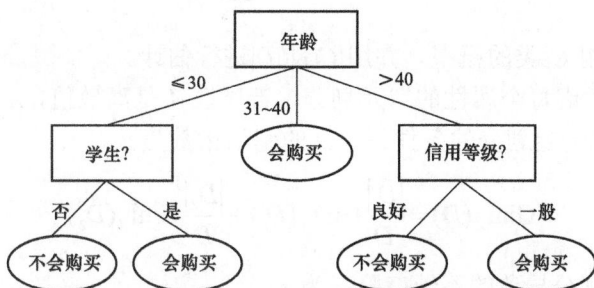

图 3-11 购买电脑的决策树

3.4.3.2 C4.5 决策树算法

C4.5 算法是对 ID3 算法的一种扩充，利用分裂信息计算增益率去划分属性，分裂信息（SplitInfo）的定义如下：

$$\text{SplitInfo}_A(D) = -\sum_{j=1}^{v} \frac{|D_j|}{|D|} \times \log_2\left(\frac{|D_j|}{|D|}\right) \tag{3-28}$$

分裂信息表示数据集 D 划分属性 A 检测 v 个输出产生的 v 个层次产生的信息。那么信息增益率为：

$$\text{GainRate}(A) = \frac{\text{Grain}(A)}{\text{SplitInfo}_A(D)} \tag{3-29}$$

计算表 3-3 中属性收入的信息增益率。收入被分为三个层次：高等包含 4 个元组，中等包含 6 个元组，低等包含三个元组。首先根据上述定义计算出分裂信息：

$$\text{SplitInfo}_A(D) = -\frac{4}{14} \times \log_2\frac{4}{14} - \frac{6}{14} \times \log_2\frac{6}{14} - \frac{4}{14} \times \log_2\frac{4}{14} = 1.557 \tag{3-30}$$

则信息增益率为：

$$\text{GainRate}(A) = \frac{\text{Grain}(A)}{\text{SplitInfo}_A(D)} = \frac{0.029}{1.557} = 0.019 \tag{3-31}$$

3.4.4 随机森林算法

随机森林算法是美国科学家 LeoBreiman 结合 bagging 集成学习和随机属性子空间理论提出的有监督学习算法。该算法通过 bootsrap 重抽样方法对原始样本进行抽样，每个抽样样本的容量与原始样本一样；每个 bootsrap 抽样的样本进行 CART（分类回归）决策树建模；最后组合的多棵 CART 决策树作为随机森林，森林中每棵决策树的投票结果则是最终的预测结果。

设数据集 D 中有 n 个不同的类别 C_i，$C_{i,D}$ 是数据集 D 中 C_i 类元组的集合，$|D|$ 和 $|C_{i,D}|$ 分别是 D 和 $C_{i,D}$ 元组的个数，则 CART 决策树使用基尼指数 Gini（D）定义为

$$Gini(D) = 1 - \sum_{i=1}^{n} P_i^2 \qquad (3\text{-}32)$$

式中：P_i 是 D 中元组 C_i 类的概率，并用 $|C_{i,D}|/|D|$ 进行估计。

基尼指数需要考虑每个属性的二元划分，若属性 A 是离散值，A 的二元划分将 D 划分为 D_1 和 D_2，则在给定划分的条件下，D 的基尼指数为

$$Gini_A(D) = \frac{|D_1|}{D}Gini_A(D_1) + \frac{|D_2|}{D}Gini_A(D_2) \qquad (3\text{-}33)$$

属性 A 的二元划分导致的不纯度降低为

$$\Delta Gini_A(D) = Gini(D) - Gini_A(D) \qquad (3\text{-}34)$$

利用基尼指数对表 3-3 的属性划分。其中，表 3-3 有 9 个元组属于购买计算机，5 个元组属于不买计算机，根据基尼指数的定义可以计算出 D 的不纯度为

$$Gini(D) = 1 - \left(\frac{9}{14}\right)^2 - \left(\frac{5}{14}\right)^2 = 0.459 \qquad (3\text{-}35)$$

为了基于划分 D 的属性，必须计算每个属性的基尼指数。计算收入的基尼指数，需要考虑到每种可能的分裂子集。考虑{低，中等}子集，其中收入 ∈ {低，中等}有 10 种情况分在 D_1 中，收入 ∈ {高}有 4 种情况分在 D_2 中。基于上述情况的基尼指数为

$$\begin{aligned}
Gini_{收入\{低,高\}}(D) &= \frac{10}{14}Gini(D_1) + \frac{4}{14}Gini(D_2) \\
&= \frac{10}{14}\left(1 - \left(\frac{7}{10}\right)^2 - \left(\frac{3}{10}\right)^2\right) + \frac{4}{14}\left(1 - \left(\frac{2}{4}\right)^2 - \left(\frac{2}{4}\right)^2\right) \\
&= 0.443 = Gini_{收入\{中等\}}(D)
\end{aligned} \qquad (3\text{-}36)$$

类似上述，可以分别求出考虑（子集{低，高}和{中等}）的基尼指数为 0.458；考虑（子集{中等，高}和{低}）的基尼指数为 0.450。可以得知收入的最好分裂在（子集{低，中等}和{高}）。同理可以计算出其他属性的最好分裂情况。

3.4.5 应用实例

这里使用最常见的欧氏距离作为衡量标准，以鸢尾花数据集为例来说明 K-近邻算法：分类鸢尾花数据集以鸢尾花的特征作为数据来源，测量变量为花瓣，花萼的长度与宽度，数据集包含 150 个数据集，分为 3 类变量：setosa、versicolor 和 virginic。每类 50 个数据，每个数据包含 4 个属性，是在数据挖掘、数据分类中非常常用的测试集、训练集。

R 语言实现决策树分类如图 3-12 所示，该案例的数据仍然是 iris 数据集。分类结果如图 3-13 所示。

R 语言实现随机森林分类如图 3-14 所示，该案例的数据仍然是 iris 数据集。分类结果如图 3-15 所示。

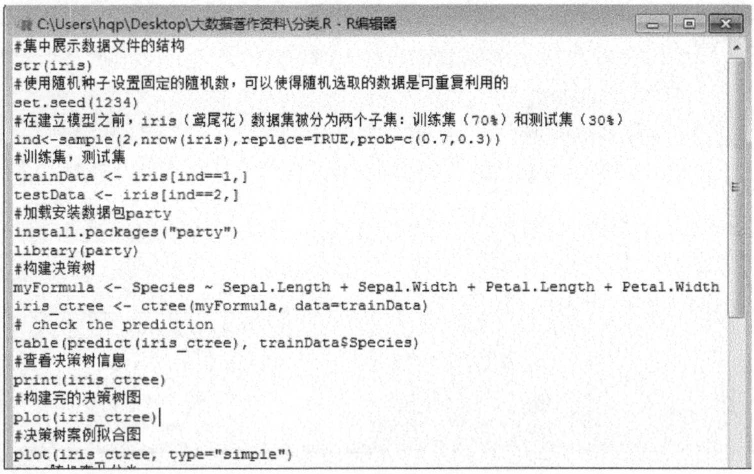

图 3-12　利用 R 语言实现决策树分类

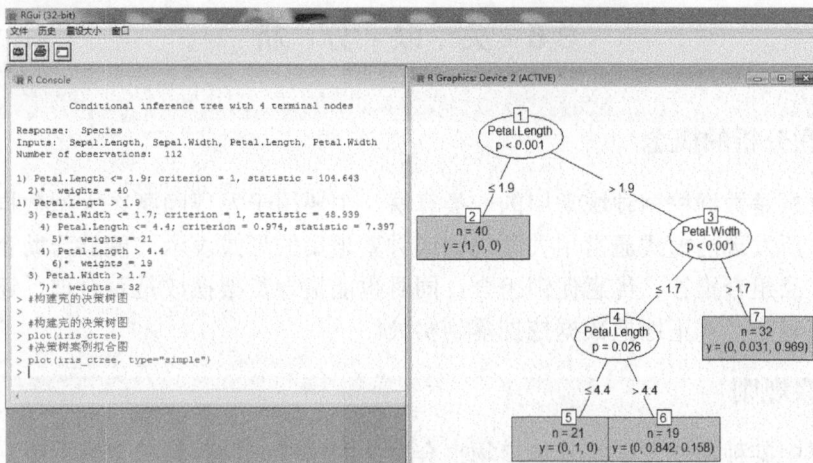

图 3-13　R 语言实现决策树分类拟合图

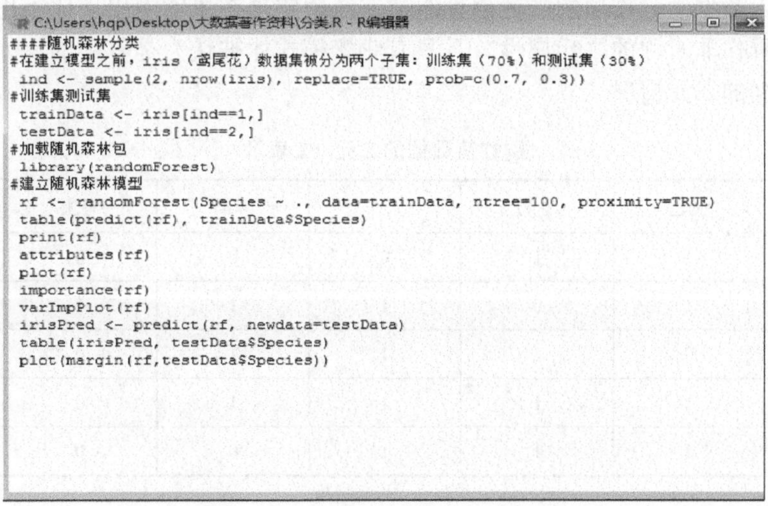

图 3-14　R 语言实现随机森林分类

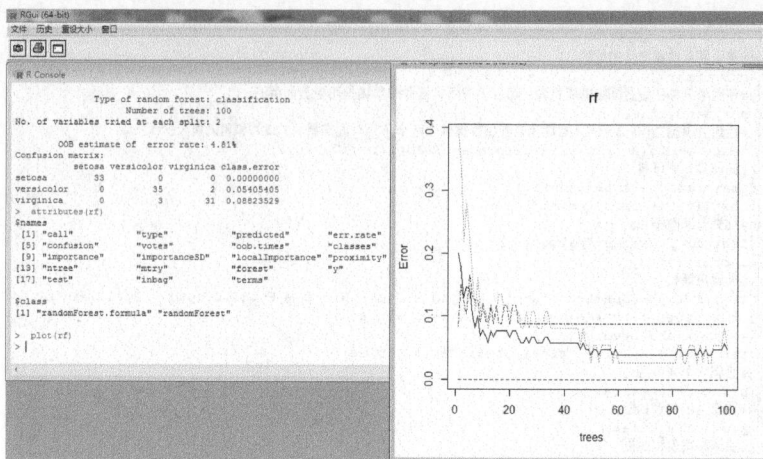

图 3-15　R 语言实现随机森林分类的结果

3.5　关　联　分　析

3.5.1　关联分析的概念

关联分析是数据挖掘领域常用的一类算法，主要用于发现隐藏在大型数据集中有意义的联系，所发现的模式通常用关联规则或频繁项集的形式表示，能够帮助企业做很多很有用的产品组合推荐、优惠促销组合，同时也能指导货架摆放是否合理，还能够找到更多的潜在客户，真正地把数据挖掘落到实处。

3.5.2　关联规则

自然界中某种事物发生时其他事物也会发生的这样一种联系称之为关联。关联规则挖掘就是从大量的数据中挖掘出有价值描述数据项之间相互联系的有关知识。关联规则挖掘假定输入数据由称作项的二元属性组成。还假定项在事物中出现比不出现更重要。这样，项被看作非对称的二元属性，且只有频繁模式才被认为是有趣的。如表 3-5 所示为购物篮数据的二元情况。

表 3-5　　　　　　　　　　　　　　　购物篮数据的二元 0/1 表示

TID	面包	牛奶	尿布	啤酒	鸡蛋	可乐
1	1	1	0	0	0	0
2	1	0	1	1	1	0
3	0	1	1	1	0	1
4	1	1	1	1	0	0
5	1	1	1	0	0	1

从上述的购物篮数据中，我们可得出尿布和啤酒这一有趣的规则。

关联规则是形如 X→Y 的蕴含表达式，X 和 Y 是不相交的项集。例子：{牛奶，尿布}→{啤酒}

如表 3-5 所示，商店中的每个商品都用布尔向量（1，0）表示，其中 1 表示购买该商品，0 表示不买。TID 表示购物篮，则用布尔向量表示每个购物篮。可以通过分析布尔向量，得到商品频繁关联和购买模式，利用关联规则反映购买模式。例如：啤酒、尿布案例，首先必须要设定最小支持度与最小可信度两个阈值，在此假设最小支持度 min-support=5% 且最小可信度 min-confidence=65%。用公式可以描述为：

Support{Diaper，Beer}≥5% and Confidence{Diaper，Beer}≥65%

支持度（Support）和可信度（Confidence）是兴趣规则的两种度量。其中，Support{Diaper，Beer}≥5% 表示至少有 5% 的交易呈现尿布与啤酒这两项商品被同时购买的交易行为。Confidence{Diaper，Beer}≥65% 表示在所有包含尿布的交易记录资料中，至少有 65% 的交易会同时购买啤酒。

3.5.3 频繁项集

大多数关联规则挖掘算法通常采用的一种策略是将关联规则挖掘任务分解为如下两个主要的子任务：频繁项集的产生和规则的产生。

3.5.3.1 频繁项集的产生（Frequent Itemset Generation）

设 $L = \{l_1, l_2, \cdots, l_m\}$ 为项的集合。数据 D 是数据库事务的集合。每个事务的标识符称为 TID，每个事务 $T \subseteq L$，且 T 为非空项集。设 A, B 分别为一个项集，其中 $B \subset L$，$A \subset L$，$A \neq \varnothing$，$B \neq \varnothing$ 且 $A \cap B \neq \varnothing$。对于事务集 D 有规则 $A \Rightarrow B$ 成立，具有支持度 S（S 为 D 中事务包含 $A \cup B$ 的百分比），其概率为 $P(A \cup B)$。规则 $A \Rightarrow B$ 成立的置信度 C（C 为 D 中包含事务 A 的同时也包含事务 B 的百分比），其概率为 $P(B / A)$。即：

$$\begin{aligned} \text{Support}(A \Rightarrow B) &= P(A \cup B) \\ \text{Confidence}(A \Rightarrow B) &= P(B / A) \end{aligned}$$

(3-37)

其目标是发现满足最小支持度阈值的所有项集，这些项集称作频繁项集。

3.5.3.2 规则的产生（Rule Generation）

其目标是从上一步发现的频繁项集中提取高置信度的规则，这些规则称作强规则。这些规则必须满足最小支持度和最小置信度。

3.5.4 关联分析的挖掘方法

数据挖掘作为从数据中获取信息的有效方法，越来越受到人们的重视。关联规则挖掘首先是用来发现购物篮数据事务中各项之间的有趣联系。从那以后，关联规则就成为数据挖掘的重要研究方向，它是要找出隐藏在数据间的相互关系。目前关联规则挖掘的研究工作主要包括：Apriori 算法的扩展、数量关联规则挖掘、关联规则增量式更新、无须生成候选项目集的关联规则挖掘、最大频繁项目集挖掘、约束性关联规则挖掘以及并行及分布关联规则挖掘算法等。关联规则的挖掘问题就是在事务数据库 D 中找出具有用户给定的满足一定条件的最小支持度 Minsup 和最小置信度 Minconf 的关联规则。

1994 年 Agrawal 和 R.Srikant 提出了 Aprior 算法，目的是为布尔关联规则挖掘频繁项集。迄今关联规则挖掘技术得到了较为深入的发展。Apriori 算法是关联规则挖掘的经典算法。

Apriori 算法是一种找频繁项目集的基本算法。其基本原理是逐层搜索的迭代：频繁 K 项 L_k 集用于搜索频繁（$K+1$）项集 L_{k+1}，如此下去，直到不能找到维度更高的频繁项集为止。这种方法依赖连接和剪枝这两步来实现。算法的第一次遍历仅仅计算每个项目的具体值的数量，以确定大型 1 项集。随后的遍历，第 k 次遍历，包括两个阶段。首先，使用在第（$k-1$）次遍历中找到的大项集 L_{k-1} 和产生候选项集 C_k。接着扫描数据库，计算 C_k 中候选的支持度。用 Hash 树可以有效地确定 C_k 中包含在一个给定的事务 t 中的候选。如果某项集满足最小支持度，则称它为频繁项集。

为了提高频繁项集的逐层产生的效率，必须引进先验性质（Apriori property）。先验性质：如果一个项集是频繁的，那么它的所有非空子集都是频繁的。假设项集为 M 不满足最小支持度阀值 minsup，那么 M 不是频繁的，即 $P(M) <$ minsup；若将 A 加入到项集 M，$M \cup A$ 不会比 M 出现更频繁，则 $M \cup A$ 不是频繁的，即 $P(M \cup A) <$ minsup。该性质称为支持度的反单调性。

"怎样在 Apriori 算法中使用先验性质？"可以利用 L_{k-1} 找到 L_k，来理解这个问题。这就需要依赖连接和剪枝这两步来实现。

3.5.4.1　连接

为了找到 L_k，将 L_{k-1} 与自身连接产生候选项集的集合。设 $A=\{a_1, a_2, \cdots, a_k\}$ 和 $B=\{b_1, b_2, \cdots, b_k\}$ 是一对频繁 k-项集，当且仅当 $a_i=b_i$（$i=1, 2, k-1$）并且 $a_k \neq b_k$ 时，合并 A 和 B，生候选项集的集合。得到 $\{a_1, a_2, \cdots, a_k, b_k\}$ 比如合并 {Bread，Milk} 和 {Bread，Diaper} 得到 {Bread，Milk，Diaper}，但 {Milk，Bread} 和 {Bread，Diaper} 不能合并。

3.5.4.2　剪枝

设 $A=\{a_1, a_2, \cdots, a_k, a_{k+1}\}$ 是一个候选（$k+1$）-项集，由于 A 可以频繁的也可以是不频繁的，在扫描数据库时，确定 A 中每个候选的计数，所有候选都是频繁的。为了减少计算量，可以利用先验性质，若一个候选 K 项集子集不在 L_{k-1} 中，则该候选不可能是频繁的，可以将其从 A 中删除。即检查每个 A' 是否在第 k 层频繁项集中出现，其中 A' 由 A 去掉 a_i（$i=1, \cdots, k-1$）得到，若某个 A' 没有出现，则 A 是非频繁的。

为理解 Apriori 算法，一个具体的算例如下：表 3-6 是某商店的 ALLElectronics 数据库，该数据库有 9 个事务。

表 3-6　　　　　　　　　　　　　ALLElectronics 数据库

TID	List of item_ID'S	TID	List of item_ID'S
T100	I1, I2, I5	T600	I2, I3
T200	I2, I4	T700	I1, I3
T300	I2, I3	T8500	I1, I2, I3, I5

TID	List of item_ID'S	TID	List of item_ID'S
T400	I1，I2，I4	T900	I1，I2，I3
T500	I1，I3		

（1）进行第一次迭代时，每个项都是候选 1 项集的集合成员。将扫描事务数据库一次，生成频繁的 1 项集，对每个项出现的次数进行计数。

（2）假设最小支持度计数阈值为 2，即 minsup=2。由此可知频繁 1 项集的集合 L_1，即所有满足最小支持度的候选 1 项集组成。

（3）频繁 2 项集的集合 L_2，则由 L_1 自身交叉链接产生候选项 L_2。由于每个候选的子集是频繁的，没有候选从 C_2 中删除。

扫描数据库中的事务，计算出 C_2 中每个候选集的计数。如图 3-16 所示。

图 3-16　Apriori 算法计算 C_2 每个候选集的计数过程图

3.5.5　应用实例

用 R 语言实现 Apriori 算例，其中表 3-7 为案例数据。

表 3-7　　　　　　　　　　　　　案例数据的选择

TID	item1	Item2	Item3	Item4
baskets1	1	0	1	0
baskets2	0	0	1	1
baskets3	1	1	1	1
baskets4	1	1	1	1

续表

TID	item1	Item2	Item3	Item4
baskets5	1	1	0	0
baskets6	0	0	1	0
baskets7	0	1	1	1

根据表 3-7 的数据，利用 R 语言实现 Apriori，如图 3-17 所示。

```
#数据集采用上述的购物篮数据
a<-read.csv("apri.csv", header=TRUE)
a
a=as.matrix(a)
#变成transactions类(arules类型)
v=as(a,"transactions")
#apriori函数进行关联分析
rules<-apriori(v,parameter=list(supp=0.2,conf=0.6,target="rules")
rules
inspect(rules)
summary(v)
```

图 3-17　利用 R 实现 Apriori

所得结果如图 3-18 所示。

```
> rules
set of 24 rules
> inspect(rules)
        lhs              rhs        support   confidence lift      count
[1]  {}            => {item3} 0.8571429 0.8571429  1.0000000 6
[2]  {item1}       => {item2} 0.4285714 0.7500000  1.3125000 3
[3]  {item2}       => {item1} 0.4285714 0.7500000  1.3125000 3
[4]  {item1}       => {item3} 0.4285714 0.7500000  0.8750000 3
[5]  {item4}       => {item2} 0.4285714 0.7500000  1.3125000 3
[6]  {item2}       => {item4} 0.4285714 0.7500000  1.3125000 3
[7]  {item4}       => {item3} 0.5714286 1.0000000  1.1666667 4
[8]  {item3}       => {item4} 0.5714286 0.6666667  1.1666667 4
[9]  {item2}       => {item3} 0.4285714 0.7500000  0.8750000 3
[10] {item1,item4} => {item2} 0.2857143 1.0000000  1.7500000 2
[11] {item1,item2} => {item4} 0.2857143 0.6666667  1.1666667 2
[12] {item2,item4} => {item1} 0.2857143 0.6666667  1.1666667 2
[13] {item1,item4} => {item3} 0.2857143 1.0000000  1.1666667 2
[14] {item1,item3} => {item4} 0.2857143 0.6666667  1.1666667 2
[15] {item1,item2} => {item3} 0.2857143 0.6666667  0.7777778 2
[16] {item1,item3} => {item2} 0.2857143 0.6666667  1.1666667 2
[17] {item2,item3} => {item1} 0.2857143 0.6666667  1.1666667 2
[18] {item2,item4} => {item3} 0.4285714 1.0000000  1.1666667 3
```

图 3-18　利用 R 实现 Apriori 结果

3.6　聚　类　分　析

3.6.1　聚类的概念

聚类（Clustering）就是将具体或者抽象对象的集合分组成由相似对象组成的多个类或簇的过程。由聚类生成的簇是一组数据对象的集合，簇必须同时满足以下两个条件：

（1）每个簇至少包含一个数据对象。

（2）每个数据对象必须属于且唯一地属于一个簇。

聚类的输入是一组未被标记的数据，根据数据自身的距离或者相似度进行划分。划分的原则是保持最大的组内相似性和最小的组间相似性，即使得不同聚类中的数据尽可能地不同，而同一聚类中的数据尽可能地相似，比如根据股票价格的波动情况，股票可以被分成不同的类，总共可以分成几类，各类包含哪些股票，每一类的特征是什么，这对投资者尤其对投资基金者来说，可能就是很重要的信息。聚类除了将样本分类外，还可以完成孤立点挖掘，如其在网络入侵检测或者金融风险欺诈探测中的应用。

3.6.2　聚类分析要求

聚类分析是一个颇具挑战性的研究领域，聚类算法的质量取决于算法对相似性的判别标准、算法的具体实现以及算法发现隐藏模式的能力。由于大型数据库、数据仓库十分复杂，在数据挖掘中，聚类算法必须满足由此产生的计算要求，具体如下：

（1）可伸缩性（Scalability）。实际应用要求聚类算法能够处理大数据集，且时间复杂度不能太高，消耗的内存空间也应有限。

（2）处理不同类型属性的能力。现实中的数据对象已经远远超出关系型数据的范畴，比如空间数据、多媒体数据、遗传学数据、时间序列数据、文本数据、互联网上的数据以及目前逐渐兴起的数据流等。

（3）发现任意形状的簇。许多聚类算法基于欧氏距离或曼哈顿距离度量来决定聚类结果，基于这样的距离度量的算法趋向于发现具有相近尺度和密度的球形簇，但现实数据库中的聚类可以是任意形状，簇的大小差异较大，密度也不尽相同。所以，实践要求算法具有发现任意形状的簇的能力。

（4）使输入参数的领域知识最小化。许多聚类算法在聚类分析中要求用户输入一些参数，例如希望产生的簇的数目。聚类结果对于输入参数十分敏感，然而参数通常很难确定，特别是对于包含维对象的数据集来说更是如此。一个好的聚类算法应包含尽量少的输入参数。

（5）处理噪声数据的能力。绝大多数现实中的数据库都包含了孤立点、空缺、未知数据或错误数据。一些聚类算法对这样的数据敏感，可能导致低质量的聚类结果。一个好的聚类算法应具备处理噪声数据的能力。

（6）对输入数据记录的顺序不敏感。一些聚类算法对于输入数据的次序敏感。例如，同一个数据集合，当以不同的顺序提交给同一个算法时，可能生成差别很大的聚类结果，这是好的聚类算法应当避免的。

（7）聚类高维数据的能力。数据集可能包含大量的维或属性。例如，在文档聚类时，每个关键词都可以看作一个维，并且常常有数以千计的关键词。许多聚类算法擅长处理低维数据，如只涉及两三个维的数据。发现高维空间中数据对象的簇是一个挑战，特别是考虑这样的数据可能分布非常稀疏，并且高度倾斜。

（8）基于约束的聚类。现实世界的应用可能需要在各种约束条件下进行聚类，找到既满足特定约束又具有良好聚类特性的数据分组是一项有挑战性的任务。

（9）可解释性和可用性。用户希望聚类结果是可解释的、可理解的和可用的。

3.6.3　聚类分析方法

聚类分析算法种类繁多，具体的算法选择取决于数据类型、聚类的应用和目的。常用的聚类算法大致可以分为如下几类：

（1）划分聚类算法（Partitioning Method）。首先创建 k 个分区的初始集合，k 为要构建的分区数；其次，采用迭代重定位技术，试图通过将对象从一个簇移到另一个簇来改善划分的质量。

（2）层次聚类算法（Hierarchical Method）。对给定数据对象集合进行层次的分解。该算法可以分为自底向上（凝聚）和自顶向下（分裂）两种操作方式。

（3）基于密度的聚类算法（Density-Based Method）。根据密度完成对象的聚类。根据邻域中对象的密度，或者根据某种密度函数来生成簇。

（4）基于网格的聚类算法（Grid-Based Method）。这种算法先将对象空间划分为有限个单元以构成网格结构；然后，利用网格结构完成聚类。

（5）基于模型的聚类算法（Model-Based Method）。给每个聚类假设一个模型（例如密度分布函数），然后去寻找能很好地满足这个模型的数据集。其一个潜在的假定是：目标数据集是由一系列的概率分布所决定的。通常有两种尝试方案：统计的方案和神经网络的方案。

实际应用中的聚类算法，往往是上述聚类算法中多种算法的结合。

3.6.3.1　划分聚类算法

划分聚类算法是给定一个包含 n 个对象或元组的数据库构建 k 个划分的算法。每个划分为一个聚类簇，并且该算法将数据划分为 k 个簇，每个簇同时满足如下两个条件：

（1）每个簇至少包含一个数据对象。

（2）每个数据对象必须属于且唯一地属于一个簇，这个条件在某些模糊划分技术中可以放宽。

划分聚类算法是一种基于爬山式的优化搜索算法，此法简单、快速且有效，但是此算法存在不足之处，如对初始值敏感、对输入顺序敏感、常陷入局部最优等。根据对象在划分之间移动的衡量参数和簇的表示方法不用，划分聚类算法主要有 K-means 算法、K-medoids 算法和 CLARANS 算法等，下面主要介绍 K-means 算法。

K-means 算法由 MacQueen 于 1967 年首先提出，它以 k 为参数，将 n 个对象分成 k 个簇，以使簇内的相似度较高，而簇间的相似度较低。相似度的计算根据一个簇中对象的平均值（被视为簇的质心）来进行。K-means 算法描述如下：

算法：K-means 算法。用于划分的 K-means 算法，其中每个簇的中心都用簇中所有对象的均值来表示。

输入：簇的数目 k 和包含 n 个对象的数据库。

输出：k 个簇，使平方误差最小。

方法：

（1）随机地选择 k 个对象，每个对象代表一个簇的初始聚类中心。

（2）对剩余的每个对象，根据它与簇均值的距离，将其分配到最相似的簇中。

（3）计算每个簇的新均值。

（4）重复步骤（2）和（3），直至不再发生变化为止。

K-means 算法的聚类性能用误差平方和准则函数来评价，假定数据集 X 的 k 个聚类簇为 $C_1, C_2, \cdots, C_k$，k 个聚类中心为 $c_1, c_2, \cdots, c_k$，各聚类簇所含有的对象个数分别为 $n_1, n_2, \cdots, n_k$，误差平方和准则函数的定义如下：

$$E = \sum_{i=1}^{k} \sum_{p \in x_i} \| p - c_i \|^2 \qquad (3\text{-}38)$$

式中：E 为各数据对象的均方差总和；p 为数据集 X 中的数据对象。

K-means 算法的流程如图 3-19 所示。

K-means 算法具有以下优点：

（1）当结果簇是密集的，而簇之间的区别明显时，它的效果较好。

（2）对于处理大数据集，该算法是相对可伸缩和高效的，因为它的算法复杂度是 O（nkt），其中 n 是数据对象的个数，k 是簇的个数，t 是迭代的次数，通常 $k \ll n$，且 $t \ll n$。

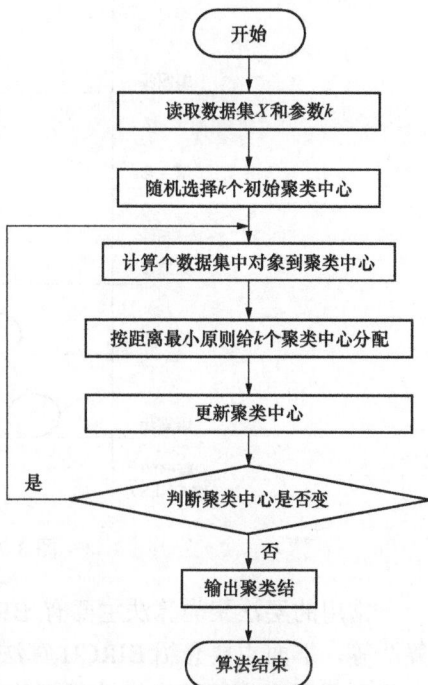

图 3-19　K-means 算法流程图

K-means 算法的主要缺点有：

（1）只有当簇均值有意义的情况下才能使用，这可能不适用于某些应用，例如涉及有分类属性的数据。

（2）必须事先给定要生成的簇的数目 k。

（3）对噪声和孤立点数据敏感，少量的该类数据能够对平均值产生极大的影响。

（4）不适合发现非凸面形状的簇，或者大小差别很大的簇。

3.6.3.2　层次聚类算法

层次聚类算法是对给定的数据对象集合进行层次的分解，形成一棵以簇为节点的树。根据层次分解的方式，该算法可以分为凝聚和分裂两类，聚类过程如图 3-20 所示。其中，凝聚更重要而且应用更广。

图 3-20 中显示了一种凝聚的层次聚类算法 AGNES（Agglomerative NESting）和一种分裂的层次聚类算法 DIANA（Divisive ANAlysis）在一个包含五个对象的数据集 {a，b，c，d，e} 上的处理过程。凝聚算法 AGNES 先让每个对象自成一簇，然后这些簇根据某种准则逐步合并。例如，如果簇 C_1 中的一个对象和簇 C_2 中的一个对象之间的距离是所有属于不同簇的对象间欧几里德距离中最小的，则 C_1 和 C_2 可能被合并。簇的合并过程反复进行，直到所有对象最终合并成一个簇。分裂方法 DIANA 则以相反的方法处理。所有对象形成一个初始簇，根据某种原则例如：簇中最近的相似对象的最大欧几里德距离将该簇分裂。簇的分列过程反复进行，直至最终每个簇中只包含一个对象。

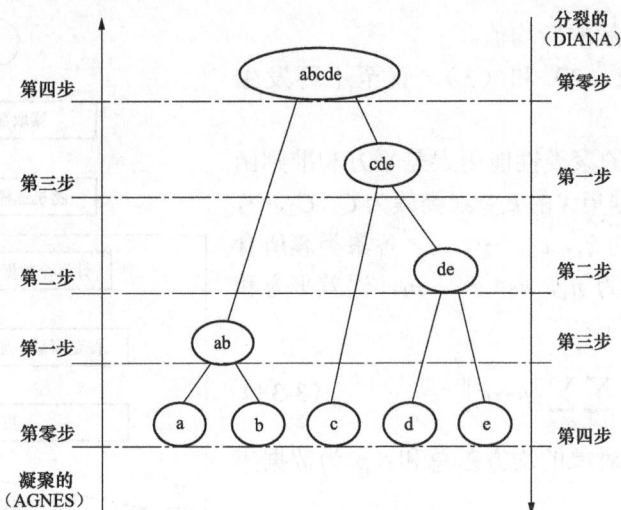

图 3-20　凝聚与分裂层次聚类

常用的层次聚类算法主要有 BIRCH 算法、CURE 算法、ROCK 算法及 Chameleon 算法等，下面主要介绍 BIRCH 算法。

利用层次方法的平衡迭代规约和聚类（Balanced Iterative Reducing and Clustering Using Hierarchies，BIRCH）由 Zhang、Ramakrishan 和 Livny 于 1996 年提出，是一种综合优化的层次聚类算法，其核心是采用一个三元组的聚类特征汇总了一个簇的有关信息，从而使一个簇可以用对应的聚类特征表示，而不必用具体的一组点表示，通过构造分支因子 B 和簇直径阈值 T 来进行增量和动态聚类。BIRCH 算法的优点是采用了一种多阶段的聚类技术，对数据库的单遍扫描产生一个基本的聚类，一或多遍的扫描能够提高聚类质量，比较适用于大型数据集。

BIRCH 算法引入了两个重要概念，聚类特征（Clustering Feature，CF）和聚类特征树（Clustering Feature Tree，CF 树），它们用于概括聚类描述，可以辅助聚类算法在大型数据库中取得更快的速度和可伸缩性。BIRCH 算法对增量或动态聚类也非常有效。一个聚类特征 CF 是一个三元组，给出了对象子聚类的信息汇总描述。假设某个子聚类中有 N 个 d 维的点或对象，则该子聚类的 CF=（L，LS，SS）。其中 N 为该子聚类所含数据点的数目，LS 为这 N 个点的线性和，即 $\sum_{i=1}^{N} X_i$，SS 为数据点的平方和，即 $\sum_{i=1}^{N} X_i^2$。

如图 3-21 所示，一棵 CF 树是高度平衡的树，它存储了层次聚类的聚类特征。树中的非叶节点有后代或"孩子"，它们存储了其孩子的 CF 的总和，即汇总了关于其孩子的聚类信息。一棵 CF 树有两个参数：分支因子 B 和阈值 T。分支因子定义了每个非叶节点孩子的最大数目，而阈值参数给出了存储在树的叶节点中的子聚类的最大直径。这两个参数直接影响了结果树的大小。

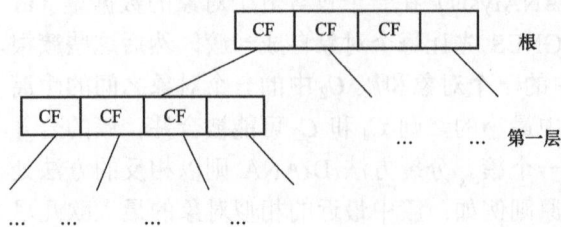

图 3-21　CF 树示意图

BIRCH 算法主要包含如下两个阶段：

阶段一：扫描数据库，建立一个存放于内存的初始 CF 树，该树可以被看作数据的多层压缩，试图保留数据的内在聚类结构。

阶段二：采用某个聚类算法对 CF 树的叶节点进行聚类。

在阶段一中，随着对象被插入，CF 树被动态地构造。因此，该方法支持增量聚类。一个对象被插入到最近的叶条目（子簇），如果在插入后，存储在叶节点中的子簇的直径大于阈值，那么该叶节点及可能的其他节点被分裂。新对象插入后，关于该对象的信息向根节点传递。通过修改阈值，CF 树的大小可以改变。如果存储 CF 树需要的内存大于主存的大小，则可以定义较大的阈值，并重建 CF 树。

在重建过程中，通过利用旧树的叶节点来重新构建一棵新树，因此重建树的过程不需要重读所有对象或点。这类似于 B+树构建中的插入和节点分裂。因此，为了建树，只需要读一次数据。采用一些启发式规则和方法，通过额外的数据扫描来处理孤立点和改进 CF 树的质量。CF 树建好后，可以在阶段二采用任何聚类算法，例如典型的划分方法。

BIRCH 算法的主要目标是使 I/O 时间尽可能少，原因在于大型数据集通常不能完全装入内存中。BIRCH 算法通过把聚类分为两个阶段来达到此目的，即通过构建 CF 树对原数据集进行预聚类，然后在前面预聚类的基础上进行聚类。

BIRCH 算法具有如下优点：

（1）支持增量聚类。

（2）线性可伸缩性。计算复杂性为 $O(n)$，单遍扫描，额外的扫描可以改善聚类质量。

BIRCH 算法具有如下缺点：

（1）只能处理数值数据。

（2）对数据的输入顺序敏感。

（3）CF 树节点不总是对应于用户所认为的自然簇（参数 B 和 T）。

（4）簇非球形时效果不好（使用半径/直径控制簇边界）。

3.6.3.3 基于密度的聚类算法

绝大多数划分方法基于对象之间的距离进行聚类。这样的方法只能发现球状的簇，而在发现任意形状簇上遇到了困难。于是，基于密度的另一类聚类方法应运而生，其主要思想是：只要邻近区域的密度（对象或数据点的数目）超过某个阈值，就把它加到与之相近的聚类中。也就是说，对给定类中的每个数据点，在一个给定范围的区域中必须至少包含某个数目的点。一般在一个数据空间中，高密度的对象区域被低密度（稀疏）的对象区域（通常认为是噪声数据）所分割。因此，这样的方法可以用来过滤"噪声"孤立点数据，发现任意形状的聚类结果。

基于密度的聚类算法的优点是：可以很好处理数据集中的噪声，很好地降低噪声对聚类结果的影响，同时很适合处理各种形状的数据集，而不仅限于球形簇。其缺点是：对阈值等参数的依赖性较大，如何制定参数值往往只能根据经验来确定。如何制定阈值直接影响到聚类效果，计算量较大。其代表算法有 DBSCAN 算法、OPTICS 算法及 DENCLUE 算法等。下面重点介绍 DBSCAN 算法。

DBSCAN（Density-Based Spatial Clustering of Application with Noise，具有噪声的基于密度的空间聚类应用）由 Ester、Kriegel、Sande 和 Xu 于 1996 年提出，是一种基于高

密度连接区域的密度聚类算法。该算法将具有足够高密度的区域划分为簇，并可以在带有"噪声"的空间数据库中发现任意形状的聚类，它定义簇为密度相连的点的最大集合。

对 DBSCAN 的基本概念的初步认识：

（1）对于簇中的任意一个点，它周围局部点密度必须超过某阈值。

（2）簇中的点在空间上是相互关联的。

任意点 p 的局部点密度由两个参数定义，即 Eps（邻域的最大半径）及 MinPts（在 Eps 邻域中的最少点数）。一些相关概念的定义如下：

1. 定义 1（Eps 邻域）

给定一个对象 p，p 的 Eps 邻域 $N_{Eps}(p)$ 定义为以 p 为核心，以 Eps 为半径的 d 维超球体区域，即

$$N_{Eps}(p)=\{q \in D | dist(p,q) \leqslant Eps\} \tag{3-39}$$

式中：D 为 d 维实空间上的数据集，$dist(p, q)$ 表示 D 中的 2 个对象 p 和 q 之间的距离。

2. 定义 2（核心点与边界点）

对于对象 $p \in D$，给定一个整数 MinPts，如果 p 的 Eps 邻域内的对象数满足 $|N_{Eps}(p)| \geqslant MimPts$，则称 p 为（Eps，MinPts）条件下的核心点；不是核心点但落在某个核心点的 Eps 邻域内的对象称为边界点。

3. 定义 3（直接密度可达）

给定（Eps，MinPts），如果对象 p 和 q 同时满足以下条件：

（1）$p \in N_{Eps}(q)$。

（2）$|N_{Eps}(p)| \geqslant MimPts$（即 q 是核心点）。

则称对象 p 是从对象 q 出发，直接密度可达的。

4. 定义 4（密度可达）

给定数据集 D，当存在一个对象链 p_1，p_2，…，p_n，其中 $p_1=q$，$p_n=p$，对于 $p_i \in D$，如果在（Eps，MinPts）条件下 p_{i+1} 从 p_i 直接密度可达，则称对象 p 从对象 q 在条件（Eps，MinPts）下密度可达。密度可达是非对称的，即 p 从 q 密度可达不能推出 q 也可从 p 密度可达。

5. 定义 5（密度相连）

如果数据集 D 中存在一个对象 o，使得对象 p 和 q 是从 o 在（Eps，MinPts）条件下密度可达的，那么称对象 p 和 q 在（Eps，MinPts）条件下密度相连。密度相连是对称的。

定义 1 和定义 2 确立了密度的概念，即 Eps 邻域内对象的数量。DBSCAN 中以 Eps、MinPts 两个参数确定一个密度阈值，密度大于 MinPts 的对象视为高密度对象，即定义 2 的核心点。对数据集进行一次扫描可以确定所有核心点，所有密度可达的核心点合并为簇，而边界点划归于最近的簇。不是核心点也不是边界点的对象被视为噪声，不属于任何簇。由于采用密度可达而不是中心距离的概念，因此 DBSCAN 获得的簇是任意形状的。核心点、边界点、噪声如图 3-22 所示。

DBSCAN 算法流程如下：

算法：DBSCAN，基于高密度连接区域的密度聚类算法。

输入：Eps、MinPts 和包含 n 个对象的数据库。

输出：基于密度的聚类结果。

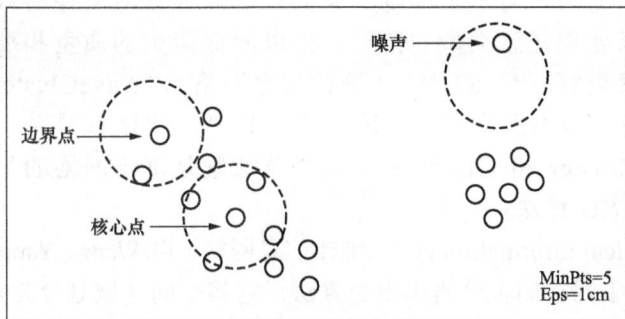

图 3-22 核心点、边界点、噪声示意图

方法：

（1）任意选取一个没有加簇标签的点 p。

（2）得到所有从 p 关于 Eps 和 MinPts 密度可达的点。

（3）如果 p 是一个核心点，形成一个新的簇，给簇内的所有对象点加簇标签。

（4）如果 p 是一个边界点，没有从 p 密度可达的点，DBSCAN 将访问数据库中的下一个点。

（5）继续上述过程，直至数据库中所有的点都被处理。

DBSCAN 算法具有如下优点：

（1）形成的簇可以具有任意形状和大小。

（2）可以自动确定形成的簇数目。

（3）可以分离簇和环境噪声。

（4）可以被空间索引结构所支持。

（5）效率高，即使对大数据集也是如此。

（6）一次扫描数据即可完成聚类。

DBSCAN 算法具有如下缺点：

（1）只能发现密度相仿的簇。

（2）对用户定义的参数 Eps 和 MinPts 是敏感的，参数难以确定，特别是对于高维数据，设置的细微不同可能导致差别很大的聚类结果。

（3）所使用参数 Eps 和 MinPts 是两个全局参数，不能刻画高维数据内在的聚类结构，因为真实的高维数据常常具有非常倾斜的分布。

（4）计算复杂度至少为 $O(n^2)$，若采用空间索引，计算复杂度为 $O(nlogn)$。

3.6.3.4 基于网格的聚类算法

基于网格的聚类算法是采用一个多分辨率的网格数据结构，即将空间量化为有限数目的单元，这些单元形成了网格结构，所有聚类操作都在网格上进行。基于网格的聚类从对数据空间划分的角度出发，利用属性空间的多维网格数据结构，将空间划分为有限数目的单元，以构成一个可以进行聚类分析的网格结构。该算法的主要特点是处理时间与数据对象的数目无关，但与每维空间所划分的单元数目有关。

而且基于其间接的处理步骤（数据→网格数据→空间划分→网格划分），该方法还与数据的输入顺序无关。与基于密度的聚类只能处理数值属性的数据不同的是，基于网格的聚类可以处理任意类型的数据，但以降低聚类的质量和准确性为代价。基于网格的代表性聚类算法有 STING（统计信息网络）、WaveCluster（采用小波变换聚类）及 CLIQUE（聚类高维空间）算法等。其中，STING 是基于网格方法的一个典型算法，WaveCluster 和 CLIQUE 这两种算法既是基于网格的又是基于密度的，下面重点介绍 STING 算法。

STING（statistical information grid，统计信息网格）由 Wang、Yang 和 Muntz 于 1997 年提出，是一种基于网格的多分辨率聚类算法，它将空间区域划分为矩形单元。针对不同级别的分辨率，通常存在多个级别的矩形单元，这些单元形成了一个层次结构，高层的每个单元被划分为多个低一层的单元。关于每个网格单元属性的统计信息（如平均值、最大值、最小值等）被预先计算和存储。这些统计参数可用于查询处理。

在 STING 聚类的层次结构中，高层单元的统计参数可以很容易地从低层单元的参数计算得到。这些统计参数包括与属性无关的参数 $count$；与属性相关的参数 m（平均值）、s（标准偏差）、min（最小值）、max（最大值），以及该单元中属性值遵循的 distribution（分布）类型，如 normal（正态的）、uniform（均衡的）、exponential（指数的）或 none（分布未知）。当数据被加装到数据库时，最底层单元的参数 $count$、m、s、min、max 直接进行计算。如果分布的类型事先知道，则 distribution 的值可以由用户指定，也可以通过假设检验来获得。一个高层单元的分布类型可以基于其对应的低层单元多数的分布类型，用一个阈值过滤过程来计算。如果低层单元的分布彼此不同，阈值检验失败，则高层单元的分布类型被置为 none。

统计参数的使用可以采用自顶向下的基于网格的方法回答空间数据查询。具体步骤描述如下：

算法：STING（S，Q）。

输入：层次结构 S，查询要求 Q。

输出：满足查询要求的相关单元的区域。

方法：

（1）在层次结构中选定一层（包含较少的单元）作为查询处理的开始点。

（2）对当前层次的每个单元，计算置信区间或估算其概率，用于反映该单元与给定查询的关联程度。

（3）删除不相关的单元，进一步处理不考虑它们。

（4）结束当前层的考查后，处理下一层。

（5）重复上述过程，直至最底层。

与其他聚类算法相比，STING 算法具有如下优点：

（1）基于网格的计算独立于查询，因为存储在每个单元中的统计信息描述了单元中与查询无关的概要信息。

（2）网格结构有利于并行处理和增量更新。

（3）效率很高。STING 通过扫描数据库一次来计算单元的统计信息，因此产生聚类的时间复杂度是 $O(n)$，其中 n 是对象的数目。在层次结构建立后，查询处理时间是 O

(g)，其中 g 是最底层网格单元的数目，通常远远小于 n。

由于 STING 采用了一个多分辨率的方法进行聚类分析，STING 聚类的质量取决于网格结构的最底层的粒度。如果粒度比较细，处理的代价会显著增加；但是，如果网格结构的最底层的粒度太粗，将会降低聚类分析的质量。而且，STING 在构建一个父单元时没有考虑子单元和其相邻单元之间的关系。因此，结果簇的形状是坐标轴对齐的，即所有聚类边界或者是水平的，或者是竖直的，没有斜的分界线。尽管该算法有快速的处理速度，但可能降低簇的聚类质量和精确性。

3.6.3.5　基于模型的聚类算法

基于模型的方法是为每一个聚类假定一个模型，寻找数据对给定模型的最佳拟合。一个基于模型的算法可能通过构建反映数据点空间分布的密度函数来定位聚类，也可能基于标准的统计数字决定聚类数目，并考虑"噪声"数据或孤立点，从而产生健壮的聚类方法。该方法试图优化给定的数据和某些数据模型之间的适应性。这样的方法通常基于这样的假设—数据是根据潜在的概率分布生成的。基于模型的聚类方法主要有两类：统计学方法（如 EM 和 COBWeb 算法）和神经网络方法（如 SOM 算法）。

1．统计学方法

概念聚类是一种统计学方法。它是机器学习中的一种聚类方法，给出一组未标记的数据对象，它产生一个分类模式。与传统聚类不同，概念聚类除了确定相似对象的分组外，还为每组对象发现了特征描述，即每组对象代表了一个概念或类。因此，概念聚类过程主要有两步：首先，完成聚类；其次，进行特征描述。在这里，聚类质量不再是单个对象的函数，而且还包含了其他因素，如所获特征描述的普遍性和简单性。

概念聚类绝大多数方法采用统计学的途径，在决定概念聚类时使用概率度量。概率描述用于描述导出的概念。

2．神经网络方法

神经网络方法将每个簇描述成一个模型。模型作为聚类的一个"原型"，不一定对应一个特定的数据实例或者对象。根据某些距离函数，新的对象可以被分配给模型与其最相似的簇。被分配给一个簇的对象的属性可以根据该簇的模型的属性来预测。神经网络聚类主要有两种方法：竞争学习方法和自组织特征图（Self-Organizing Feature Maps，SOM）映射方法，它们主要是通过若干单元对当前对象的竞争来完成。神经网络聚类方法存在较长处理时间问题，不适合处理大数据库。

3.6.4　应用实例

本节以 K-means 算法为例，对鸢尾花（Iris）数据集进行聚类分析。鸢尾花数据集以鸢尾花的特征作为数据来源，测量变量为花瓣，花萼的长度与宽度，数据集包含 150 个样本，分为 3 类（setosa，versicolor 和 virginic），每类 50 个样本，该数据集是在数据挖掘、数据聚类中常用的测试集、训练集。利用 R 语言分析代码如下：

第一步：对数据集进行初步统计分析，如图 3-23 与图 3-24 所示。

第二步：使用 knn 包进行 K-means 聚类分析。

首先，将数据集进行备份，将列 newiris$Species 置为空，将此数据集作为测试数据集。再在数据集 newiris 上运行 K-means 聚类分析，将聚类结果保存在 kc 中。在 K-means 函数中，将需要生成聚类数设置为 3，如图 3-25 所示。

```
R Console
> #检查数据的维度
> dim(iris)
[1] 150   5
> #显示数据集中的列名
> names(iris)
[1] "Sepal.Length" "Sepal.Width"  "Petal.Length" "Petal.Width"
[5] "Species"
> #显示数据集的内部结构
> str(iris)
'data.frame':   150 obs. of  5 variables:
 $ Sepal.Length: num  5.1 4.9 4.7 4.6 5 5.4 4.6 5 4.4 4.9 ...
 $ Sepal.Width : num  3.5 3 3.2 3.1 3.6 3.9 3.4 3.4 2.9 3.1 ...
 $ Petal.Length: num  1.4 1.4 1.3 1.5 1.4 1.7 1.4 1.5 1.4 1.5 ...
 $ Petal.Width : num  0.2 0.2 0.2 0.2 0.2 0.4 0.3 0.2 0.2 0.1 ...
 $ Species     : Factor w/ 3 levels "setosa","versicolor",..: 1 1 1 1 1 1 1 1 1 1 ...
> #显示数据集的属性
> attributes(iris)
$names
[1] "Sepal.Length" "Sepal.Width"  "Petal.Length" "Petal.Width"
[5] "Species"

$row.names
  [1]   1   2   3   4   5   6   7   8   9  10  11  12  13  14  15  16
 [17]  17  18  19  20  21  22  23  24  25  26  27  28  29  30  31  32
 [33]  33  34  35  36  37  38  39  40  41  42  43  44  45  46  47  48
 [49]  49  50  51  52  53  54  55  56  57  58  59  60  61  62  63  64
 [65]  65  66  67  68  69  70  71  72  73  74  75  76  77  78  79  80
 [81]  81  82  83  84  85  86  87  88  89  90  91  92  93  94  95  96
 [97]  97  98  99 100 101 102 103 104 105 106 107 108 109 110 111 112
[113] 113 114 115 116 117 118 119 120 121 122 123 124 125 126 127 128
[129] 129 130 131 132 133 134 135 136 137 138 139 140 141 142 143 144
[145] 145 146 147 148 149 150

$class
[1] "data.frame"
```

图 3-23　数据集维度、列名、内部结构及属性

```
R Console
> #查看数据集的前十项数据情况
> iris[1:10,]
   Sepal.Length Sepal.Width Petal.Length Petal.Width Species
1           5.1         3.5          1.4         0.2  setosa
2           4.9         3.0          1.4         0.2  setosa
3           4.7         3.2          1.3         0.2  setosa
4           4.6         3.1          1.5         0.2  setosa
5           5.0         3.6          1.4         0.2  setosa
6           5.4         3.9          1.7         0.4  setosa
7           4.6         3.4          1.4         0.3  setosa
8           5.0         3.4          1.5         0.2  setosa
9           4.4         2.9          1.4         0.2  setosa
10          4.9         3.1          1.5         0.1  setosa
> #查看数据集中属性Sepal.Length前10行数据
> iris[1:10, "Sepal.Length"]
 [1] 5.1 4.9 4.7 4.6 5.0 5.4 4.6 5.0 4.4 4.9
> #显示数据集中每个变量的分布情况
> summary(iris)
  Sepal.Length    Sepal.Width     Petal.Length    Petal.Width
 Min.   :4.300   Min.   :2.000   Min.   :1.000   Min.   :0.100
 1st Qu.:5.100   1st Qu.:2.800   1st Qu.:1.600   1st Qu.:0.300
 Median :5.800   Median :3.000   Median :4.350   Median :1.300
 Mean   :5.843   Mean   :3.057   Mean   :3.758   Mean   :1.199
 3rd Qu.:6.400   3rd Qu.:3.300   3rd Qu.:5.100   3rd Qu.:1.800
 Max.   :7.900   Max.   :4.400   Max.   :6.900   Max.   :2.500
       Species
 setosa    :50
 versicolor:50
 virginica :50
```

图 3-24　数据集数据查看及各变量分布情况

K-means 算法产生了 3 个聚类，大小分别为 38，50，62。再创建一个连续表，在三个聚类中分别统计各种花出现的次数，用 R 语言实现如图 3-26 所示。

根据最后的聚类结果画出散点图，数据为结果集中的列"Sepal.Length"和"Sepal.Width"，如图 3-27 所示。

结果如图 3-28 所示，并在图上标出了每个聚类的中心点。

```
R R Console                                                          _ □ X
> newiris <-iris
> newiris$Species <- NULL
> (kc <- kmeans(newiris, 3))
K-means clustering with 3 clusters of sizes 38, 62, 50

Cluster means:
  Sepal.Length Sepal.Width Petal.Length Petal.Width
1     6.850000    3.073684     5.742105    2.071053
2     5.901613    2.748387     4.393548    1.433871
3     5.006000    3.428000     1.462000    0.246000

Clustering vector:
  [1] 3 3 3 3 3 3 3 3 3 3 3 3 3 3 3 3 3 3 3 3 3 3 3 3 3 3 3 3 3 3 3 3 3 3 3 3
 [37] 3 3 3 3 3 3 3 3 3 3 3 3 3 3 2 2 1 2 2 2 2 2 2 2 2 2 2 2 2 2 2 2 2 2 2 2
 [73] 2 2 2 2 2 2 2 2 2 2 2 2 2 2 2 2 1 2 2 2 2 2 2 1 2 2 2 2 1 1 1 1 2 1
[109] 1 1 1 1 2 2 1 1 1 1 2 1 1 1 1 2 1 1 1 2 1 1 1 2 1 1 1 2 1 1 1 2 1 1 1 2 1
[145] 1 1 2 1 1 2

Within cluster sum of squares by cluster:
[1] 23.87947 39.82097 15.15100
 (between_SS / total_SS =  88.4 %)

Available components:

[1] "cluster"      "centers"      "totss"        "withinss"
[5] "tot.withinss" "betweenss"    "size"         "iter"
[9] "ifault"
>
> |
```

图 3-25　K-means 聚类分析聚类数设置为 3

```
R R Console                                                          _ □ X
> table(iris$Species, kc$cluster)

             1  2  3
  setosa     0  0 50
  versicolor 2 48  0
  virginica 36 14  0
> |
```

图 3-26　统计各种花出现的次数

```
R R Console                                                          _ □ X
> table(iris$Species, kc$cluster)

             1  2  3
  setosa     0  0 50
  versicolor 2 48  0
  virginica 36 14  0
> plot(newiris[c("Sepal.Length", "Sepal.Width")], col = kc$cluster)
> points(kc$centers[,c("Sepal.Length", "Sepal.Width")], col = 1:3, pch = 8, c$
> |
```

图 3-27　画出聚类散点图

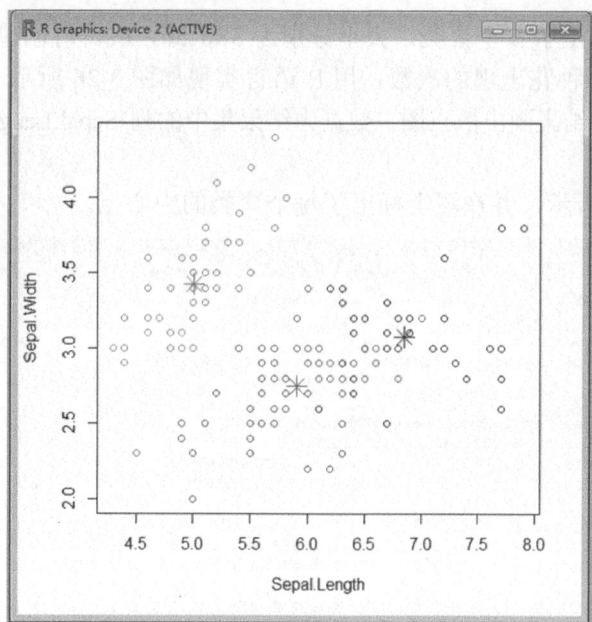

图 3-28　聚类结果的散点图展示

3.7　异　常　检　测

3.7.1　异常检测的概念

异常检测又称为异常数据挖掘或离群点检测，就是找出这些行为不同于预期对象的过程。异常检测在数据挖掘的四大任务中占据着非常重要的地位，与预测模型、聚类分析和关联分析相比，它更有价值，更能体现数据挖掘的初衷。例如，一万个正常记录可能只蕴含一条规则而十个异常记录就包含了十条不同的规则。异常检测在某些领域很有应用价值，这些领域包括保险和信用卡欺骗、贷款审批、药物研究、医疗分析、消费者行为分析、天气预报、金融领域客户分类、网络安全、传感器/视频网络监视和入侵检测以及文本挖掘中的新颖主题发现等。

3.7.2　基于统计的检测方法

统计学方法是最早应用于异常检测的一种计算方法，它通常需要假设给定的数据集服从一个随机分布（如正态分布），然后用不一致性测试（Discordancy Test）识别异常。这类方法大部分是针对不同分布的异常检测方法发展起来的，它们通常使用分布来拟合数据集，假定所给数据集存在一个分布或概率模型（如正态分布或泊松分布），数据集中正常数据由该分布或模型产生，与模型不一致（即不服从分布）的数据被标识为异常数据。基于统计分布的异常检测方法在应用时依赖于数据分布，如参数分布（如均值或方差）、期望异常点的数目（置信度区间）。正常数据出现在该分布或模型的高概率区域中，而低概率区域中的数据则被认为是异常。

3.7.3 基于距离的检测方法

作为典型的非参数化方法，基于距离的异常检测方法是利用数据点和它最近邻之间的全维距离来体现它的异常程度，即远离其他对象的对象被视为异常点。这种方法比统计学方法更容易使用。

对于待分析的数据对象集 D，用户可以指定一个距离阈值 r 来定义对象的合理邻域。对于每个对象 o，可以考察 o 的 r 邻域中的其他对象的个数。如果 o 的 r 邻域中其他对象的个数比较少，即 D 中大多数对象都远离 o，则 o 可以被视为一个异常点。

令 r（$r \geq 0$）是距离阈值，λ（$0 \leq \lambda \leq 1$）是分数（Fraction）阈值。如果对象 o 满足

$$\frac{\| \{o' \,|\, \mathrm{dist}(o, o') \leq r\} \|}{\|D\|} \leq \lambda \tag{3-40}$$

则对象 o 是一个 DB(r, λ) 异常点，其中 dist 表示距离度量。

同样，我们可以通过检查 o 与它的第 k 个最近邻 o_k 之间的距离来确定对象 o 是否是 DB(r, λ) 异常点，其中 $k = \lceil \lambda \|D\| \rceil$。如果 dist（$o$, o_k）$>r$，则对象 o 是异常点，因为在这种情况下，在 o 的 r 邻域中，除 o 之外少于 k 个对象。

下面介绍一种基于距离的异常点检测算法——嵌套循环算法。

算法：基于距离的异常点检测。

输入：对象集 $D=\{o_1, o_2, \cdots, o_n\}$，阈值 r（$r \geq 0$）和 $0 \leq \lambda \leq 1$。

输出：D 中的 DB(r, λ) 异常点。

方法：

```
for i=1 to n do
count←0
for j=1 to n do
if i≠j and dist(oi, oj)≤r then
count←count+1
if count ≥λ·n then
exit{oi 不可能是 DB（r, λ）异常点}
end if
end if
end for
print{oi 是 DB（r, λ）异常点}
end for
```

嵌套循环算法检查每个对象的 r 邻域，对于每个对象 o_i（$1 \leq i \leq n$），计算 o_i 与其他对象之间的距离，统计 o_i 的 r 邻域中其他对象的个数。一旦在 o_i 的 r 邻域内找到 $\lambda \cdot n$ 个其他对象，则内循环可以立即中止，因为对象 o_i 已经违反异常点定义公式，故不是 DB(r, λ) 异常点。此外，如果对于 o_i，内循环完成，意味着在半径 r 内，o_i 临近数少于 $\lambda \cdot n$ 个，由此可判定对象 o_i 是 DB（r, λ）异常点。

3.7.4 基于密度的检测方法

基于统计的方法与基于距离的方法都是从全局角度来考虑的全局一致的方法。然

而，实际应用中的数据通常不是单一分布的。当数据集含有多种分布或数据集由不同密度子集混合而成时，这些全局方法效果不佳。此时，一个对象是否是异常点，不仅取决于它与周围数据的距离远近，而且与其邻域内的密度状况有关。基于密度的异常点检测方法使用对象和其近邻的相对密度指示对象是异常点的程度。

给定数据集 D，考虑如何度量对象 o 的相对密度。对象 o 的 k 距离记为 $\mathrm{dist}_k(o)$，o 与另一个对象 $p \in D$ 之间的距离记为 $\mathrm{dist}(o, p)$，使得：

（1）至少有 k 个对象 $o' \in D-\{o\}$，使得 $\mathrm{dist}(o, o') \leqslant (o, p)$。

（2）至少有 $k-1$ 个对象 $o'' \in D-\{o\}$，使得 $\mathrm{dist}(o, o'') \leqslant \mathrm{dist}(o, p)$。

换言之，$\mathrm{dist}_k(o)$ 是与其第 k 个最近邻之间的距离。因此，o 的 k 距离邻域包含数据集 D 中到 o 的距离不大于 $\mathrm{dist}_k(o)$ 的所有对象，记为

$$N_k(o) = \{o' \mid o' \in D, \ \mathrm{dist}(o, o') \leqslant \mathrm{dist}_k(o)\}$$

可以使用 $N_k(o)$ 中对象到 o 的平均距离作为 o 的局部密度的度量。然而，这种简单的度量有一个问题：如果 o 有一个非常近的近邻 o'，使得 $\mathrm{dist}(o, o')$ 和 $\mathrm{dist}_k(o, o')$ 中的较大的值，即 o' 到 o 的 k 可达距离为：

$$\mathrm{rd}_k(o \leftarrow o') = \max\{\mathrm{dist}_k(o), \ \mathrm{dist}_k(o, o')\} \tag{3-41}$$

式中：k 是用户指定的用于控制光滑效果的参数。本质上，k 指定需要考察以便确定对象密度的最小邻域。

现在，可以衡量对象在局部空间中的分布密度。非参数密度的一种定义为对象数除以对象所占的面积或体积。可以用可达密度来衡量对象所占的体积，由此定义对象 o 的局部可达密度为：

$$\mathrm{lrd}_k(o) = \frac{\|N_k(o)\|}{\sum_{o' \in N_k(o)} \mathrm{rd}_k(o' \leftarrow o)} \tag{3-42}$$

式中：分母为衡量 $N_k(o)$ 中的对象在空间中的分散程度。

最后，对象 o 的局部异常因子（Local Outlier Factor）的定义为

$$\mathrm{LOF}_k(o) = \frac{\sum_{o' \in N_k(o)} \dfrac{\mathrm{lrd}_k(o')}{\mathrm{lrd}_k(o)}}{\|N_k(o)\|} \tag{3-43}$$

换言之，局部异常因子是 o 的 k 最近邻的可达密度与 o 的可达密度之比的平均值。对象 o 的局部可达密度越低，并且 o 的 k 最近邻的局部密度越高，LOF 值就越高。这恰好符合了与局部异常点的 k 最近邻的局部密度相比，局部异常点的局部密度相对较低这一特性。

3.7.5　应用实例

本部分展示了一个单变量异常检测的例子，并且演示了如何将这种方法应用在多元数据上。在该例中，单变量异常检测通过 boxplot.stats() 函数实现，并且返回产生箱线图的统计量。在返回的结果中，有一个部分是 out，它给出了异常值的列表。更明确点，它列出了位于极值之外的胡须。参数 coef 可以控制胡须延伸到箱线图外的远近。在 R 中，运行 '? boxplot.stats' 可获取更详细的信息，代码如图 3-29 所示。

```
R R Console                                          □ 回 ×
> set.seed(3147)
> #产生100个服从正态分布的数据
> x <- rnorm(100)
> set.seed(3147)
> x <-rnorm(100)
> summary(x)
   Min. 1st Qu. Median    Mean 3rd Qu.    Max.
-3.3150 -0.4837  0.1867  0.1098  0.7120  2.6860
> #输出异常值
> boxplot.ststs(x)$out
错误: 没有"boxplot.ststs"这个函数
> #绘制箱线图
> boxplot(x)
```

图 3-29   R 语言中 boxplot.stats()函数代码

如图 3-30 所示，呈现了一个箱线图，其中有四个圈是异常值。

如上的单变量异常检测可以通过简单搭配的方式来发现多元数据中的异常值。在下例中，首先产生一个数据框 df，它有两列 x 和 y。之后，异常值分别从 x 和 y 检测出来。然后，获取两列都是异常值的数据作为异常数据，如图 3-31 所示。

程序运行结果如图 3-32 所示。在图 3-32 中，异常值标记为"×"。

当有 3 个以上的变量时，最终的异常值需要考虑单变量异常检测结果的多数表决。当选择最佳方式在真实应用中进行搭配时，需要涉及领域知识。

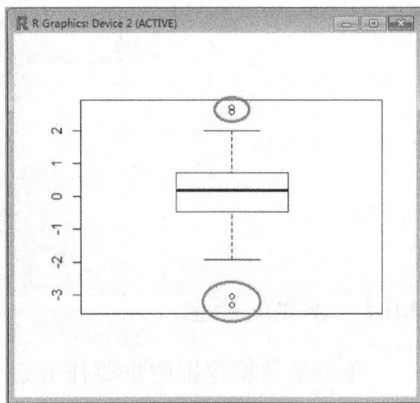

图 3-30   异常值展示

```
R R Console                                          □ 回 ×
> x <- rnorm(100)
> y <- rnorm(100)
> # 生成一个包含列名分别为x与y的数据框df
> df <- data.frame(x, y)
> rm(x,y)
> head(df)
          x          y
1  1.0032405 -0.6656757
2 -0.2423149 -0.6556375
3  0.3261195 -0.0876143
4 -0.3822060 -0.3752279
5  0.5152339  1.6385401
6 -0.9542174  1.0839821
> # 连接数据框df
> attach(df)
> # 输出x中的异常值
> (a <- which(x %in% boxplot.stats(x)$out))
[1] 14 26 35
> # 输出y中的异常值
> (b <- which(y %in% boxplot.stats(y)$out))
[1] 22 34 86
> # 断开与数据框的连接
> detach(df)
> # 输出x,y相同的异常值
> (outlier.list1 <- intersect(a,b))
integer(0)
> plot(df)
> # 标注异常点
> points(df[outlier.list1,], col="red", pch="+", cex=2.5)
> # x或y中的异常值
> (outlier.list2 <- union(a, b))
[1] 14 26 35 22 34 86
> plot(df)
> points(df[outlier.list2,], col="blue", pch="x", cex=2)
```

图 3-31   多变量异常检测

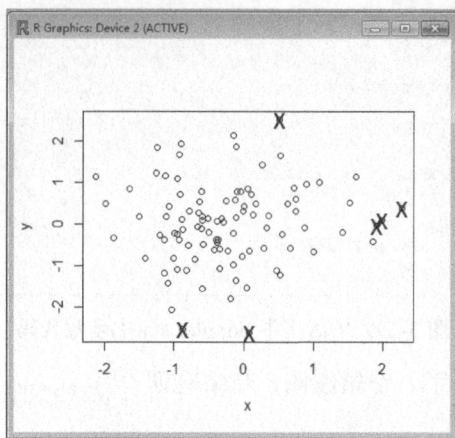

图 3-32　异常值检测结果

3.8　预　　测

3.8.1　预测的概念

预测是数据挖掘的重要任务之一。利用当前的历史数据进行分析，对不确定的事件或者数值预测。假如我们想知道未来 5 年后大学生的就业情况以及收入消费水平，可以利用数据挖掘中的预测方法进行数学建模，进行数据分析得到一组预测值。数据挖掘的预测方法主要包括：时间序列、BP 神经网络等。

3.8.2　BP 神经网络

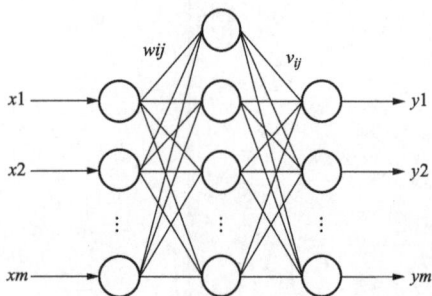

图 3-33　BP 神经网络的拓扑结构

BP 神经网络是误差反向传播算法学习过程，它是输入信号经过多层神经元处理得到输出信号，并与期望输出值做比较，得到均方误差并将其反方向传播，不断调整神经元之间的内部权值，直至误差满足设定要求的过程。BP 神经网络一般包括三层：输入层、隐藏层和输出层。标准的三层 BP 神经网络的拓扑结构如图 3-33 所示。

由图 3-33 可知，输入层与隐藏层、隐藏层与输出层每个连接的神经元之间都有一个权值，且下一层的输入连接的是上一层的输出，隐藏层或输出层的输入可化简为：

$$Y_j = \sum_{i=1}^{n} w_{ij} O_{ij} + m_j (i = 1, 2, \cdots, n) \tag{3-44}$$

式中：w_{ij} 是神经元 i 连接神经元 j 的权值；O_{ij} 为上一层的输出信号，m_j 是神经元 j 的阈值。

隐藏层或输出层的输入再利用激活函数进行处理，得到隐藏层或输出层的输出为：

$$f(x) = \frac{1}{1 + e^x} \tag{3-45}$$

$$O_j = \frac{1}{1+e^{-Y_j}}$$ (3-46)

式中：$f(x)$ 是激活函数；Y_j 为隐藏层或输出层 j 单元的输入。

输出层第 j 个神经元的误差为：

$$E_j = O_j(1-O_j)(T_j-O_j)$$ (3-47)

式中：O_j 是输出层 j 单元的输出；T_j 是 j 单元的输出目标值。

经过误差反向传播，隐藏层的误差为：

$$E_j = O_j(1-O_j)\sum_k E_k W_{jk}$$ (3-48)

式中：W_{jk} 是由 k 单元连接 j 单元的权值；E_j 是下一层中单元 k 的误差。

感知器函数可写为：sign（$w*x$），有时可加入偏置 b，写为 sign（$w*x+b$）学习一个感知器意味着选择权 w_0，…，w_n 的值。所以感知器学习要考虑的候选假设空间 H 就是所有可能的实数值权向量的集合。

算法训练步骤：

（1）定义变量与参数 x（输入向量），w（权值向量），b（偏置），y（实际输出），d（期望输出），a（学习率参数）。

（2）初始化，$n=0$，$w=0$。

（3）输入训练样本，对每个训练样本指定其期望输出：A 类记为 1，B 类记为 –1。

（4）计算实际输出 y=sign（$w*x+b$）。

（5）更新权值向量 $w（n+1）=w（n）+a[d-y（n）]*x（n）$。

（6）判断，若满足收敛条件，算法结束，否则返回（3）。

3.8.3 应用实例

用 R 语言中的 nnet 程序包进行预测算例，如图 3-34 所示，其数据来源于 R 自带的藻类数据集。

根据藻类数据集，利用 R 实现 BP 神经网络预测如图 3-35 所示。

所得结果如图 3-36 所示。

```
R Console
     season  size    speed  mxPH   mnO2    Cl        NO3     NH4         oPO4
1    winter  small  medium  8.000   9.80  60.80000   6.238  578.00000  105.00000
2    spring  small  medium  8.350   8.00  57.75000   1.288  370.00000  428.75000
3    autumn  small  medium  8.100  11.40  40.02000   5.330  346.66699  125.66700
4    spring  small  medium  8.070   4.80  77.36400   2.302   98.18200   61.18200
5    autumn  small  medium  8.060   9.00  55.35000  10.416  233.70000   58.22200
6    winter  small    high  8.250  13.10  65.75000   9.248  430.00000   18.25000
7    summer  small    high  8.150  10.30  73.25000   1.535  110.00000   61.25000
8    autumn  small    high  8.050  10.60  59.06700   4.990  205.66701   44.66700
9    winter  small  medium  8.700   3.40  21.95000   0.886  102.75000   36.30000
10   winter  small    high  7.930   9.90   8.00000   1.390    5.80000   27.25000
11   spring  small    high  7.700  10.20   8.00000   1.527   21.57100   12.75000
12   winter  small    high  7.450  11.70   8.69000   1.588   18.42900   10.66700
13   winter  small    high  7.740   9.60   5.00000   1.223   27.28600   12.00000
14   summer  small    high  7.720  11.80   6.30000   1.470    8.00000   16.00000
15   winter  small    high  7.900   9.60   3.00000   1.448   46.20000   13.00000
16   autumn  small    high  7.550  11.50   4.70000   1.320   14.75000    4.25000
17   winter  small    high  7.780  12.00   7.00000   1.420   34.33300   18.66700
18   spring  small    high  7.610   9.80   7.00000   1.443   31.33300   20.00000
19   summer  small    high  7.350  10.40   7.00000   1.718   49.00000   41.50000
20   spring  small  medium  7.790   3.20  64.00000   2.822 8777.59961  564.59998
21   winter  small  medium  7.830  10.70  88.00000   4.825 1729.00000  467.50000
22   spring  small    high  7.200   9.20   0.80000   0.642   81.00000   15.60000
```

图 3-34　藻类数据集

```
#首先读入程序包并对数据进行清理
library(DMwR)
library(nnet)
#加载数据
data(algae)
algae <- algae[-manyNAs(algae), ]
clean.algae <- knnImputation(algae[,1:12],k=10)
#神经网络还需要对数据进行标准化
norm.data <- scale(clean.algae[,4:12])
#使用nnet命令，参数规定隐层单元个数为10，权重调整速度为0.1，最大迭代次数为1000次，线性输入。
nn <- nnet(a1~., norm.data, size = 10, decay = 0.01,
 maxit = 1000, linout = T, trace = F)
#利用模型进行预测
norm.preds <- predict(nn, norm.data)
#绘制预测值与真实值之间的散点图
plot(norm.preds~ scale(clean.algae$a1))
```

图 3-35　利用 R 语言实现神经网络对藻类预测

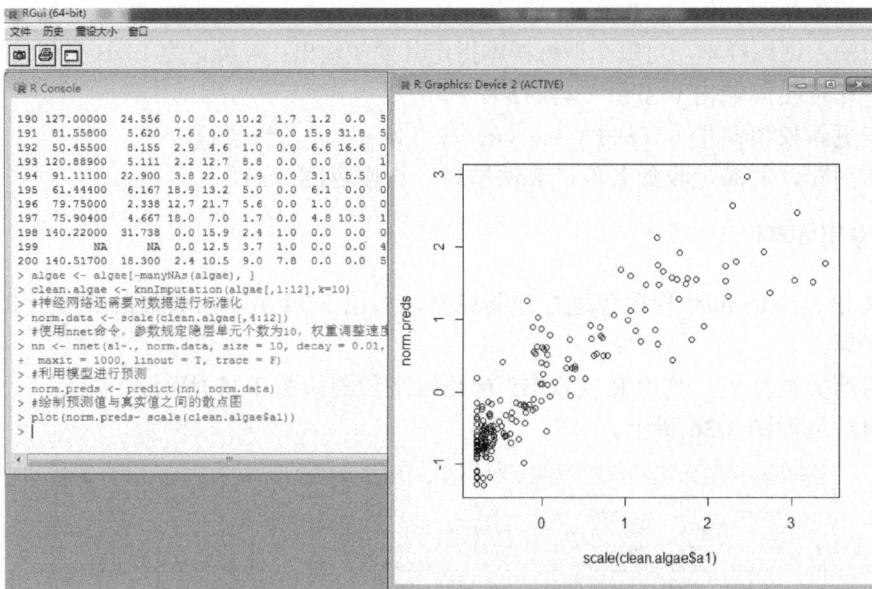

图 3-36　利用 R 语言实现神经网络对藻类预测结果

本 章 参 考 文 献

[1] JiaweiHan, MichelineKamber, JianPei, et al. 数据挖掘概念与技术[M]. 北京: 机械工业出版社, 2012.

[2] 周英, 旧金武, 卞月青. 大数据挖掘: 系统方法与实例分析[M]. 北京: 机械工业出版社, 2016.

[3] 卓金武, 周英. 量化投资: 数据挖掘技术与实践[M]. 北京: 电子工业出版社, 2015.

[4] 刘云霞. 数据预处理[M]. 厦门: 厦门大学出版社, 2011.

［5］赵彦昌. R 语言与数据挖掘[M]. 北京: 机械工业出版社, 2014.

［6］薛薇. 基于 R 的统计分析与数据挖掘[M]. 北京: 中国人民大学出版社, 2014.

［7］韩秋明. 数据挖掘技术应用实例[M]. 北京: 机械工业出版社, 2009.

［8］罗森林, 马俊, 潘丽敏. 数据挖掘理论与技术[M]. 北京: 电子工业出版社, 2013.

［9］张兴会. 数据仓库与数据挖掘技术[M]. 北京: 清华大学出版社, 2011.

4

储能电池性能分析与评价

国内的储能电站由于运行时间较短，实际经验尚不丰富，对于储能电池的运行管理及评价维护技术还处于不断研究发展当中，而这部分是储能电站长期稳定运行的关键。本章对于储能电池的性能分析主要从倍率性能、温度性能、安全性能、电池组容量稳定性等方面综合分析。

以软包钛酸锂、铝壳钛酸锂以及软包磷酸铁锂电池这三种电池为研究对象分析了其充放电容量与倍率之间的关系，并选取了 6 个不同的温度（−30℃、−20℃、−10℃、0℃、10℃、20℃）对这三种电池进行了容量标定及库伦效率测试。

以磷酸铁锂电池、锰酸锂电池以及三元电池为研究对象，分析了这几种电池热失控时的行为特征差异。

4.1 储能电池倍率性能分析

4.1.1 储能电池倍率性能分析概述

倍率（Current-Rate，C-rate）是指电池在规定时间内放出其额定容量所输出的电流值，数值上等于额定容量的倍数。1C 表示用 1h 将电池电量全部放完所需的电流值大小，2C 表示 0.5h 将电池电量全部放完所需的电流值大小。例如，额定容量为 1Ah 的电池，若以 5C 倍率放电，则放电时间为 0.2h，放电电流为 5A。一般情况下，电池的放出的电量随着放电电流的增加而减少。良好的倍率性能是指电池在较高的工作电流下也能够保持放出达到或接近低倍率下所放出的电量的能力。

具有良好的倍率性能，可对电池进行大电流充放电一直是人们对理想电池的要求之一。因为良好的倍率性能代表了电池能够在短时间内充入额定的电量，极大地加快了电量转移的时间，节省了更多的等待时间。锂离子电池的高倍率性能与锂离子在电极、电解质以及它们界面处的迁移能力息息相关，一切影响离子迁移速度的因素都必将影响电池高倍率充放性能。例如，电池正负极材料的结构、颗粒大小、电极导电性以及电解液的离子传导能力、热稳定性等。

目前，国内外相关学者针对提升电池倍率性能的研究主要集中在对正极材料修饰和改善上。改善的主要方法为表面包覆、离子掺杂以及合成纳米材料等。

通过在正极材料表面包覆良好的电子导体或离子导体材料，可有效提高电极界面离子或电子传输速率，改善正极材料颗粒表面导电性，实现电池倍率性能的提高。由于碳材料来源广泛，较为经济，且在电池中有着较为广泛的应用，故一直作为主要的包覆材料。碳包覆以后的磷酸铁锂材料如图 4-1 所示。

磷酸铁锂（$LiFePO_4$，LFP）自 1997 年成功作为电池正极材料以来一直受到广泛的关注，拥有橄榄石结构的 LFP 属于正交晶系，以磷酸铁锂矿的形式存在于大自然中，空间群 Pmnb。其晶体结构如图 4-2 所示。每个晶包中有四个 LFP 单元，其晶包参数[1-3]为：$a=0.6008nm$，$b=1.0324nm$，$c=0.4694nm$。正是由于这种晶体结构，导致了 LFP 的倍率性能较差，一方面，由于 LFP 结构中位于 [LiO_6] 八面体和 [FeO_6] 八面体之间的 [PO_4] 四面体限制了 LFP 的体积变化，影响 Li^+ 在充放电过程中的嵌入和脱出，造成 LFP 的锂离子扩散速率较低；另一方面，由于其结构中没有连续的 [FeO_6] 共棱八面体网格，不能形成电子导体，电子传导只能通过 Fe-O-Fe 进行，直接导致了 LFP 的电子电导率较低[4]。

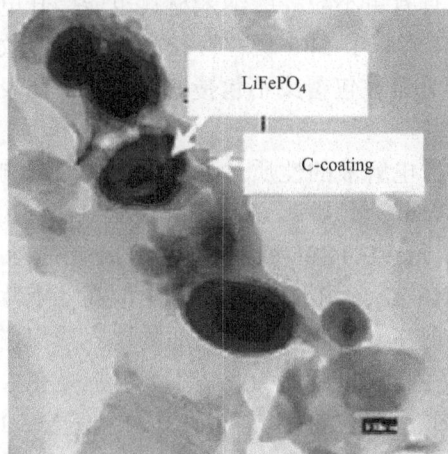

图 4-1　碳包覆以后的磷酸
铁锂材料 TEM 图

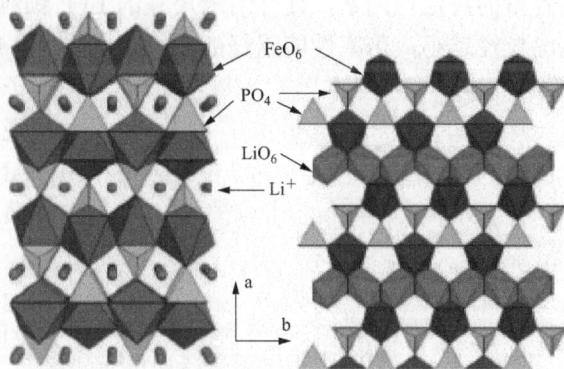

图 4-2　磷酸铁锂的晶体结构

Armand[5] 等人最早将碳材料包覆应用于电池材料领域，他们研究发现，将碳材料包覆于电池材料以后能够显著提高电池的电化学反应，他们的发现使得 LFP 电池的比容量能够在室温下更加接近其理论比容量 $170mAh \cdot g^{-1}$。Maja[6] 等人采用草酸、丙二酸和乙二酸作为碳源合成了 LFP/C 复合粉末。这三种不同碳源合成的符合材料在 0.2C 放电时，放电比容量分别为：LFP-OA（草酸），$152.97mAh \cdot g^{-1}$；LFP-MA（丙二酸），$97mAh \cdot g^{-1}$；LFP-AA（乙二酸），$112mAh \cdot g^{-1}$。他们的研究表明，碳源的种类对包覆以后的正极材料倍率性能有直接的影响作用。包覆过程中碳的形态和结构也会影响到 LFP 的倍率性能。王睿等[7] 以碳纳米管（CNT）代替导电炭黑（SP）和人造石墨（KS-6）用作导电剂，制备了容量为 20Ah 的大容量磷酸铁锂动力电池。他们的研究发现，包覆 CNT 的电池相比于包覆 SP+KS-6 的电池在高倍率下能够放出更多的电量，且放电容量也更加稳定。

正极材料倍率性能的提升也可以通过离子掺杂的形式实现。常见的离子掺杂按掺入元素的数量可分为一元掺杂和多元掺杂。其中一元掺杂离子有 Mg、Al、Ni、Co、Mo、Na、Mn、Zn、Nd、Nb、Rh、Cu、V、Ti、Sn、F、B、Br；多元掺杂离子包括 Ni-Mn、Mg-Ti、Mg-F、Na-Mn、Na-Ti、Na-As、La-Mg、Zn-Mn-Ca、Mn-V-Cr、Ni-Co-Mn、Mg-Al-Mn。按掺杂位置可分为 Li 位、Fe 位、P 位、O 位和 PO_4^{3+} 位掺杂。LFP 晶体结构中 Li 位、Fe 位掺杂均可提高材料的电导率，而阴离子掺杂可提高晶体的稳定性，改善材料的倍率性能和循环性能。

　　Gao 等[8]在 LFP 中掺杂了 Mo，替代了 LFP 晶格中的 Fe 的位置，形成了 $LiFe_{0.925}Mo_{0.025}PO_4/C$ 的正极材料，该正极材料在 0.1C 时首次放电比容量高达 162.3 $mAh \cdot g^{-1}$，20 次循环后比容量保持率为 95.1%。郑杰等[9]制备了溴离子掺杂的 $LiFe(PO_4)_{2.993}Br_{0.01}/C$ 复合材料，用 Br 代替了 LFP 晶格中的 PO_4^{3+} 位置，掺杂后晶包体积增大，有利于 Li^+ 脱嵌，提高了 Li^+ 在固相材料中的扩散速率，0.2C 时首次放电比容量为 $142.4mAh \cdot g^{-1}$。

　　除了表面包覆和粒子掺杂，将正极材料制备成具有更小粒径的纳米材料也能提升电池的倍率性能。Gaberscek[10]等结合之前的研究，认为减小 LFP 颗粒粒径是提高材料放电容量的决定性因素，具有纳米尺寸的 LFP 颗粒，无论在包覆或不包覆的情况下，都表现出粒径越小，倍率性能越好的规律。如图 4-3 所示。

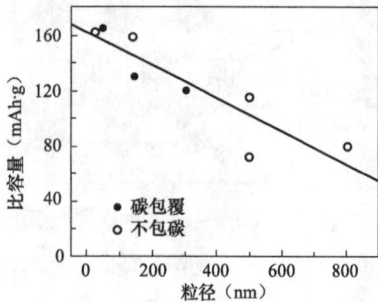

图 4-3　放电容量与材料颗粒尺寸的关系

　　锂离子电池电解液的性质对高倍率性能的影响也不容忽视。Wang[11]等研究了 EC+DMC/1 mol/L LiTFSI、AN/1 mol/LiTFSI 和 MPN/1 mol/L LiTFSI 三种电解质对 $Li_4Ti_5O_{12}-LiCO_2$ 锂离子电池高倍率性能的影响，发现在 1C 充放电时电池的比容量都在 $155mAh \cdot g^{-1}$ 左右，电解质的影响不大，但是在大于 1C 充放电时，影响效果十分明显，在 EC+DMC/1 mol/L LiTFSI 体系中，10C 充放电时，电池的容量下降为 1C 时的一半，而在 AN/1 mol/LiTFSI 和 MPN/1 mol/L 体系中，20C 充放时，容量仍保持 1C 充放容量的 70% 以上，其主要原因在于后两种电解质的电荷电阻较低。由此可见，研发具有高传导能力的电解质已经成为提高锂离子电池高倍率性能不可缺少的环节。

　　综上，锂离子电池目前作为新型化学电源被广泛应用于各种大型电动设备及储能领域中，但当高倍率充放时，容量衰减较快，安全性较差问题也亟待改善。影响其高倍率充放电性能的因素主要来源于电极和电解质。电极材料的结构、尺寸、电解质的性质传导能力都是影响锂离子电池倍率性能的重要原因。

4.1.2　储能电池的倍率性能

　　储能电池在电网应用中有多个应用场景，每个应用场景需要的储能电池倍率不同，并且在长期运行过程中还会有小概率的较大幅度倍率变化，因此除了储能电站中储能系统的额定功率要求之外，还需关注储能电池的倍率性能。

　　表 4-1 为储能电池的倍率性能评价方案：

表 4-1 实 验 流 程

工步号	工作状态	时间（min）	电流（A）功率（W）	上限电压（V）	下限电压（V）	终止电流（A）终止功率（W）	采样（s）
1	搁置	1					默认1
2	恒流恒压充电		nC	U=2.7（LTO）U=3.65（LFP）		0.1C	
3	搁置	15					
4	恒流放电		nC		U=1.5（LTO）U=2.2（LFP）		
5	搁置	15					
	循环2～5步	3次	结束				

注：保护电流为（nC+2）A；保护电压为 1.48V、2.72V；保护温度为 54℃。
n=0.5，1，2，3，4，5

注：这里的评价对象为磷酸铁锂电池和钛酸锂电池，环境温度为 20℃。

图 4-4 是磷酸铁锂电池和钛酸锂电池单体在 20℃ 的环境温度下，充放电倍率从 0.5C 提高到 5.0C 时的充放电曲线。从图中可知，软包钛酸锂电池和铝壳钛酸锂电池在 20℃ 环境温度内，充电倍率从 0.5C 提高到 5C 时，恒流阶段充电容量的比例保持在 80% 左右，恒压阶段充电容量保持在 20% 左右，其中铝壳钛酸锂电池的极化程度相对更小；软包磷酸铁锂 15Ah 电池的恒流充电容量的比例随着充电倍率的提高而迅速降低，这是因为软包磷酸铁锂电池的极化现象很明显，随着充电倍率的提高，充电时的平台电压快速提高，因此恒流充电的电量比例下降。三种电池的恒流容量、恒压容量以及它们的比例，在表 4-2、表 4-3 中详细列出。

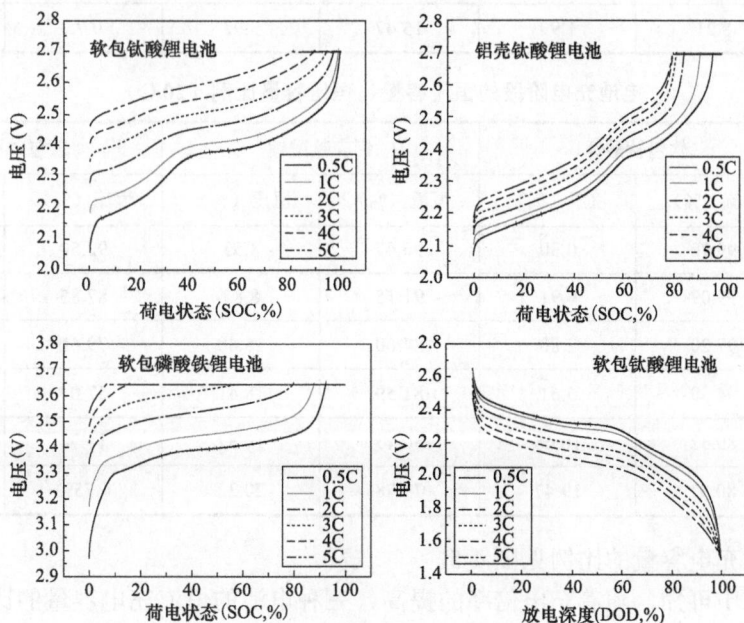

图 4-4 三种电池的充放电曲线（一）

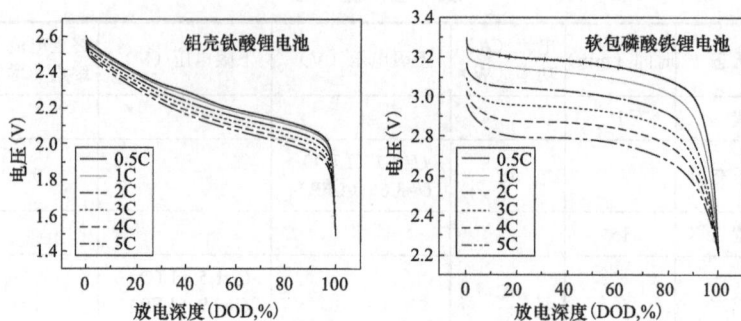

图 4-4　三种电池的充放电曲线（二）

表 4-2、表 4-3 是三种电池在充电阶段恒流部分充进去的容量、恒压部分充进去的容量，以及它们相对于各自充电容量的比例。

表 4-2　　　　　　　　　电池充电阶段的恒流容量、恒压容量（20℃）

倍率	软包钛酸锂（11Ah）		铝壳钛酸锂（20Ah）		软包磷酸铁锂（15Ah）	
	恒流（Ah）	恒压（Ah）	恒流（Ah）	恒压（Ah）	恒流（Ah）	恒压（Ah）
0.5C	12.19	0.04	19.11	0.70	11.46	0.93
1.0C	11.79	0.11	17.72	1.72	10.44	1.44
2.0C	11.06	0.32	16.25	2.96	9.08	2.33
3.0C	10.39	0.62	15.66	3.53	6.40	4.82
4.0C	9.49	1.14	15.41	3.82	1.67	9.46
5.0C	8.21	1.99	15.47	3.92	0.75	10.36

表 4-3　　　　　　　　　电池充电阶段的恒流容量、恒压容量比例（20℃）

倍率	软包钛酸锂		铝壳钛酸锂		软包磷酸铁锂	
	恒流（%）	恒压（%）	恒流（%）	恒压（%）	恒流（%）	恒压（%）
0.5C	99.70	0.30	96.47	3.53	92.50	7.50
1.0C	99.09	0.91	91.15	8.85	87.85	12.15
2.0C	97.20	2.80	84.60	15.40	79.61	20.39
3.0C	94.39	5.61	81.59	18.41	57.04	42.96
4.0C	89.32	10.68	80.13	19.87	14.98	85.02
5.0C	80.53	19.47	79.78	20.22	6.75%	93.25

电池恒流充电容量的比例见图 4-5。

从图 4-5 中可知，随着充电倍率的提高，三种电池的恒流充电容量的比例均在逐渐下降，软包磷酸铁锂电池的恒流充电容量的比例下降最快，5C 时不到总充电量的 7%。

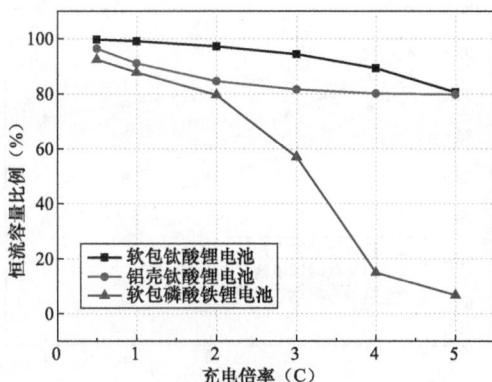

图 4-5 电池恒流充电容量与充电倍率关系曲线

三种电池在恒流充电阶段容量占总充电容量比例不同的现象，是由于这三种电池在恒流模式下的极化程度不同所导致，而这种不同，既可能是电池材料、电解液的差别引起（比如负极钛酸锂与石墨、电解液锂盐成分），也可能是电池制造工艺引起的（比如极片厚度）。

图 4-6 是三种电池的容量保持率 $\left(容量保持率 = \dfrac{电池的放电容量}{0.5C倍率时的放电容量}\right)$，从图可知，铝壳钛酸锂 20Ah 电池的容量保持率最大，5C 时的容量是 0.5C 时容量的 97.7%，而软包钛酸锂 11Ah 电池的容量保持率最小，5C 时的容量是 0.5C 时容量的 83.3%。

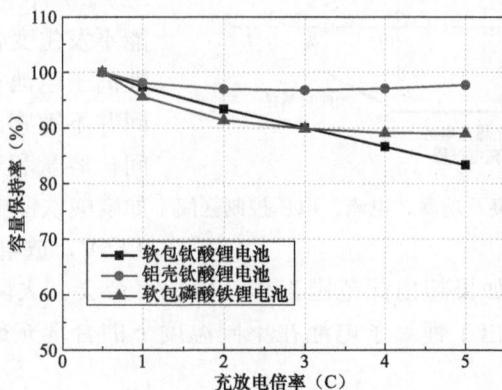

图 4-6 三种电池的容量保持率与充放电倍率关系曲线

图 4-7 是三种电池的能量效率，从图中可知，铝壳钛酸锂 20Ah 电池的能量效率最大，5C 时的能量效率能维持在 87.02%，而软包磷酸铁锂 15Ah 电池的能量效率最低，5C 时的能量效率只有 77.14%。

从以上分析可知，三种电池恒流充电容量的比例均随着充电倍率的提高而降低，但是软包钛酸锂、铝壳钛酸锂电池的恒流充电容量比例要明显高于软包磷酸铁锂电池的恒流充电容量比例，5C 以内软包钛酸锂电池的恒流充电容量比例相对最大，其次是铝壳钛酸锂电池。

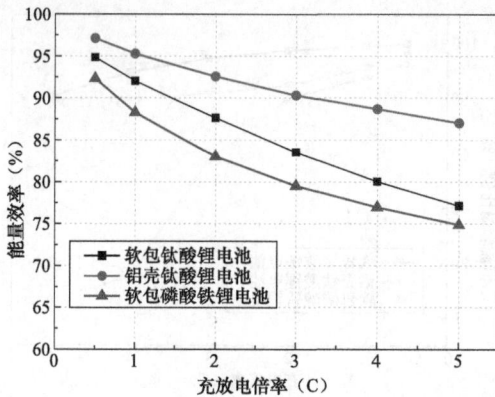

图 4-7　三种电池的能量效率与充放电倍率关系曲线

4.2　储能电池温度性能分析

4.2.1　储能电池温度性能概述

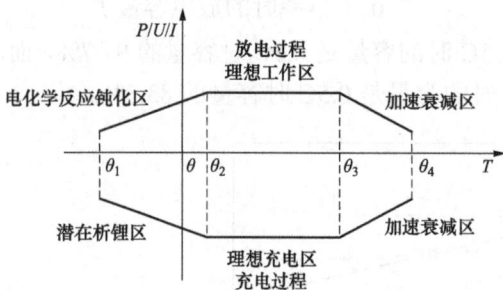

图 4-8　锂离子电池工作温度及功率、电流、电压控制区间

锂离子电池的温度性能是指锂离子电池在不同温度下，尤其是高温或低温下保持其常温状态（25℃）下容量、功率和寿命等性能不发生变化的能力。一般来说，锂离子电池在 0～40℃ 这个温度区间并不敏感，然而一旦超过这个区间，容量和寿命都会受到影响。例如磷酸铁锂电池的工作电压在 2.0～3.65V，放电工作温度为-20～55℃，充电温度为 0～45℃，如果超出此范围工作，电池寿命会大大降低，甚至会诱发安全问题的出现。图 4-8 给出了锂离子电池在不同温度下的合理充放电功率、电流、电压示意图[12]。

目前来说，温度变化对锂离子电池的影响主要体现在四个方面：①高温下加速电池系统的寿命衰减；②低温下加速电池性能衰减；③加剧电池的不一致性；④恶化电池的安全性。

高温对于电池的影响主要表现为电池寿命的衰减，研究表明[13-14]，高温下，锂离子电池寿命衰减的主要原因是活性锂离子的减少和电池极化内阻的增加，电池内部的其他组成元件，包括电解液、隔膜、黏结剂也会对电池极化内阻的增加有所贡献。

引起电池老化的这些嵌锂、脱锂之外的副反应，或者是应力变化引起的电极组成物质的破碎、断裂一般遵循 Arrhenius 法则，温度越高，反应速率越大，而这些副反应将增加电极界面的 SEI 膜厚度，阻碍锂离子的迁移和扩散速度，从而加速电池寿命的衰减。同样，低温会降低电解液的离子电导率，延缓锂离子扩散速度，扩大电子与锂离子迁移的速度差，从而增加电池的低温极化，最终导致电池的性能在低温下，由于电池的极化增大，直流内阻一般增加数倍，这使得电池在充电过程中很容易达到析锂电位 0V，如果不限制充电电流和控制上限充电电压，电池很容易出现由于锂枝晶刺破隔膜而发生内短路问题。

Simon 等[15]模拟了锂离子电池常温和低温充电过程中负极的析锂现象，如图 4-9 所示。在低温下由于界面反应阻抗的增加，使得负极相比于常温条件下更容易达到析锂电位，锂离子不能正常嵌入到石墨负极中，而是以原子的形式沉积在负极表面，形成锂枝晶。

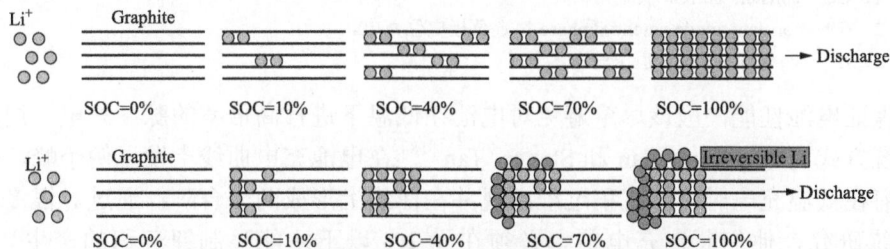

图 4-9 常温和低温充电过程中负极嵌锂过程演示

目前针对温度对锂离子电池带来的影响，主要从两个方面进行研究和处理：①从电池本身考虑，包括电极材料的优化、温度性能更佳的电解液配方的开发以及电池结构的设计等；②从电池的应用环境和外部因素考虑，包括根据温度变化调整电池电压工作范围，优化电池模块的通风设计和优化电池系统的热流程分布等。

Zhang 等[16]从电解液的角度出发，利用 $LiBF_4$-LiBOB 混合锂盐代替传统的 $LiPF_6$ 来兼顾改进磷酸铁锂电池的低温和高温特性。HERREYRE 等[17]通过添加新型容积 EA 制备了 ECEC/DMC/EA 溶剂体系，结果发现，室温下 144350 号电池的首次充放效率达到 92%，40℃下放电容量是室温的 81%，远大于 EC/DMC/DEC 体系。

通过改进电池材料及电池内部各元件性能能够部分改善电池的高低温性能，但是不能完全解决此问题，同时，这些方法需要很高的研究成本和较长研发周期。通过改善电池的充电机制，调整电池内部加热策略，也可以达到改善电池高低温性能的目的，而且这种方法能够较为简便地对产品进行设计和更改。目前国际上通过改善充电策略调整电池温度性能的研发团队主要有以下几个，如表 4-4 所示。

表 4-4   通过充放电制度改进电池低温性能的主要团队

研发团队	机构	方法	结　　论
Remmlinger 等	乌尔姆大学	恒定负极电位充电	通过准二维电化学模型来拟合； CC/CP/CV 控制器可以在对电池不造成衰减的条件下缩短充电时间
Pesaran 等	日本国家再生能源实验室（NREL）	交流电预加热	采用热有限元模型对电池热传递进行仿真； 内部加热是最快的电池加热策略； 交流电幅度越大，其加热越快
Hande 等	苏必利尔湖州立大学	交流电预加热	采用交流电加热，其幅度越大，加热越快； 相同交流电下，电池本身荷电状态越高，加热越快

续表

研发团队	机构	方法	结　论
Wang 等	宾夕法尼亚州大学	恒定功率充电	采用热-电化学耦合模型来仿真； 能在 2min 内将电池从−20℃加热到室温，容量损失仅 5%
		交流电预加热	强制对流加热需要的加热时间最短； 相互脉冲加热消耗的电池容量最少； 由于具有均匀加热，方便应用，加热速度较快，低的电池性能衰减等特点，60Hz 交流加热是值得考虑的一种低温充电策略

注　1. CC—constant current 恒流充电。

　　2. CP—constant anode potential phase 恒定负极电位充电。

　　3. CV—constant voltage 恒压充电。

为保证电池性能，应该尽量避免对电池在低温下进行高倍率的脉冲充电、涓流充电或者传统方式充电。Jiang Fan 和 Steven Tan[18]在电池充电曲线上发现两个峰，这两个峰意味着在低温充电时，锂沉积过程出现并在曲线上形成两个台阶，通过对很多充电机制的系统研究，他们断定充电倍率必须在 0.2C 以下才能限制锂沉积的产生。Jürgen Remmlinger[19]等通过 COMSOL 软件对全新充电制度 CC/CP/CV 在低温下的应用进行了考察，他们采取一维+一维（准二维）电化学模型进行模拟，得出不同温度下衰减因子与电流大小的分布图，他们认为负极电位低于 0V 造成的锂沉积是电池低温下充电困难的原因，所以为了避免充电过程中的这种现象，低温下电池所允许的 CC 最大电流和 CP 过程的电流就可以根据温度上升数据加以控制，与传统的 CC/CV 充电相比，加入恒定负极电位充电（constant anode potential phase，CP）过程的 CC/CP/CV 充电，能够大幅度缩短充电时间而不造成大的电池性能衰减。

电池热管理系统（BTMS：battery thermal management system）主要有几个功能[20]：①电池温度的准确测量和监控；②电池组温度过高时的有效散热和通风；③低温下的快速加热，使电池组能够正常工作；④有害气体产生时的有效通风；⑤保证电池组温度场的均匀分布。设计合理的电池包结构，选择有效的热管理策略，开发经济的热管理方式，能最大限度地保证各个单体电池都在合理温度下工作，并能维持单体之间温度的均一性，防止由于温度不均导致的电池充放电的差异性，避免某个单体电池性能下降导致电池包的整体性能的下降。

综上，锂离子电池充放电过程及老化副反应对温度有一定的依赖性，因此，要真正解决电池温度敏感这一问题，需要从以下三个方面加强研究并综合利用各方面的研究成果。

（1）在单体电池方面，目前的温度敏感性领域的研究焦点是：正极材料的微观改性；新型黏结剂和导电剂的开发应用；功能型电解液的开发；电池结构的模拟与优化研究。

（2）在充放电制度方面，交流充电有望成为有效解决单体低温充电问题的一个有力措施。

（3）在热管理方面，液冷方案由于在保证温度场均匀性方面的优势和伴随而来的系统复杂性增加与成本提升，其优化设计是一个重要的研究方向。

4.2.2　储能电池温度特性评价

储能电池所处环境比动力电池相对温和，但是考虑到某些极端情况造成的环境温度异常，仍然需要对储能电池的温度性能进行评价分析，充分认识储能电池的性能受温度的具体影响，为储能电池系统监控和运维提供依据。储能电池温度性能的分析包括不同温度下的容量标定、倍率放电和倍率充电试验。

（1）容量标定试验。

分别在–30℃、–20℃、–10℃、0℃、10℃、20℃恒温条件下，测量电池单体的初始容量。表 4-5 为试验的具体流程。

表 4-5 容量标定试验流程

工步号	工作状态	时间（min）	电流（A）	上限电压（V）	下限电压（V）	终止电流（A）	采样（s）
1	搁置	5					默认 1
2	恒流恒压充电		1C	U=2.7（LTO） U=3.65（LFP）		2A	
3	搁置	5					
4	恒流放电		1C		U=1.5（LTO） U=2.2（LFP）		
5	搁置	5					
	循环 2~5 步	3 次	结束				

注：保护电流：1C+2A

（2）倍率放电试验。

在 20℃恒温条件下，采用"恒流恒压充电"方式，对电池进行充电，然后，将电池在不同温度（–30℃~30℃）下搁置，其中–30℃~–10℃搁置 6h，0℃搁置 3h。最后，采用不同的倍率对电池进行放电，测量 1C~5C 倍率在不同温度下电池的放电容量保持率。

$$放电容量保持率=\frac{放电容量}{1C放电容量(20)}×100\%$$

具体试验流程见表 4-6。

表 4-6 倍率放电试验流程

工步号	工作状态	时间（min）	电流（A）功率（W）	上限电压（V）	下限电压（V）	终止电流（A）终止功率（W）	采样（s）
1	搁置	5					默认 1
2	恒流充电		1C	U=2.7（LTO） U=3.65（LFP）			
3	恒压充电			U=2.7（LTO） U=3.65（LFP）		0.1C	
4	搁置	6h、3h					
5	恒流放电		nC		U=1.5（LTO） U=2.2（LFP）		
		结束					

注：保护电流：（nC+2）A；保护电压：1.48V、2.72V；保护温度：54℃
n=1，2，3，4，5

（3）倍率充电试验。

首先，在20℃恒温条件下，采用"恒流放电"方式，对电池进行放电，然后，将电池在不同温度下搁置，其中−30℃～−10℃搁置6h，0℃搁置3h。最后，采用不同的倍率对电池进行恒流充电，测量 n 种不同的倍率在不同温度下电池的充电容量保持率。

$$充电容量保持率=\frac{放电容量}{1C恒流充电容量(20)}\times100\%$$

具体试验流程见表4-7。

表4-7　　　　　　　　　　　　　　倍率充电试验流程

工步号	工作状态	时间(min)	电流（A）功率（W）	上限电压（V）	下限电压（V）	终止电流（A）终止功率（W）	采样（s）
1	搁置	5					默认1
2	恒流放电		1C		U=1.5（LTO）U=2.2（LFP）		
3	搁置	6h、3h					
4	恒流充电		nC	U=2.7（LTO）U=3.65（LFP）			
	结束						

注：保护电流：（nC+2）A；保护温度：54℃
n=1，2，3，4，5

表4-8是软包钛酸锂电池、铝壳钛酸锂和软包磷酸铁锂电池单体在1C倍率下的平均容量数据。

表4-8　　　　　　　　　　　　　LTO和LFP电池容量（Ah）

温度（℃）	软包钛酸锂电池（11Ah）	铝壳钛酸锂（20Ah）	软包磷酸铁锂（15Ah）
20	11.99	19.39	12.22
10	11.52	18.08	10.80
0	10.91	15.80	9.91
−10	10.00	12.09	8.77
−20	8.64	8.17	4.82
−30	7.06	5.52	0.02

软包钛酸锂电池与铝壳钛酸锂电池都是钛酸锂系锂电池，从图4-10可知，以20℃容量为基准，软包钛酸锂电池的低温容量保持率在三种电池中最高，在−30℃时容量保持率接近60%，而铝壳钛酸锂电池不到30%，软包磷酸铁锂电池在−30℃几乎没有容量。表4-9和表4-10分别是软包钛酸锂电池、铝壳钛酸锂电池与软包磷酸铁锂电池1C倍率充放电的库伦效率、能量效率。

表4-9　　　　　　　　　　　　LTO与LFP电池的库伦效率（%）

温度（℃）	软包钛酸锂电池（11Ah）	铝壳钛酸锂（20Ah）	软包磷酸铁锂（15Ah）
20	99.92	99.79	99.85
10	100.00	99.87	98.10

续表

温度（℃）	软包钛酸锂电池（11Ah）	铝壳钛酸锂（20Ah）	软包磷酸铁锂（15Ah）
0	100.00	99.76	97.87
−10	99.90	99.72	101.11
−20	99.65	99.69	87.09
−30	99.72	98.71	38.78

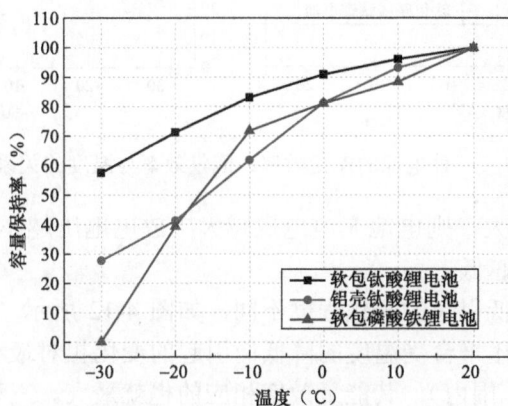

图 4-10　电池 1C 倍率的容量与温度关系曲线

表 4-10　　　　　　　　　　LTO 与 LFP 电池的能量效率（%）

温度（℃）	软包钛酸锂电池（11Ah）	铝壳钛酸锂（20Ah）	软包磷酸铁锂（15Ah）
20	92.43	95.33	87.08
10	90.20	93.80	80.11
0	86.89	91.33	75.22
−10	82.00	88.46	75.59
−20	75.10	84.82	64.23
−30	67.29	77.50	23.85

从图 4-11 可知，软包钛酸锂电池、铝壳钛酸锂电池的充放电库伦效率在−30℃～20℃范围内接近 100%，而软包磷酸铁锂电池在−10℃以下时库伦效率快速下降；铝壳钛酸锂电池的能量效率在三种电池中是最高的，其次是铝壳钛酸锂电池、软包磷酸铁锂电池。

电池的能量效率是电池库伦效率与电压效率的函数，见以下公式：

$$能量效率 = \frac{放电能量}{充电能量} = \frac{放电电量 \times 放电电压平台}{充电电量 \times 充电电压平台}$$

$$= 库伦效率 \times \frac{放电电压平台}{充电电压平台}$$

定义电池的电压效率=放电电压平台/充电电压平台，则电池的能量效率为：

$$能量效率=库伦效率 \times 电压效率$$

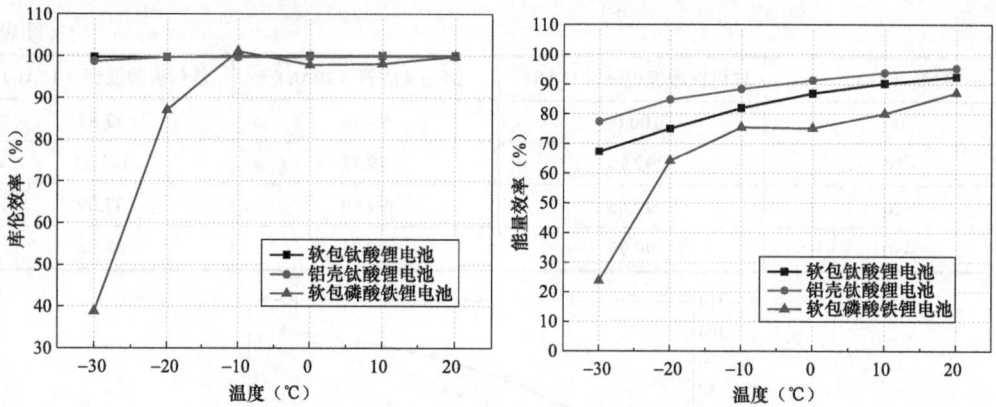

图 4-11　三种电池的库伦效率、能量效率与温度的关系曲线

电池的极化内阻越大，则电池充电电压越大（放电电压越小），相应的电压效率就越低，于是能量效率就越低。

三种电池因温度降低引起的极化程度不同，如图 4-12 所示（以充电阶段为例），铝壳钛酸锂电池的充电电压平台受温度的降低而引起的变化相对最小，在库伦效率接近的情况下（−10℃～20℃范围内），其能量效率相应的也就最大。三种电池中能量效率最低的是软包磷酸铁锂电池，其充电电压平台受到温度降低的影响最明显，电压效率最低。

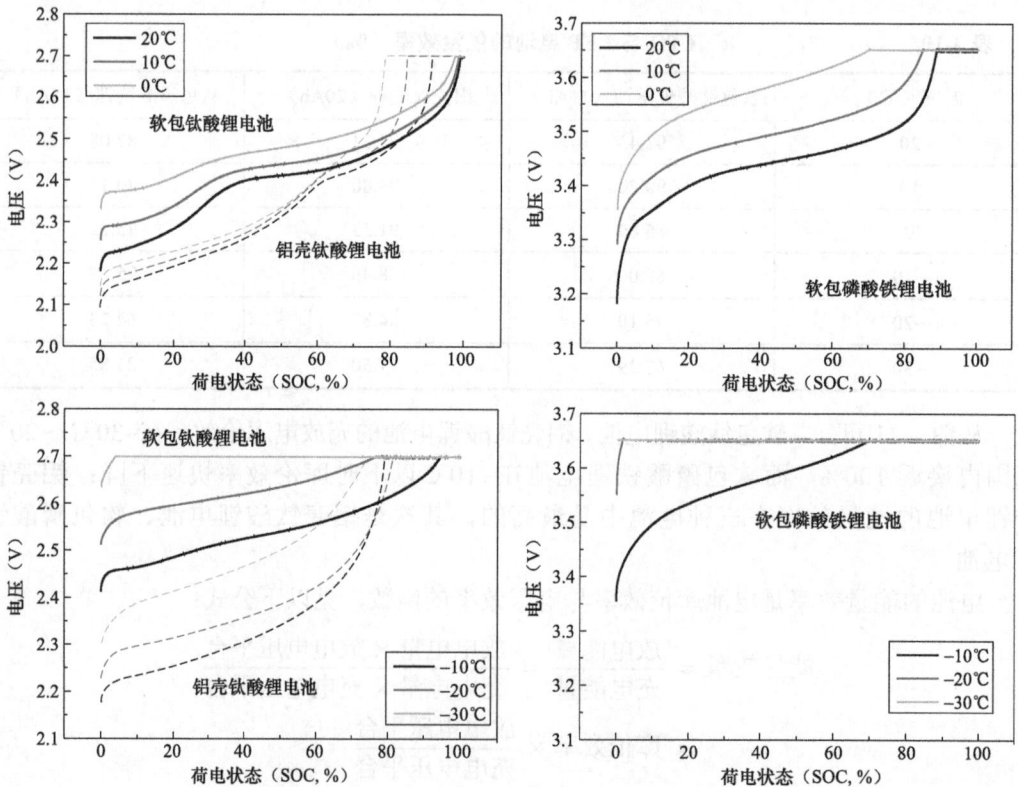

图 4-12　三种电池的充电电压与 SOC 关系曲线

如图 4-13 所示，从 20℃到−30℃，软包钛酸锂电池的恒流充电容量占总充电容量的：99.12%（20℃）、98.63%（10℃）、97.47%（0℃）、94.49%（−10℃）、76.25%（−20℃）、4.2%（−30℃）；

铝壳钛酸锂电池恒流充电容量占总充电容量的：91.81%（20℃）、84.64%（10℃）、78.64%（0℃）、79%（−10℃）、81.17%（−20℃）、74.34%（−30℃）；

软包磷酸铁锂电池恒流充电容量占总充电容量的：89.21%（20℃）、83.92%（10℃）、56.73%（0℃）、57.27%（−10℃）、1.29%（−20℃）、0%（−30℃）；三种电池恒流充电比例的变化，见图4-13。

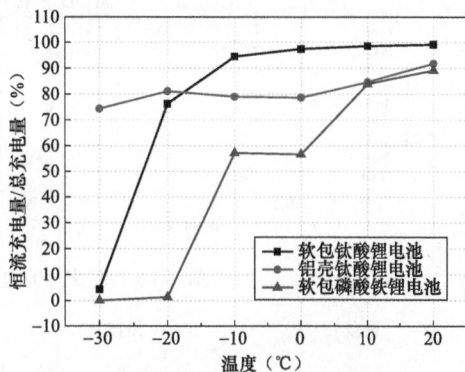

图 4-13　三种电池的 1C 恒流阶段充电量占总充电量的比例

从以上分析可知，钛酸锂电池的充放电库伦效率（−30℃～20℃）保持在 100%，不受温度影响；而软包磷酸铁锂电池在−10℃以下，由于极化明显，库伦效率快速下降。

4.3　储能电池安全性能分析

4.3.1　储能电池安全性能概述

当锂离子电池存在内部缺陷，或者当滥用或误用时，如温度过高、过充、过放、短路、振动、挤压等，可能会引发电池内部发生剧烈的化学反应，如 SEI 膜的分解、有机电解液的氧化、还原，正极的分解，正极分解产生的氧气进一步与有机电解液反应等，这些反应会在极短时间内产生大量的热，若热量来不及散失到周围环境中去，而在电池内部迅速积聚，必将导致电池热失控，电解液高温汽化以及出现大量气相产物，电池内部处于高压、高温状态，可能会出现漏液、放气、冒烟等现象，严重时电池发生剧烈燃烧或发生爆炸。

所谓热失控（thermal runaway）是指单体电池在滥用或其他极端条件下发生放热联锁反应引起电池自温升速率急剧变化，不可逆，引起电池出现过热、起火、爆炸等现象。主要表现为电池温度在短时间内急剧上升，最终结果为电池结构遭到破坏，性能丧失，整个电池失效。电池的热失控是由内部化学材料在热量不断积累的情况下产生了一系列放热副反应引起的，且这些反应一旦开始，便无法停止，直至电池毁坏，电压降为零，因此称其为"失控"。热失控扩展（thermal runaway propagation）是指电池包或者电池系统内容的单体电池或者电池模组单元热失控，并触发电池系统中相邻或其他部位的动力电池的热失控的现象。

清华大学研究表明，锂离子电池热失控过程可根据电池电压及温度变化划分为多个阶段，例如，图 4-14 展示了某款具有三元正极/PE 基质的陶瓷隔膜/石墨负极的锂离子电池热失控过程。根据其热失控温度变化的特征，将热失控过程分为了 7 个阶段。在不同阶段，电池材料发生不同的变化，图 4-15 通过一系列的图片解释了各个阶段电池材料的变化情况。

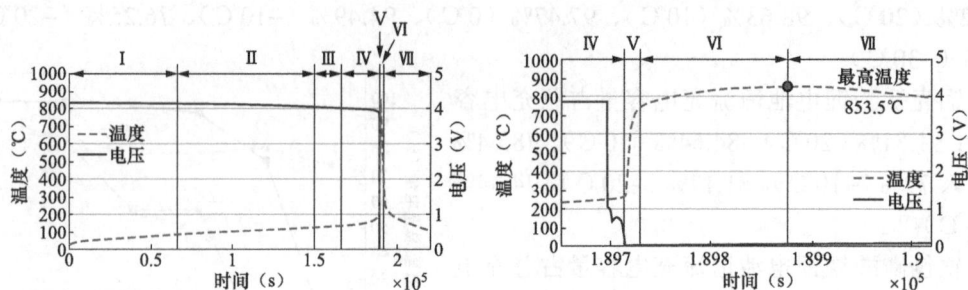

图 4-14 锂离子电池热失控过程中温度及电压变化

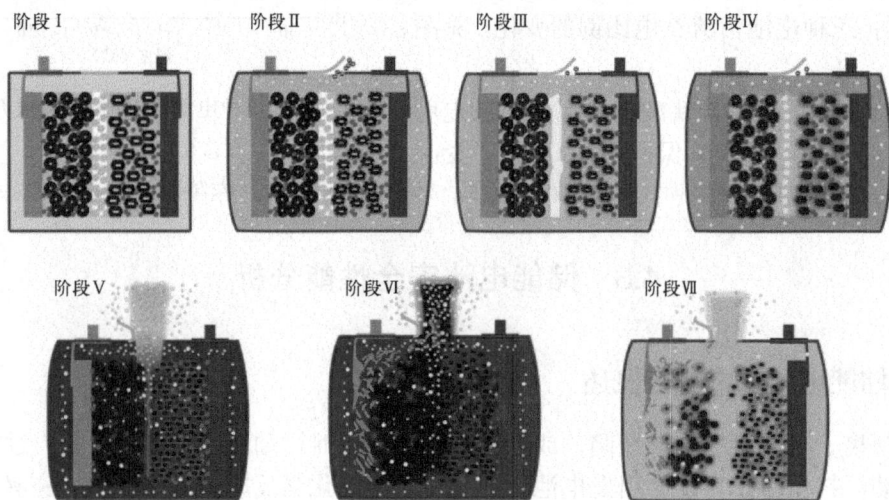

图 4-15 锂离子电池热失控各阶段

对于冒烟的情况而言，在阶段 V，如果电池内部温度低于正极集流体铝箔的熔化温度 660℃，电池正极涂层就不会随着反应产生的气体喷出，此时观察到的会是白烟；而如果电池内部温度高于 660℃，正极集流体铝箔熔化，电池正极涂层随着反应产生的气体大量喷出，此时观察到的会是黑烟。对于起火的情况而言，热失控事故中的起火一般是由于电解液及其分解产物被点燃造成的。所以，从阶段 II 开始，从安全阀泄漏出来的电解液就有可能被点燃而起火。从燃烧反应的三要素（可燃物、氧气、引燃物）来看，可燃物即是电解液；氧气在电池内部存在不足，因此电解液需要泄漏出来才会发生起火；引燃物可能来自于电池外短路产生的电弧，也可能来自热失控时，高速喷出的气体与安全阀体摩擦所产生的火星。对于爆炸的情况而言，爆炸一般表现为高压气体瞬间扩散造成的冲击。电池内部具有高压气体积聚的条件，而安全阀则是及时释放高压积聚气体的关键。安全阀体如能在电池壳体破裂之前开启，并释放足够多的在热失控过程中产生的高压气体，电池就不会发生爆炸；安全阀体如不能及时开启，就可能会发生爆炸事故。

为了进一步研究电池热失控过程，Chen[21] 等人利用 VSP 2（vent sizing package 2）

绝热量热仪测试了不同荷电状态（state fo charge，SOC）的商用 18 650 型 $LiCoO_2$ 锂离子电池，结果显示，锂离子电池的自加热温度随着 SOC 状态的增加而提前。并利用实验测得的不同 SOC 的绝热数据进行了化学动力学参数计算和爆炸能量计算，结果表明，锂离子电池爆炸速率方程符合 0 级反应，以 100%SOC 为例，反应的指前因子 $\ln A$ 和活化能 Ea 分别为 22.7min^{-1} 和 7.07eV，并计算得到其爆炸后产生的能量为 8.7kJ，折合 TNT 当量为 1.9g。

Feng[22-23] 等人采用大容量绝热加速量热仪（extended volume-accelerating rate calorimeter，EV-ARC）对大容量体系的动力电池进行了热失控测试，试验选用 25Ah 的 Li（$Ni_xCo_yMn_z$，）O_2（NCM）硬包装锂离子电池。同时采用 4 个热电偶测试电池内部和表面的温度，结果显示，电池内部最高温度可达 870℃，通过外部连接的电压测试装置，测得在热失控发生后电压在 15～40s 内急剧降低至 0 V 左右。他们还利用一个脉冲测试程序测试得到了电池在热失控前后的内阻变化，热失控前，电池内阻从 20mΩ 增加至 60mΩ，热失控发生时，电池内阻增加 370mΩ，内阻的急剧增加可能原因为电池内部隔膜收缩导致内短路的发生。

Maleki[24] 等用 ARC 研究了最大充电电流 550mA 的三棱柱商业锂离子电池（OCV=4.15V）及其组分的热稳定性。结果表明，电池在测量范围内有 3 次放热：①112℃ 开始有一个微弱的但不能独立的放热反应；②温度提升到高于 123℃ 就会发生缓慢的自加热反应；③达到 167℃ 以后，在这个温度点发生热失控。他们同时用差示扫描量热仪（differential scanning calorimeter，DSC）和热重分析仪（thermogravimeter，TG）测量了正极和负极在 35℃～400℃ 的热稳定性。正负极总的放热量分别为 697J/g 和 407J/g。在温度接近锂的熔点时，由于锂的覆盖使负极材料放出的热量增加。比较 DSC 和 ARC 测试生成的热量，发现电池的热失控接近于含有电解液的正极材料的分解温度范围。由此，他们认为在热滥用条件下，锂离子电池中正极材料的分解与电解质反应放出的热量引发热失控。

对于电池热失控的机理的研究大多在于电极材料和电解液的热稳定性以及发生的各类化学副反应上。其中包括不同溶剂或不同锂盐的锂离子电池电解液的热稳定性[25-26]、正极材料、负极材料、以及负极材料（主要指以碳材料为主的负极）上 SEI（solid electrolyte interface）膜的热分解等。

Gachot[16] 等人基于喷雾离子化高分辨质谱（ESI-HRMS）和气象色谱-质谱（GC/MS），分别对中等挥发性物质和高挥发性物质进行分析，使用化学模拟的方法对 $LiPF_6$ 分解途径进行推测，验证了 campion 的推理。研究认为 $LiPF_6$ 在高温下容易分解生成路易斯酸，该分解产物与电池中少量的水继续反应，生成的物质会进一步与有机溶剂发生化学反应，从而降低电解液的热稳定性。

Belharouak[27] 等人采用差示扫描量热（DSC）和热重（TGA）分析法，在同一种电解液体系中（$LiPF_6$/EC/EMC）比较了 $Li_{0.45}$（$Ni_{0.8}Co_{0.15}Al_{0.05}$）$O_2$（NCA）和 $Li_{0.55}$（$Ni_{1/3}Co_{1/3}Mn_{1/3}$）O_2（NCM）两种三元材料的热稳定性。研究发现，NCM 和 NCA 的放热起始温度分别为 170℃、220℃，放热量分别为 1 460J/g、790J/g，证明 NCM 较 NCA 具有更好的热稳定性。

从设计层面看，锂离子电池内部被低闪点、高易燃的有机电解液充满，同时电池正极材料多为过渡金属氧化物，一旦发生滥用或某些极端情况导致电池内部温度上升，电池内部集齐可燃物、氧化剂和足够高的温度便很容易发生安全事故，伴随有燃烧或爆炸现象的产生。

根据已有研究，锂离子电池热失控的整个过程已经明朗了：电池内部热失控过程起始于负极（现有商用电池主要以石墨为负极）的 SEI 膜热分解，导致负极活性物质与电解液接触和反应，随后随着温度的不断上升，隔膜开始收缩闭孔，导致电池内部电阻增大，产热进一步积累。然后电池正极分解，放出大量热量，同时释放氧气，将电池内部温度急剧提升。最后在某一时刻，电池隔膜在高温下崩塌，大面积内短路出现，电池迅速放热，产生热失控。

目前国内外锂离子电池安全性研究的科研单位和机构主要有：中国科技大学的王青松团队，主要侧重于锂离子电池燃烧及火灾情况的研究，其重点在于对锂离子电池电解液体系的研究；清华大学能汽车安全与节能国家重点实验室和清华大学核能与新技术研究院的欧阳明高、何向明[22, 23]团队，主要侧重于大容量动力锂离子电池热失控行为和促发因素研究。

综上，目前国内外学者或研究机构对于锂离子电池的安全性研究主要集中在常规电池体系（即新电池）的电极材料、电解液和锂盐的热稳定性研究和整装新电池的热失控行为及触发阈值的研究。

4.3.2　储能电池安全性能评价

储能电池的能量一般比便携式移动电源、电动汽车动力电池等其他类型的电池能量要大，而且储能电站中的储能电池数目庞大，如果个别储能电池出现安全问题，可能就会诱发整个电站的火灾事故，因此对于储能电池的安全性需要格外关注，并且需要对储能电池诱发安全问题的风险进行充分评估，这就需要进行安全性能分析。

目前国内储能电池主要是磷酸铁锂电池，除此之外也有锰酸锂电池等其他类型的电池，因此本节主要以磷酸铁锂电池、锰酸锂电池为主要分析对象，同时也列出三元电池作为对比对象。以下是这几种电池在极端条件下的安全行为，如表 4-11 所示。

表 4-11　　　　　　　　　　三种电池安全试验结果

样品	外短路	过充	针刺	燃烧
磷酸铁锂电池	无现象	无现象	无现象	燃烧
锰酸锂电池 A	无现象	无现象	无现象	/
锰酸锂电池 B	漏液	冒烟	燃烧	燃烧
三元电池	漏液	爆炸	冒烟	燃烧

注　1. 磷酸铁锂电池在外短路、过冲、针刺试验中除电池表面温度略有升高外，无冒烟、漏液等现象。
　　2. 锰酸锂电池 A 是退役的旧动力电池，锰酸锂电池 B 是从某公司购买的 35Ah 锰酸锂电池。"/"表示没有进行此项试验。
　　3. 燃烧试验中火焰位于电池底部中央，对于磷酸铁锂电池引燃时的火焰位于电池侧边附近，否则无法引燃。

从表 4-11 可知，磷酸铁锂电池的安全性相对最好，但是在燃烧试验中同样也会被引燃，而锰酸锂电池两种产品的表现并不一致，这说明除了电池材料的热稳定对于电池安全性有影响外，电池制造商的制造商水平、产品的安全性设计等方面对于电池的安全也具有重要的影响；三种电池中，三元电池的安全性最差，除发生了冒烟、燃烧，甚至出现了爆炸，而且爆炸威力很大，甚至将电池安全试验箱炸开、内部灯管炸毁，见图 4-16。

图 4-17 为三元电池的短路试验现场照片，图 4-18 为三元电池燃烧后的现场照片，图 4-19 为锰酸锂电池 B 的针刺现场图片，图 4-20 为锰酸锂电池 B 的短路试验现场照片，图 4-21 为锰酸锂电池 B 的燃烧后的试验现场照片。

图 4-16　三元电池过充试验现场照片

图 4-17　三元电池短路试验现场照片

图 4-18　三元电池燃烧试验现场照片

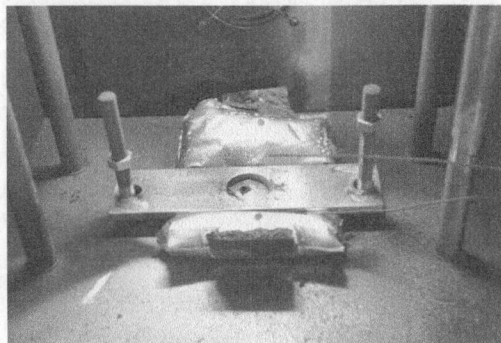

图 4-19　锰酸锂电池 B 针刺试验现场照片

图 4-20　锰酸锂电池 B 短路试验现场照片

图 4-21　锰酸锂电池燃烧后的试验现场照片

从这些试验现象的观察中可知，电池出现鼓胀漏液、冒烟燃烧等安全问题的发生部位，多数都位于与电池极耳一侧相邻的侧边位置，即电池铝塑膜热压的接口部位，只有一例是在电池极耳侧发生漏液。

1. 磷酸铁锂电池

（1）火源在靠近磷酸铁锂电池侧边底部，能够引燃磷酸铁锂电池，如图4-22所示。如果火源在磷酸铁锂电池中心部位，则无法引燃。

（2）在引燃后53s时，磷酸铁锂电池开始迅速燃烧，火势明显增强，之后逐渐减弱，如1min38s时刻，火势减弱的同时开始产生白色烟气，如3min时刻，之后烟气由稀转浓，电池在这个过程中继续燃烧，火势逐渐减小，直到5min19s时刻火焰熄灭。经观察，电池在完全熄灭前，会有偶尔明火冒出，如图4-23所示。

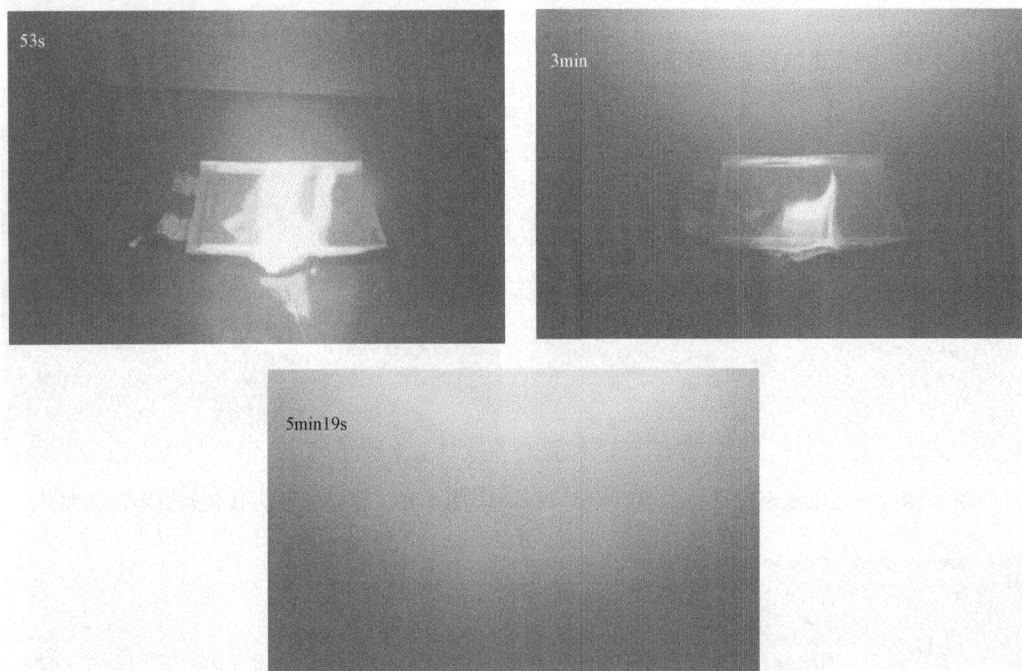

图4-22　磷酸铁锂电池开始燃烧

图4-23　磷酸铁锂电池燃烧过程

（3）电池在火焰消失后，继续产生大量刺鼻白色烟气，表明燃烧热解反应仍在进行，这种没有火焰的缓慢燃烧，就是"阴燃"。

2. 锰酸锂电池

（1）火源在锰酸锂电池底部中心部位引燃电池，引燃时间约10s，如图4-24（b）所示。

（2）引燃后电池开始燃烧，火势逐渐变大，并产生白色浓烟（20s时刻），如图4-24（c）所示，浓烟大量出现时，火势变小（24s），然后火势猛烈扩大（26s），电池出现"轰燃"。

（3）电池出现轰燃维持 9s，在第 35s 时轰燃结束，燃烧箱内白色烟气消失，电池轰燃前的白色烟气，应为预热迅速挥发并喷出的电解液，电池的轰燃除了电极材料的燃烧外，还包括了喷出电池体外呈气态分布的有机溶剂的燃烧。电池轰燃结束后，火势减弱并逐渐熄灭，同时伴随有大量刺鼻白色浓烟产生，如 40s、57s 时刻记录的图 4-24（g）～（h）所示，57s 时刻图片中部上方红色线为监测烟气温度的传感器，此时刻温度为 152℃。

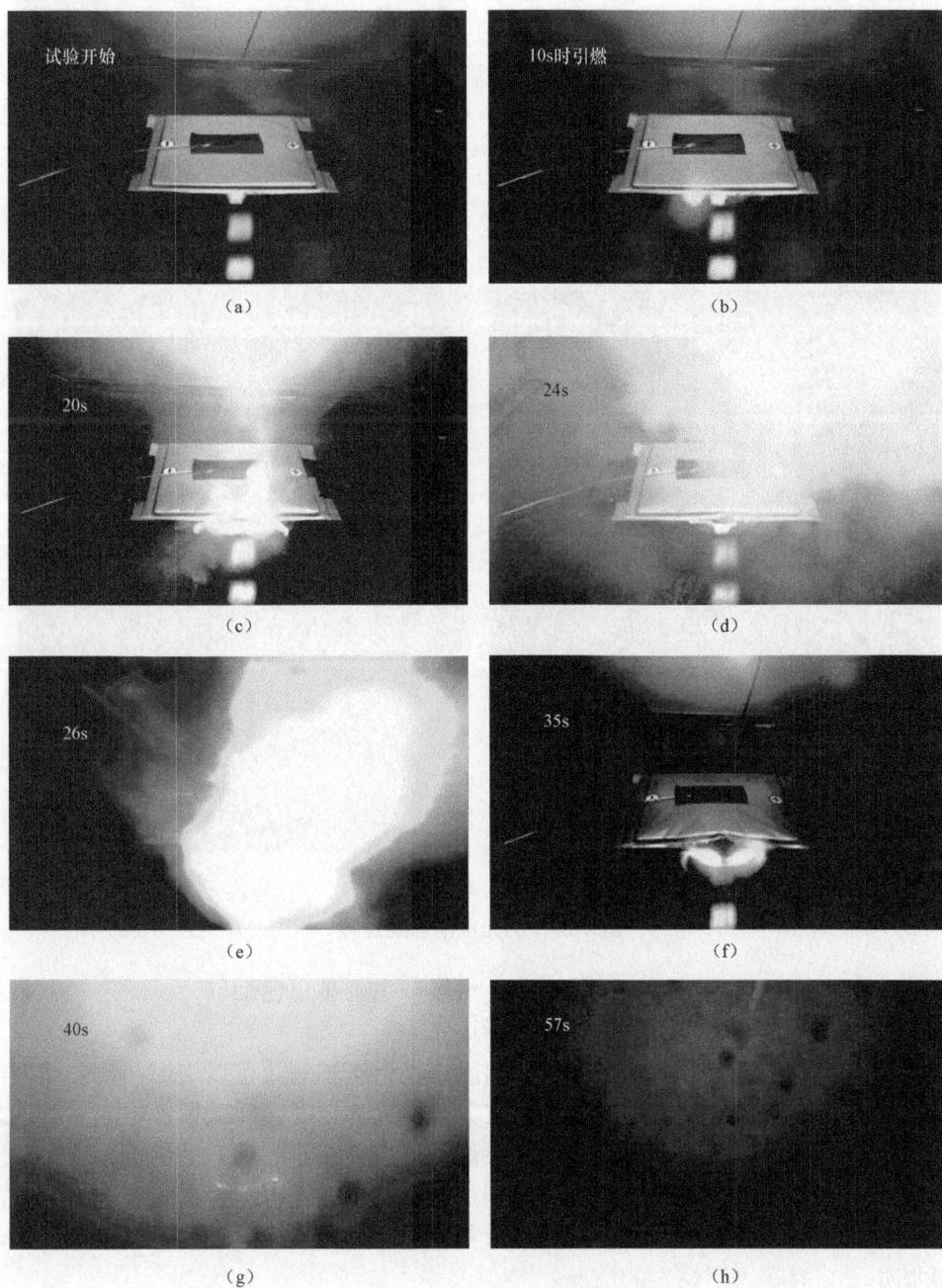

图 4-24　锰酸锂电池燃烧过程

3. 三元电池

（1）火源在三元电池底部中心部位引燃电池，引燃时间约 14s，如图 4-25（b）所示。

（2）引燃后电池开始燃烧，在 46s 之前火势相对缓慢变大，在 46s 时刻火势猛烈扩大，电池出现"轰燃"持续了 16s 结束。三元电池轰燃过程除了火势猛烈外，还产生大量白色浓烟。

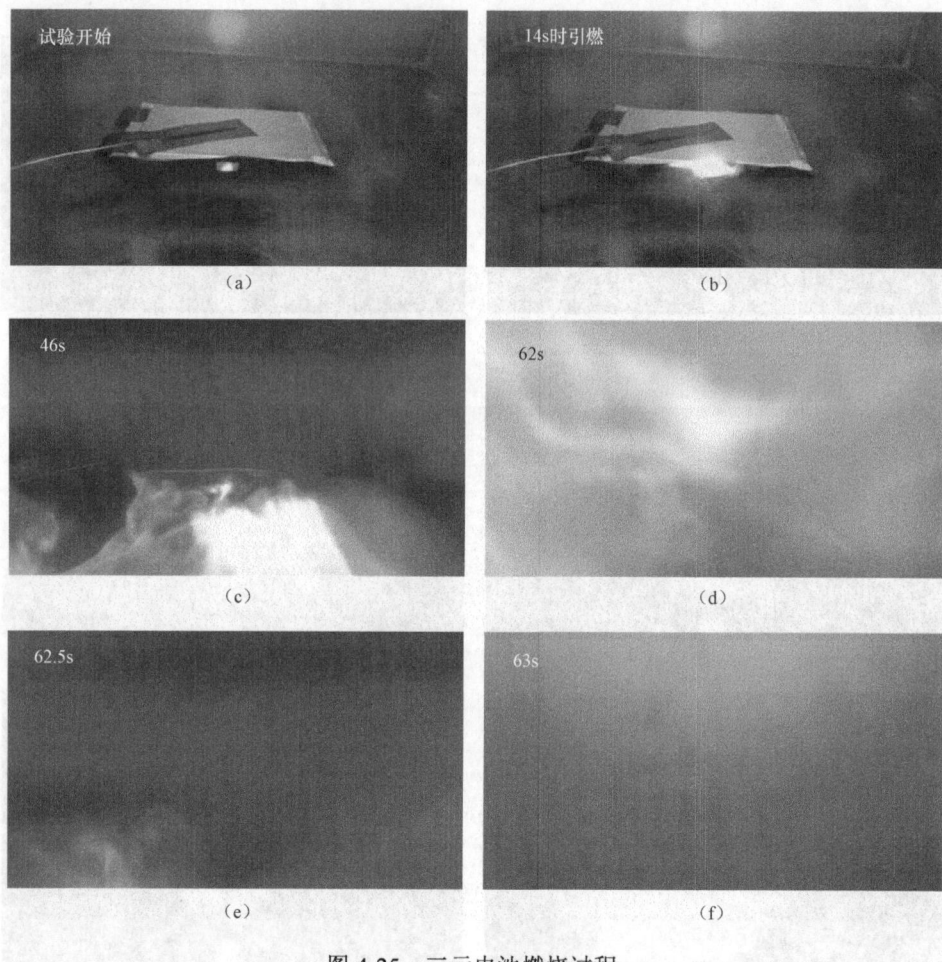

图 4-25　三元电池燃烧过程

（3）电池轰燃结束后，火焰迅速消失，继续产生刺鼻白色烟气。

从以上对三种电池燃烧过程的观察分析可知：

（1）磷酸铁锂电池在中心部位不容易引燃，在铝塑膜侧边可以引燃。磷酸铁锂电池不存在"轰燃"现象，火势相对锰酸锂和三元电池火势较弱，磷酸铁锂电池在整个燃烧过程中一直在产生白色刺鼻烟气，电池在火焰熄灭后存在"阴燃"的情况。

（2）锰酸锂电池易燃，火焰在铝塑膜侧边喷出。锰酸锂电池存在"轰燃"现象，轰燃维持 9s，期间并未产生明显烟气，之后火势减弱并伴随有大量刺鼻白色浓烟产生，电池在火焰熄灭后存在"阴燃"的情况。

（3）三元电池易燃，火焰在铝塑膜侧边喷出。三元电池也存在"轰燃"现象，出现时间迟于锰酸锂电池，但是持续时间长（16s），三元电池在轰燃期间即产生大量白色浓烟，轰燃结束后火焰迅速消失直至熄灭，电池在火焰熄灭后存在"阴燃"的情况。阴燃发生必须满足的条件是：①内部条件，即可燃物必须是受热分解后能产生刚性结构的多孔碳的固体物质；②外部条件，即有一个适合供热强度的热源。电池石墨负极材料满足了内部条件，电池轰燃产生的温度满足了外部条件，所以电池具备阴燃的内外部条件，当周围环境不再缺氧以及电池阴燃时间较短时，可能会发生无焰燃烧到有焰燃烧的转变。

在燃烧试验中，除了对三种电池的过程进行录像记录外，还对电池的温度变化进行了实时记录，包括电池本体温度和电池上方火焰烟气温度，如图 4-26 所示。

根据现场记录来看，锰酸锂电池 B 和三元电池在火焰燃烧加热情况下，在 10～14s 内起火燃烧。从图中温度数据可知，电池本体温度在电池开始燃烧前后阶段迅速上升，这与电池文献中的电池材料热失控现象完全对应，即电池燃烧的触发本质上是电池引发热失控，温度迅速上升，然后因温度升高使电解液汽化，内部压力急剧增大撑破铝塑膜，气态有机溶剂和电解液喷出遇氧气燃烧。

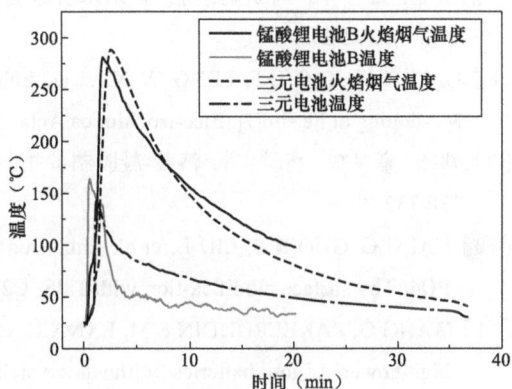

图 4-26 电池燃烧试验温度数据

从图 4-26 还可以看出，电池燃烧过程中火焰温度要明显高于电池本体的温度，并且火焰温度在达到最高点后迅速下降，从现场观察来看，电池燃烧初期火势猛烈，之后出现大量浓烟，这可能是由于以下几点原因引起：

（1）电池燃烧除了电极材料外，主要是电解液遇氧燃烧，这在电池燃烧初期迅速完成，之后是电极材料的燃烧，其速度要慢于电解液。

（2）由于是在燃烧试验箱中进行燃烧试验，在燃烧中后期，箱内的给氧速度慢于燃烧耗氧速度，使得电池在燃烧后期转变为缺氧无焰燃烧。

从电池燃烧过程整体来看，电池在燃烧初期，存在轰燃的典型特征，即从起火开始电池迅速燃烧，极短时间内温度达到最大值，并释放出大量烟气。锂离子电池的着火燃烧部位发生在铝塑膜侧边，而非极耳处。

根据实验分析以及文献来看，锂离子电池火灾事故的起火模式主要是由于电池热失控引起，而引发电池热失控则存在多种可能性，包括外部的高温环境、外部的连接片短路以及不恰当的充电方式等。

本 章 参 考 文 献

［1］YAMADA A, HOSOYA M, CHUNG S C, et al. Olivine-typecathodes: achievements and problems[J]. J Power Sources, 2003(119): 232-238.

［2］TARASCON J M, ARMAND M. Issues and challenges facingrechargeable lithium batteries[J]. Nature, 2001, 414(15): 359-367.

［3］PAHDI A K, NAJUNDASWAMY K S, MASQUELIER C, et al.Effect of structure on the

Fe3+/Fe2+redox couple in iron phosphates[J]. Journal of the Electrochemical Society, 1997, 144 (5): 1609-1613.

[4] ZHANG W J. Structuer and performance of Li Fe PO4cathode ma-terials: a review[J]. Journal of Power Sources, 2011(196): 2962-2970.

[5] NRavet, YChourinard, JFMagnan, et al, Electroactivity of natural and synthetic triphylite[J]. Power Sources, 2001(503): 97–98.

[6] MAJA K, DRAGANA J, MIODRAG M, et al. The use of vari-ous dicarboxylicacids as a carbon source for the preparation of LiFePO4/C composite[J]. Ceramics International, 2015(41): 6753-6758.

[7] 王睿, 钟小华, 刘立炳, 等. 碳纳米管改善磷酸铁锂正极极片的性能研究[J]. 电池工业, 2014, 19(5/6): 262-265.

[8] GAO H Y, JIAO L F, PENG W X, et al. Enhanced electrochemi-cal performance of LiFePO4/C via Mo-doping at Fe site[J]. Elec-trochimica Acta, 2011(56): 9961-9967.

[9] 郑杰, 雍厚辉, 高聪, 等. 溶胶-凝胶制备 Li Fe(PO4)2.99/3Br0.01/C 的性能[J]. 电池, 2013, 43(3): 130-132.

[10] CAI G G, GUO R S, LIU L, et al. Enhanced low temperature electrochemical performances of Li Fe PO4/C by surface modifica-tion with Ti3Si C2[J]. Journal of Power Sources, 2015(288): 136-144.

[11] WANG Q, ZAKEERUDDIN S M, EXNARI, et al. 3-methoxypropionitrile-based novel eld-ctrolytes for high-power Li-ion batteries withnanocrystalline Li4Ti5O12 anode[J]. J Elec-trochem Soc, 2004, 151(10): A 1598-A 1603.

[12] 李平, 安富强, 张剑波等. 电动汽车用锂离子电池的温度敏感性研究综述[J]. 汽车安全与节能学报, 2014, 5(3): 224-237.

[13] Dubarry M, Truchot C, Liaw B Y, et al. Evaluation of commercial lithium-ion cells based on composite positive electrode for plug-in hybrid electric vehicle applications. Part II: Degradation mechanism under 2 C cycle aging[J]. J Power Sources, 2011(196): 10336-10343.

[14] Dubarry M, Truchot C, Liaw B Y, et al. Evaluation of commercial lithium-ion cells based on composite positive electrode for plug-in hybrid electric vehicle applications III: Effect of thermal excursions without prolonged thermal aging[J]. J Elec-chem Soc, 2013, 160(1): A191-A99.

[15] Simon T, Daniel W, Luis B, et al. Low-temperature charging of Lithium-ion cells part I: Electrochemical modeling and experimental investigation of degradation behavior[J]. J Power Sources, 2014(252): 305-316.

[16] Zhang S S, Ku K, Jow T R. An improved electrolyte for the Li Fe PO4cathode working in a wide temperature range[J]. J Power Sources, 2006(159): 702-707.

[17] HERREYRE S, HUCHET O, BARUSSEAU S, et al. New Li-ion electrolytes for low temperature applications[J]. Journal of Power Sources, 2001(97): 576-580.

[18] Fan J, Tan S. Studies on charging lithium-ion cells at low temperatures[J]. J Electrochemical Soc, 2006(153): A1081-A1086.

[19] Remmlinger J, Tippmann S, Buchholz M, et al. Low-temperature charging of lithium-ion cells Part II: Model reduction and application[J]. J Power Sources, 2014(254): 268-276.

[20] 付正阳, 林成涛, 陈全世. 电动汽车电池组热管理系统的关键技术[J]. 公路交通科技, 2005, 22(3):

119-123.

[21] Weichun Chen, Yihwen Wang, Chimin Shu. Adiabatic calorimetry test of the reaction kinetics and self-heating model for 18650 Li-ion cells in various states of charge[J]. Journal of Power Sources, 2016(318): 200-209.

[22] Xuning Feng, Mou Fang, Xiangming He, et al. Thermal runaway features of large format prismatic lithium ion battery suing extended volume accelerating rate calorimetry[J]. Journal of Power Sources, 2014(255): 294-301.

[23] Xuning Feng, Jing Sun, Minggao Ouyang, et al. Characterization of large format lithium ion battery exposed to extremely high temperature[J]. Journal of Power Sources, 2014(272): 457-467.

[24] Hossein Maleki, Guoping Deng, Anaba Anani. Journal of The Electrochemical Society, 1999, 146(9):3224-3229.

[25] Qingsong Wang, Jiahua Sun, Chunhua Chen. Thermal stability of LiPF6/EC+DMC+EMC electrolyte for lithium ion batteries[J]. Rare Metals, 2006, 25(6):94-99.

[26] Qingsong wang, Jiahua Sun, Xiaolin Yao, Chunhua Chen. Thermal stability of LiPF6/EC+DEC electrolyte with charged electrodes for lithium ion batteries[J]. Thermochimica Acta, 2005, 437(1-2):12-16.

[27] Belharouak I, Lu W, Liu J, et al. Thermal behavior of delithiated Li (Ni0.8Co0.15Al0.05)O2 and Li1.1(Ni1/3Co1/3Mn1/3) 0.9O2 powders[J]. Journal of Power Sources, 2007, 174(2): 905-909.

5

储能电池（组）寿命分析与评价

大规模储能电站储能电池全寿命周期评价包含两方面的内容：一方面要评价储能电池是否能够满足储能系统的运行要求，即电池的性能评价；另一方面要评价储能电池当前所处的寿命阶段，即电池的寿命评价。

本章以磷酸铁锂电池和钛酸锂电池为例，介绍了储能电池及电池组的寿命分析评价方法。

（1）电池的寿命衰减是电池内特性和电池外部使用环境、充放电制度等多种因素综合作用的结果，电池在使用的过程中的环境温度、充放电电流、充放电截止电压、荷电状态变化均会对电池的寿命造成影响，在分析评价储能电池的寿命时应充分考虑上述使用变量的影响。

（2）储能电池在不同的放电深度下循环，其寿命的变化规律是不同的。在容量衰退率达到25%之前，电池的即时容量衰退速度与循环次数成倒抛物线型关系，电池在循环过程中的容量衰退速度呈两个阶段，第一阶段电池衰退速度逐渐降低，表明电池趋向于自稳定的状态；第二阶段电池衰退速度逐渐提高，表明电池开始加速老化的阶段。

（3）储能电池组的寿命受到储能电池本身以及成组电池之间的一致性的双重影响，电池组的容量和电压极差具有相关性。

5.1 储能电池寿命分析

锂离子电池寿命是以电池性能的衰退程度来衡量的。电池在使用过程中的性能衰退，既有功率密度的衰退，又有容量的降低，二者之间既相互联系，又有所区别。电池的性能一般如图 5-1 中的点状线所示，在使用期限内总体呈连续的、平缓的下降趋势，且处于相对较窄的一个波动区间内变化，而有问题的电池/电池组，在寿命前期可能外在表现与健康电池没有差别，即有安全隐患的电池不会通过前期的外特性测试检测出来，而是通过使用一段时间后以突变的形式体现出来。

因此，对于电池寿命的研究主要分两个方面，一是对于正常衰退的电池，通过电池健康状态参数

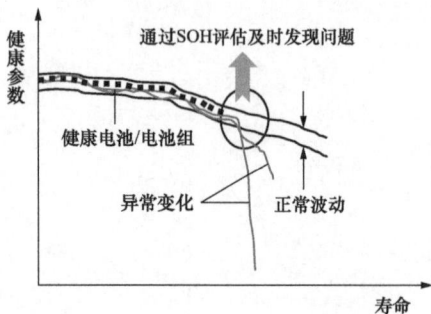

图 5-1　储能电池性能的变化趋势图

的变化趋势来把握电池的剩余使用寿命，调整在电池剩余使用寿命阶段相适宜的工况制度，为电站储能系统的能量管理提供依据；二是对于前期表现正常的电池和已经暴露出问题的电池，通过电池外特性与内特性参数的耦合关系研究，把握电池出现异常变化的电池内在机制、预判电池可能会出现问题的环节，及时发现问题，为电池及电池组的全寿命周期管理和日常检修维护提供依据。

目前，国内外学者对电池寿命评价的研究主要集中于电动汽车用锂离子动力电池。关于锂离子电池性能衰退机理进行系统化的研究工作，是从用于电动汽车的动力电池开始的，最初是由于美国的 PNGV（the partnership for a new generation of vehicles program）计划和 FreedomCAR 计划的推动进行了高功率型动力电池的研究，后来因为锂离子电池的应用日益广泛，包括飞机、光伏发电、储能等领域，研究电池衰退机理的范围也越来越广泛。在锂离子电池的性能衰退机理分析方面，以美国的桑迪亚、阿贡等国家实验室的研究较为深入和全面。

第一代的锂动力电池以锂镍钴氧化物（$LiN_{0.8}Co_{0.2}O_2$）为阴极材料。Chen 等[1]把循环测试后的锂动力电池阴极、阳极分别组装成模拟电池，利用交流阻抗法确定了电池功率衰退的主要原因是阴极电荷转移阻抗的增加，这是阴极表面氧化物颗粒的厚度以及成分的变化导致的。Abraham 等[2]利用 XAS（X-ray absorption spectroscopy）和 HREM（high-resolution electron microscope）证实了循环之后阴极颗粒表面晶体结构和组成均发生了改变，HREM 结果证明电池功率大幅衰退时阴极表面膜变厚。Broussely 等[3]认为温度较高时，电解液与阴极的副反应将成为最主要的老化因素；并且较高的荷电状态（SAC）易产生 CO_2，不溶性副产物会沉积阴极孔隙中，使阴极发生严重的极化现象。

美国 Idaho.IEEE 等国家实验室对于以锂镍钴氧化物为阴极材料的第一代锂动力电池的循环寿命（cycle-life）和储存寿命（calendar-life）[4-6]做了详细研究，结果表明电池内阻的增加与测试时间成平方根关系，这符合锂离子的一维扩散机理和电极 SEI 膜的抛物线型增长模型。针对锂镍钴氧化物阴极表面阻抗明显提高造成电池功率下降的现象，人们尝试用改变材料合成方法[7-9]、使用氧化物进行包覆、掺杂[10-12]等各种手段，取得了显著效果。

后来的研究发现锂镍钴铝氧化物（$LiNi_{0.8}Co_{0.15}Al_{0.05}$）作为电池阴极材料，具有比锂镍钴基阴极材料更高的容量和更长的使用寿命，由此出现了第二代锂动力电池。Bloom 等[13]研究了铝含量对以锂镍钴铝氧化物为阴极的锂动力电池循环寿命和储存寿命的影响。实验结果表明，铝含量在 5% 时，电池 ASI（Area Specific Impedance）增长速度在寿命测试期间由 $t^{1/2}$ 转变到 t（测试周数）；铝含量提高到 10% 后，锂电池性能衰退变缓，ASI 增长速度得到延迟。Abraham 等[14]对这两种不同铝含量的电池在老化后分别组装成纽扣电池进行测试，结果表明阴极、阳极均存在电位循环滞后的现象。但是不同老化程度的阳极滞后程度都很接近，并且阻抗变化也很小，这说明电池的容量衰减与阳极无关。Kobayashi 等[15]利用 XANES（X-ray absorption near-edge structure）证实锂镍钴铝阴极循环使用后，电极表面结构从斜方六面体相转变成立方体相，并且表面出现一层 Li_2CO_3 膜，他们认为这种阴极表面具有电化学惰性的立方相结构和 Li_2CO_3 膜层的出现是引起功率衰退的主要因素。

美国 Idaho 国家实验室针对第二代锂动力电池进行了详细的性能与寿命测试[16]，

试验结果表明电池在循环使用时性能衰退的速度大于储存时性能衰退的速度,温度越高、SOC 越大则性能衰退速度越大。电池 ASI 阻抗与测试时间的关系从初期的抛物线型关系过渡到中期的线性关系,说明电池衰退的控制步骤从扩散过程控制过渡到表面反应速度控制。

动力电池的储存寿命除了与环境温度、SOC 有关外,还受到储存条件的影响。Ramasamy 等[17]对 1.67Ah 的袋状电池在不同温度、充电状态下进行了储存寿命试验,结果表明在 35℃、4.2V 浮充(floating charge)条件下,电池容量损失最大;而在 5℃、4.0V 及开路条件下储存,电池容量损失最小,这是因为在较高温度、电压下溶剂更易分解消耗锂离子,同时生成使电池内阻增加的副产物。锂动力电池的性能衰退,不仅与环境温度、荷电状态、储存条件有关,而且也与充电方式有密切联系。Zhang[18]研究了锂电池充电方式对于锂电池性能的影响,通过研究发现对于小倍率((0.5C)的慢充,使用恒电流充电的方式最好,其次是多阶段恒电流充电、恒功率充电方式;对于较大倍率(1C)的快充,则使用恒定功率充电的方式更好。阻抗分析表明电池反应内阻增长速度大于欧姆内阻增长速度,这使得电池寿命前期的内阻主要表现为欧姆内阻,后期则反应内阻占更大比例。

尖晶石型锰酸锂是较早开始研究的动力电池阴极材料,因为合成条件简单、安全性好,而且成本低,存在的显著问题是高温(>55℃)时锰的溶解会严重影响其循环性能,因此需要通过元素掺杂、表面改性、工艺改良、改进电解液降低游离酸等措施来抑制[9, 19]。Amine 等[20]研究了以尖晶石型锂锰氧化物和镍钴锰三元材料为阴极材料的两类锂离子电池的高温(55℃)下的性能衰退表现。尖晶石型锂锰氧化物锂电池的容量衰退主要由石墨阳极表面锰离子还原造成的阳极/电解液界面电荷转移阻抗的增加引起,通过使用双草酸硼酸(LiBOB)为电解质,有效抑制了锂电池性能的衰退。管道安等[21]研究了 20Ah 锰酸锂动力电池倍率放电容量衰减的原因,认为在低倍率循环条件下,因为氧化过程引起的阴极界面阻抗的增长是导致电池容量衰减的主要原因,而在高倍率条件下,石墨阳极的容量损失则成为电池容量衰减的主要因素。吴宁宁等[22]使用天然石墨做阳极以及改良的电解液后,使锰酸锂动力电池的循环寿命(1C,100%DOD)达到1000 次,并且高、低温性能良好。

层状三元系阴极材料可以作为 HEV 动力电池的候选材料,它具有更长的储存寿命,而且在 3~4.2V 范围内不存在相偏析,所以在功率保持方面应比锂镍钴氧化物更好。Amine 等[20]的实验表明,三元系锂动力电池高温恒压储存 15 周后,电池 ASI 增长了50%并达到稳定,而锂镍钴氧化物电池恒压保持 20 周后,ASI 增长了 120%并且增长趋势逐渐加快。差示扫描量热(DSC)曲线说明三元系比后者具有更好的热安全性。Amine 等使三元材料中的锂含量适度过量,提高了这种材料的功率性能,超过了 FreedomCAR 的要求。Kerlau 等[23]研究了三元材料和锂镍钴铝材料的混合物做电池阴极的衰退机理,非原位谱学表征(Exsitu spectroscopic)表明,在循环过程中阴极表面颗粒之间接触电阻的增长使得这些表面颗粒的荷电状态并不一致,这造成了电极电子通道的恶化,导致电池性能衰退。

美国 Argonne 国家实验室的 Jun Liu 等[24]研究了这种富锂的三元系材料作为功率型动力电池的性能,进行了 HPPC 测试和加速储存寿命测试,数据表明这种电池达到了

FreedomCAR 的要求，放电（再生）脉冲单位阻抗远低于 FreedomCAR 的设定目标。Liu 等[24]认为这种电池容量的衰减是由于碳负极表面 SEI 膜的不稳定引起，因此他们分别使用碳酸乙烯（（VEC，vinylethylene carbonate），双草酸硼酸锂（LiBOB）和二氟草酸硼酸锂（LiODFB，lithium oxalyl difluoro borate）作为添加剂，改善了电池 SEI 膜的稳定性，有效延长了电池寿命。

Liu 等[25]以 $LiCoO_2$ 和三元材料混合物为阴极，通过改变混合物中两种材料的比例使电池高倍率放电能力（15C）优于纯三元材料制成的电池，并且安全性能更好。Chen 等[26]在 $LiPF_6$ 电解液中添加 LiBOB 制成混合型电解液，试验表明 LiBOB 含量提高，虽然会使得电池的动力性能下降，但是有助于高温条件下的容量保持。

磷酸铁锂放电电压平稳，具有良好的安全性和使用寿命，但是本身电导率低（约 $10^{-9}S \cdot cm^{-1}$），为了增加它的电导率，改善高倍率下的性能，人们往往通过掺杂其他元素，或者使用导电材料进行包覆，这些措施克服了磷酸铁锂本身的缺点，使其适于制备大型的功率型锂离子电池[27]。Yao 等[28]采用具有三维微孔结构的集流体，使磷酸铁锂动力电池具有优异的高倍率放电性能，50%SOC 时 25C 倍率下功率最大值是使用普通 Al 集流体的 3 倍多，交流阻抗谱说明使用这种集流体使动力电池阴极电荷转移电阻明显降低。Chen 等[29]合成了具有高度分散、连续的纳米碳网络结构的 $LiFePO_4/C$ 混合阴极材料，这种结构提高了 $LiFePO_4$ 阴极的电子导电率和离子扩散速率，使导电率从 $10^{-9}S \cdot cm^{-1}$ 提高到 $10^{-3}S \cdot cm^{-1}$，阴极具有良好的高倍率性能（>12C）和长循环寿命（>700 次，3C 放电）。Beninati 等[30]利用微波一固相法制备出具有可以高倍率充放电的 $LiFePO_4$ 材料，这种材料不仅能够具备 45C 下的脉冲放电能力，而且脉冲效率达到 77%。

Stnebel 等[31]对碳包覆的 $LiFePO_4$ 动力电池循环测试中的衰退机理进行了研究，他们认为碳包覆的 $LiFePO_4$ 阴极结构稳定，动力电池的衰退是阳极石墨表面 SEl 膜的稳定性引起，拉曼谱测试表明石墨阳极在经过循环测试后电极表面出现铁氧化物的沉积，这种铁氧化物沉积会破坏阳极石墨结构的稳定性，这些铁氧化物可能是由于 HF 酸对阴极 $LiFePO_4$ 的腐蚀而出现的。在阴极集流体表面镀上一层碳膜（<10μm，<0.1mg/cm^2）会极大地降低欧姆电阻，提高电池高倍率放电容量，由此使循环寿命提高 2.5 倍，并且使用碳镀膜集流体的 $LiFePO_4$ 动力电池的阻抗比普通的 $LiFePO_4$ 动力电池阻抗小一个数量级。Thorat 等[32]认为除使用镀碳的集流体降低 $LiFePO_4$ 阴极欧姆阻抗、提高动力电池高倍率容量外，还可以通过改变阴极导电剂成分提高 $LiFePO_4$ 动力电池的功率性能。使用碳纤维与炭黑的混合导电剂，比使用单一导电剂与炭黑和石墨的混合导电剂，效果都要好。这是因为碳纤维不仅具有同石墨相似的导电性，而且长宽比例大，对于提高电子导电率更有效。

根据目前国内外对于电池性能和寿命的评价研究进展来看，多数都集中在电池功率、容量等外特性参数的衰退程度和衰减规律的解析和评估，而这些与电池寿命密切相关，因为电池寿命的定义往往就是这些外特性参数衰退到某个程度时所用的时间或次数。美国先进电池协会制定的EV测试手册把纯动力电池的寿命终点定义为DST净容量降为额定容量的 80%或者是电池在 80%DOD 处的峰值功率衰退到额定值的 80%。美国能源部制定的功率辅助型动力电池测试手册中，考虑到电池性能会发生衰退，所以在寿命测试的设置中就留出了 30%的富余值，这样寿命终点就是脉冲功率性能（pulse power capability）衰退 30%，此时正好满足 FreedomCAR 规定的目标，2005 年 BTLV 手册中则定为 23%～25%。

我国 2008 年度 HEV、EV 用动力蓄电池性能测试规范里规定，电池循环测试中，当放电容量小于额定容量的 80% 时，电池寿命包括常规循环寿命和工况循环寿命都终止。电池健康状态（SOH：state of health）以百分比的形式表现了当前电池的容量能力，即指在一定条件下，电池所能充入或放出电量与电池标称容量的百分比。对一块新的电池来说，其 SOH 值一般设定为 100%，随着电池的使用，电池在不断老化，SOH 逐渐降低，在 IEEE Std 1188-1996 中有明确规定，当动力电池的容量能力下降到 80% 时，即 SOH 小于 80% 时，就应该更换电池。

综上，电池的寿命衰减是电池内特性和电池外部使用环境、充放电制度等多种因素综合作用的结果，电池在使用的过程中的环境温度、充放电电流、充放电截止电压、荷电状态变化均会对电池的寿命造成影响，国内外学者已经开展较多的关于锂离子动力电池寿命的研究及应用，为开展储能电池的寿命评价及在规模化电池储能系统的协调控制理论研究方面提供了一些可参考的理论依据。

5.2 储能电池寿命评价

储能电池的容量保持率是衡量储能电池健康状态的重要表征参数，也是储能电池寿命评测的主要指标，因此对于储能电池健康状态的评估主要是以围绕电池容量保持率来展开的。对于电池寿命的评测，常规的方法是以恒流方式来进行，考虑到电站储能应用是以功率的方式来输入/输出能量，因此在本实验方案中设置了两种测试模式（恒流模式、恒功率模式），同时考虑到电池荷电状态的变化会影响电池的内特性从而改变电池外特性，因此设置了不同放电深度的测试项目以考察荷电状态变化对于电池寿命的影响。

（1）不同 DOD 的循环寿命测试方案。

以 1C 倍率对储能电池进行不同 DOD 的循环测试，DOD 分别为 40、60、80、100%DOD，具体测试步骤为：

1）对电池进行 1C 倍率充电，充到截止最高电压为止；

2）搁置 5min；

3）对电池进行 1C 倍率放电，调整电池 SOC 为 50%SOC；

4）搁置 5min；

5）对电池进行 1C 恒流充电，分别充到 70%、80%、90%、100%SOC；

6）对电池进行 1C 恒流放电，分别放到 30%、20%、10%、0%SOC；

7）重复步骤 5）～6）循环 1000 次；

8）对电池进行 1C 倍率放电，放到截止最低电压为止；

9）对电池进行 1C 倍率容量标定，重复 3 次，以最后一次容量为准；

10）重复 1）～9），直到电池容量衰减到初始容量的 80%；

11）结束试验。

设置多种 DOD 变化区间来进行储能电池的寿命试验，目的是通过 DOD 来把握电池 SOC 变化范围对于储能电池性能的影响。测试示意图如图 5-2 所示。

（2）不同倍率/功率的循环寿命测试方案。

以 0.3、0.5、1C 倍率和 0.5P 对储能电池进行全充全放的循环测试，具体测试步骤为：

1）对电池进行 1C 倍率放电，放到截止最低电压为止；

2）搁置 5min；

3）对电池进行 nC 恒流充电或 0.5P 充电，充到最高截止电压为止（n=0.3，0，5，1）；

4）搁置 5min；

5）对电池进行 nC 恒流放电或 0.5P 放电，放到最低截止电压为止（n=0.3，0，5，1）；

6）重复步骤 3）～5）循环 1000 次；

7）搁置 5min；

8）重复 1）～7），直到电池容量衰减到初始容量的 80%；

9）结束试验。

图 5-2　10%DOD 循环测试示意图

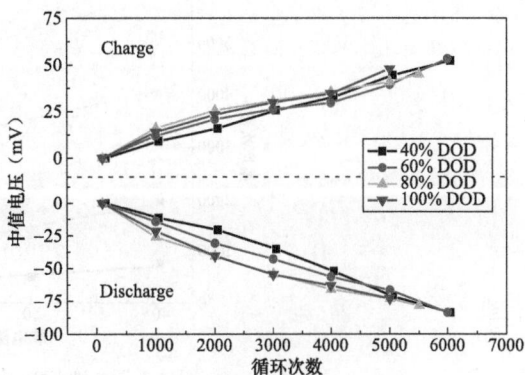

（3）不同 DOD 的循环寿命测试结果。

图 5-3 是 40%DOD 下的电池恒流充放电循环测试过程中每隔 1000 次左右循环后进行的容量标定曲线，从图中可以定性看出储能电池性能的逐步衰退，表现为充电时间、放电时间的逐渐减小，尤其是充放电平台随着充放电次数在逐渐缩短，这对应着充电容量和放电容量的降低，从图 5-4 中可以看出，当循环到 4050 次时电池容量衰减到初始循环时的 80%。

除了容量的降低外，从充放电标定曲线还可以看出，在电池容量逐渐降低的同时，充电电压曲线在逐步提高、放电电压曲线在逐步下降，为了定量表示这种变化，计算了充电和放电过程中的电池中值电压的差值，计算公式如下：

$$U = \frac{Energy(Wh)}{Capacity(Ah)} \tag{5-1}$$

不同 DOD 循环测试过程中电池的中值电压的变化情况，见图 5-4 所示，可以看到，虽然 DOD 的差异使得电池在循环过程中的中值电压变化略有差异，但是基本上均符合单调递增/递减的趋势。

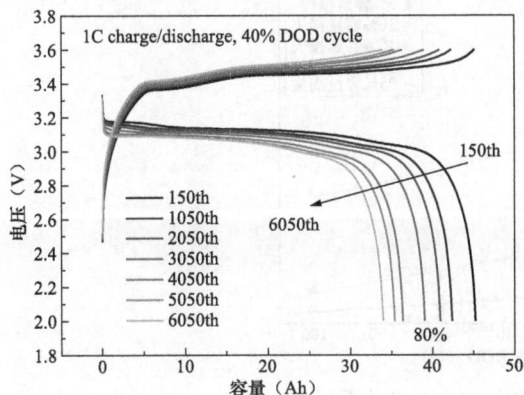

图 5-3　40%DOD 循环测试中的容量标定图

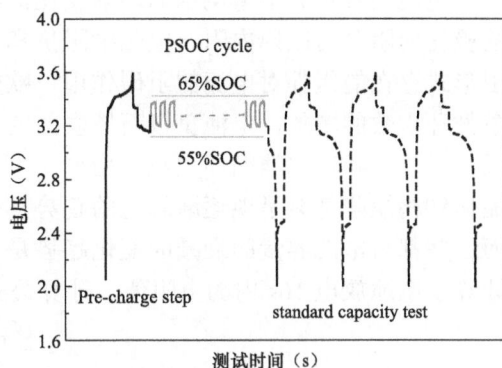

图 5-4　电池中值电压变化图

电池的容量和中值电压的逐渐变化，与电池的极化内阻存在着一定的关联性，电池的极化内阻分为欧姆内阻、电化学阻抗和扩散阻抗三部分。欧姆内阻表示电池内部以电阻形式存在的组件对电流的阻碍作用，欧姆内阻来自于电极、电解液和隔膜等部件，随着循环次数的增加，电池负极石墨表面的 SEI 膜逐渐变厚，这会导致欧姆内阻的显著增长；另外，随着电池循环次数的增加，电极材料与电解液中间的固液相界面、电极材料晶体结构缺陷都会呈现逐渐恶化的趋势，也同样会导致电化学阻抗和扩散阻抗的增加，而这些都与电池容量的衰减的变化趋势是一致的。为了表征电池的极化内阻的变化情况，计算了电池放电 10s 内的电阻值，计算公式如下：

$$R = \frac{U_{100\%SOC} - U_{1os}}{I_{discharge}} \tag{5-2}$$

不同 DOD 循环测试过程中电池的 10s 极化内阻的变化情况，如图 5-5 所示，可以看到，虽然 DOD 的差异使得电池在循环过程中的极化内阻变化略有差异，但是基本上均符合单调递增/递减的趋势。

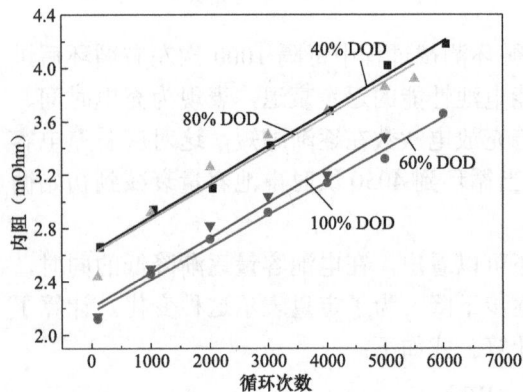

图 5-5　电池 10s 放电极化内阻变化图

电池循环过程中的 DOD 对于电池容量衰减有着显著的影响，为了考察这种影响，将不同 DOD 下循环的储能电池每隔 5%的容量损失所对应的循环次数与电池循环所对应的 DOD 作图，如图 5-6 所示。从图 5-6 可以看出，容量衰减相同程度下，DOD 小的电池经历的循环次数要长于 DOD 大的电池经历的循环次数，并且容量衰减越大，经历的循环次数相差越大。另外，同样的容量衰减率下，电池循环的 DOD 与经历的循环次数近似成单调线性关系，根据这种单调线性关系可以大致推算出不同 DOD 循环的储能电池的循环寿命，以及根据系统要求的循环次数和 DOD 条件推算出储能电池的容量衰减情况，从而为电站储能系统的能量管理提供依据。

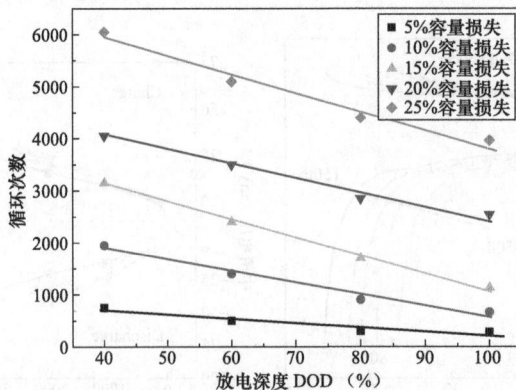

图 5-6　电池循环次数与放电深度关系

图 5-7 是电池在不同条件下循环时的容量保持率的变化情况，经过对电池容量保持

率 R_C 与循环次数 n 的关系进行多项式拟合，数学关系表达式为：

$$R_C = 1 + B \cdot n + C \cdot n^2 + D \cdot n^3 \tag{5-3}$$

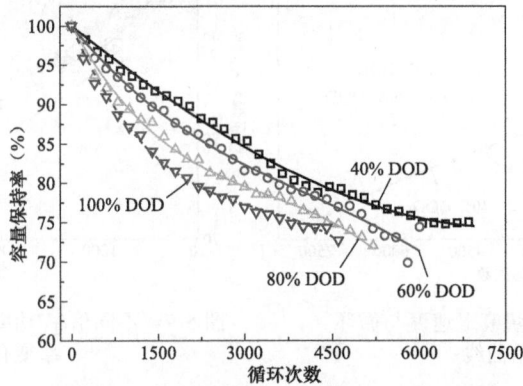

图 5-7　不同放电深度下的电池容量保持率

其中，参数 B、C、D 的拟合数值如表 5-1 所示。

表 5-1　　　　　　　　　　　　拟　合　的　函　数　值

DOD/%	B	C	D	Adj.R-Square
40	-5.81×10^{-5}	1.69×10^{-9}	2.01×10^{-13}	0.994 36
60	-8.97×10^{-5}	1.36×10^{-8}	-1.11×10^{-12}	0.992 76
80	-1.34×10^{-4}	3.11×10^{-8}	-3.04×10^{-12}	0.993 33
100	-1.69×10^{-4}	4.48×10^{-8}	-4.54×10^{-12}	0.993 40

通过对上述公式一阶求导，得出电池的即时容量衰退速度 v_C（‰/次）公式：

$$v_C = B + 2C \cdot n + 3D \cdot n^2$$

从图 5-8 可知，在容量衰退率达到 25% 之前，电池的即时容量衰退速度与循环次数成倒抛物线型关系，电池在循环过程中的容量衰退速度呈两个阶段，第一阶段电池衰退速度逐渐降低，表明电池趋向于自稳定的状态；第二阶段电池衰退速度逐渐提高，表明电池开始加速老化的阶段。另外，从图 5-8 中可以看出 DOD 对于电池容量衰退速度的影响，从深充深放到浅充浅放模式，电池容量衰退速度是逐渐变化的，对于 40%DOD 的电池容量衰退情况与其他 DOD 完全不同，反映出电池在较窄 SOC 范围内波动时性能变化的特殊性。

（4）不同倍率/功率的循环寿命测试结果。

储能电池的容量衰减情况在寿命的不同阶段会有所不同，由图 5-9 所示，在 1000 次以内，0.3C～0.5C 循环，电池容量衰减没有明显差别，1.0C 循环的电池容量衰减相对较大；1000 次以后，0.3C、0.5C 和 1.0C 循环的电池容量衰减差别越来越明显。总的来说，倍率对于储能电池容量的影响，在容量保持率降到 90% 之前，影响相对较小，在容量保持率降到 90% 以下后，影响相对较大。另外，以恒功率对电池进行充放电和以恒电流对电池进行充放电，对电池容量衰减的影响也有较大的区别，从图 5-9 中可以看出 0.5P 循环的储能电池相对 0.5C 循环的储能电池容量保持率相对较高一些。

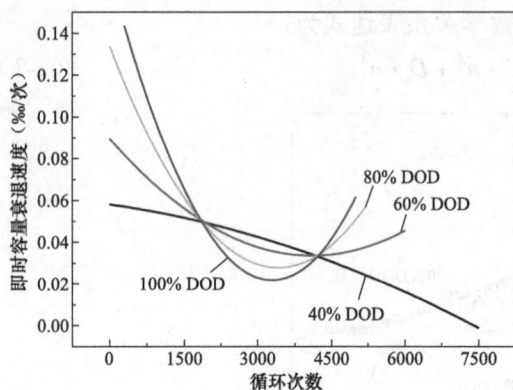

图 5-8　电池即时容量衰退速度与循环
次数关系曲线

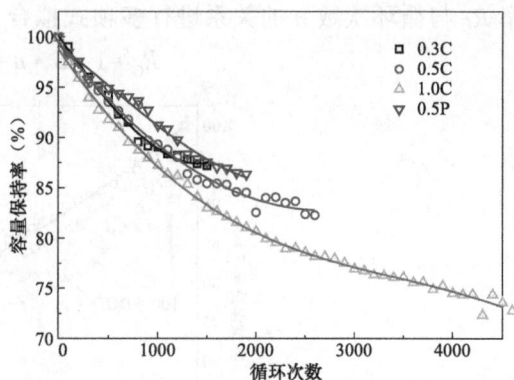

图 5-9　不同倍率/功率循环的电池容量保持
率变化情况

经过对电池容量保持率 R_C 与循环次数 n 的关系进行多项式拟合，得出数学关系表达式为：

$$R_C = 1 + B \cdot n + C \cdot n^2 + D \cdot n^3 \tag{5-4}$$

其中，参数 B、C、D 的拟合数值如表 5-2 所示。

表 5-2　　　　　　　　　　　　　拟 合 的 函 数 值

倍率	B	C	D	Adj.R-Square
0.3C	-1.41×10^{-4}	9.05×10^{-9}	1.89×10^{-11}	0.990 57
0.5C	-1.29×10^{-4}	2.67×10^{-8}	-3.54×10^{-12}	0.982 28
1C	-1.34×10^{-4}	3.11×10^{-8}	-3.04×10^{-12}	0.993 33
0.5P	-7.79×10^{-5}	-1.06×10^{-8}	7.86×10^{-12}	0.981 67

5.3　储能电池组寿命评价

储能电池组寿命一般要小于储能电池单体的寿命，其容量衰减速度要快于电池单体容量衰减的速度。要提高储能电池组的运行寿命，就需要分析储能电池组的容量衰减情况，判断储能电池组容量衰减的具体原因，从而通过储能系统运行维护延缓电池组的容量衰减。这里以 10 串磷酸铁锂电池组、8 串钛酸锂电池组为例，分析电池组的容量衰减现象。

磷酸铁锂电池组是由 10 个电池单元串联而成，充放电制度为在额定倍率 1C 下充电、放电至截止电压，重复进行，记录测试期间的电池组容量、各串联单元电压值。磷酸铁锂电池组的充放电截止电压为 3.6V、2.0V，试验环境为恒温试验箱，设置温度为 20℃。钛酸锂电池组是由 8 个电池单元串联而成，充放电制度为在额定倍率 1C 下充电、放电至截止电压，重复进行，记录测试期间的电池组容量、各串联单元电压值。钛酸锂电池组的充放电截止电压为 2.8V、1.5V，试验环境为恒温试验箱，设置温度为 20℃。

钛酸锂和磷酸铁锂储能电池组的充放电末期串联单元的充放电截止电压分布如图 5-10 所示。钛酸锂和磷酸铁锂电池组分别是 8 个、10 个电池单元串联而成，充放电制度为在额定倍率下充电、放电至截止电压，重复进行，记录测试期间的电池组容量、各串联单元电压值。

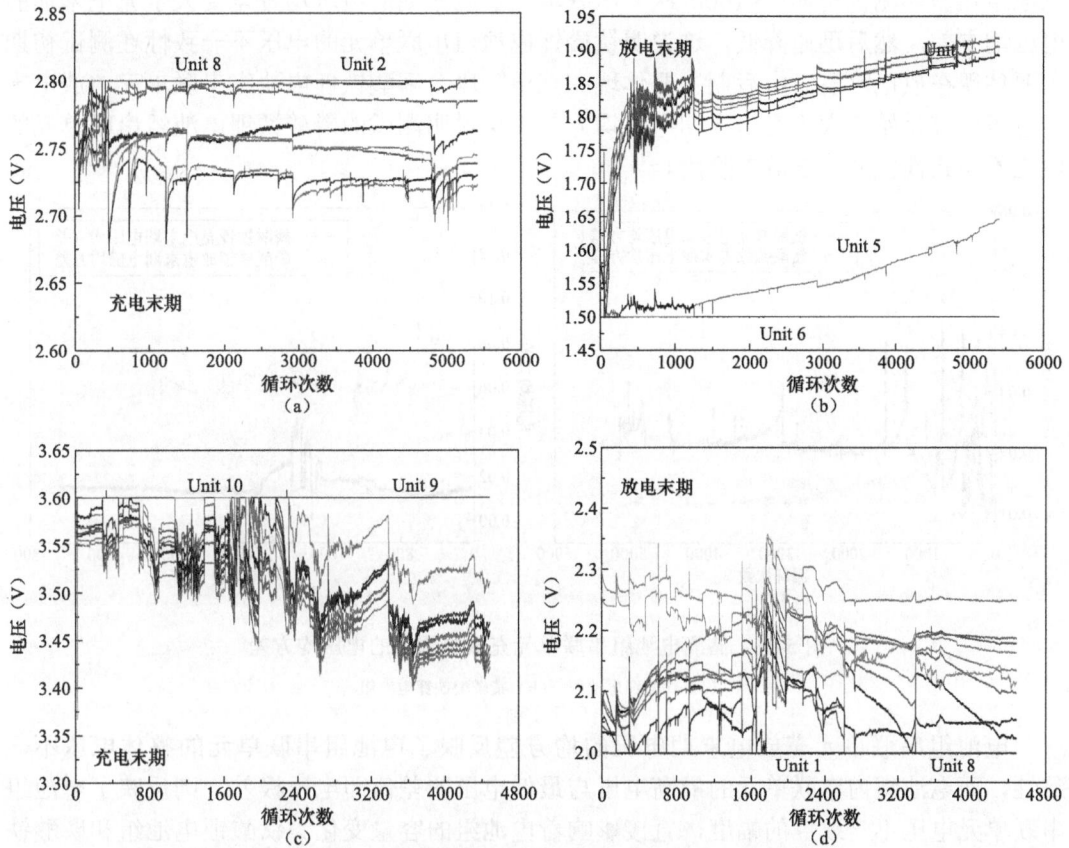

图 5-10 储能电池组串联单元充放电末期电压分布

（a）某钛酸锂电池组充电末期电压分布；（b）某钛酸锂电池组放电末期电压分布；（c）某磷酸铁锂
电池组充电末期电压分布；（d）某磷酸铁锂电池组放电末期电压分布

钛酸锂电池组和磷酸铁锂电池组在测试过程中各串联单元在每次充放电截止时刻的电压值如图 5-10 所示。钛酸锂电池组及磷酸铁锂电池组的充放电截止电压均有频繁波动，两种电池组均出现了电压由电池组其中某些串联单元电压交替控制的情况。

测试的钛酸锂电池组和磷酸铁锂电池组的电压变化，总体来看有两个特征：①短期内电压的小幅度可逆变化，表现为当次循环后电压迅速恢复；②较大幅度的准可逆变化，表现为当次循环后电压恢复缓慢。对于前一个特征，是由于测试过程中在线数据的定期存储所致，在测试阶段，采集、处理的数据量巨大，需要定期的临时停止试验，转移、储存测试数据，这种外界环境不变、暂时停止试验的情况，对电池组的影响较小。对于后一个特征，主要是在长期测试过程中，由于设备故障、节假日等因素导致电池组测试出现较长时间的中断，对于电池组可能会造成一定的损伤。

电池组中各串联单元电压的不一致性在长期循环测试过程中始终发生着变化，为了充分反映电池组串联单元电压的不一致性变化特征，排除了控制电池组充放电过程的个别串联单元电压值（如钛酸锂电池组放电过程的 Unit 5、Unit 6 串联电池单元），计算出电池组串联单元在每次充放电截止时刻的电压的均方差计算值，如图 5-11 所示。钛酸锂电池组在循环测试初期（<1000 次）串联单元放电末期的电压均方差要大于充电末期的电压均方差，然后迅速降低，这说明钛酸锂电池组串联单元的电压不一致性在测试初期主要体现在放电阶段，中后期主要体现在充电阶段。磷酸铁锂电池组串联单元的放电末期电压均方差始终大于充电末期电压均方差，这说明测试的磷酸铁锂电池组串联单元的电压不一致性主要在于放电阶段。

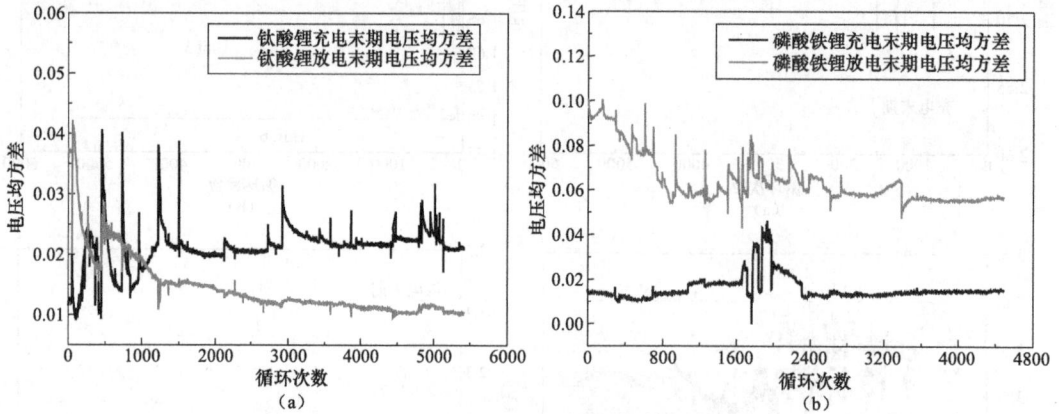

图 5-11　储能电池组串联单元充放电末期的电压均方差

（a）钛酸锂电池组；（b）某磷酸铁锂电池组

电池组串联单元充放电末期电压的均方差反映了电池组串联单元的整体电压不一致性，而电池组内串联单元的最高电压与最低电压的差值即电压极差，则反映了电池组串联单元电压不一致性的幅度，直接影响着电池组的容量变化。钛酸锂电池组和磷酸铁锂电池组的电压极差和电池组容量，如图 5-12 所示。

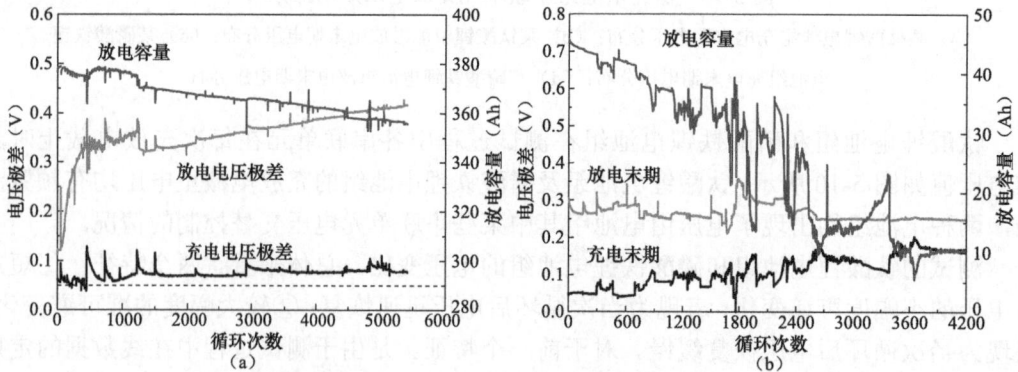

图 5-12　储能电池组容量及串联单元电压极差

（a）钛酸锂电池组；（b）磷酸铁锂电池组

从图 5-12 可知，钛酸锂电池组放电末期的串联单元电压极差在循环测试前期快速升高，而充电末期串联单元电压极差则变化幅度相对较小；磷酸铁锂电池组的放电末期串联单元电池极差的变化相对钛酸锂电池组较小。

钛酸锂电池组容量保持率明显高于磷酸铁锂电池组，这体现了钛酸锂电池长寿命的优势。但是通过串联单元电压极差的数据对比可以看到，磷酸铁锂电池组的充放电电压极差与钛酸锂基本没有太大差别，反而钛酸锂电池组的放电末期电压极差要明显大于磷酸铁锂电池组，这说明电压极差不是影响钛酸锂电池组寿命的关键因素。

评价两个变量之间是否存在依存关系以及相关程度，往往采用统计学中的 Pearson 相关性分析方法。对测试的电池组容量和充放电末期电压极差进行 Pearson 相关性分析，钛酸锂电池组和磷酸铁锂电池组的相关性分析结果分别如表 5-3、表 5-4 所示。

表 5-3　　　　　　　　　　钛酸锂电池组相关性分析结果

		充电电压极差	放电电压极差
电池组容量	Pearson 相关性	−0.549*	−0.750*
	显著性（双侧）	0.000	0.000
	N	5442	5442

注　* 在 0.01 水平（双侧）上显著相关。

表 5-4　　　　　　　　　　磷酸铁锂电池组相关性分析结果

		充电电压极差	放电电压极差率
容量	Pearson 相关性	−0.973*	0.405*
	显著性（双侧）	0.000	0.000
	N	4485	4485

注　* 在 0.01 水平（双侧）上显著相关。

从表 5-3、表 5-4 可知，钛酸锂电池组容量与充、放电电压极差之间在 0.01 水平上均显著负相关；磷酸铁锂电池组容量与放电电压极差之间在 0.01 水平上显著正相关，而与充电电压极差之间在 0.01 水平上存在极强的负相关性。

从测试的电池组容量变化情况来看，钛酸锂电池组容量变化相对平缓，磷酸铁锂电池组容量波动非常明显，而与电池组容量的波动同时发生的是电池组串联单元充放电末期电压极差也存在着一定的波动，为了定量表征这种变化，以 10 次循环数据作为一个计算周期，计算电池组容量和充放电电压极差的变异系数（CV），结果如图 5-13 所示。

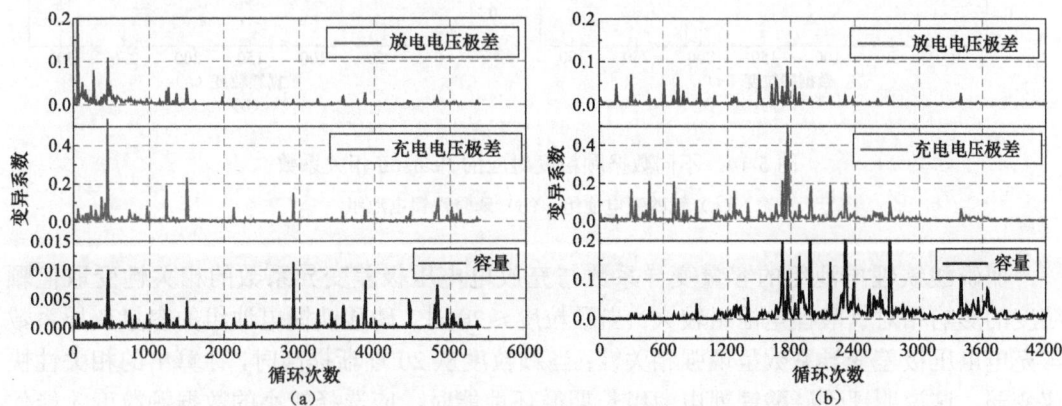

图 5-13　储能电池组容量和充放电极差的变异系数

（a）钛酸锂电池组；（b）磷酸铁锂电池组

从图 5-13 可知，对于测试的钛酸锂电池组，容量的变异系数数值范围比磷酸铁锂电池组容量的变异系数小一个数量级，说明钛酸锂电池组容量波动性更小，容量更加稳定。

对于测试的磷酸铁锂电池组，它的充电电压极差的变异系数相对放电电压极差和容量的变异系数变化幅度更大，说明磷酸铁锂电池组的充电电压极差的波动性最大，其次是放电电压极差、容量。在大约 1500 次之前磷酸铁锂电池组容量变异系数较小，说明在此循环次数之前电池组容量波动性相对较小，电池组比较稳定，此时容量保持率在大约 83% 以上；在 1500～4000 次左右它的容量变异系数较大，相应地在此循环次数期间电池组容量波动剧烈，此时容量保持率在大约 23%～83% 之间；在 4000 次以后电池组容量变异系数趋于 0，说明电池组容量在低于 23% 后，电池组重新达到稳态。

电池组在长期循环过程中积累的数据量庞大，在进行电池组性能的分析评价时首先面对的是数据的取值计算策略，取值范围过大可能会掩盖存在的客观问题，取值范围过小会增加计算量延长计算时间。上图是分别以不同颗粒度（$n=5$，10，20，…，300）为一组数据集合计算电池组的容量、充放电电压极差变异系数，进行 Pearson 相关性分析的结果。从图 5-14 可知，钛酸锂电池组的容量变异系数与充电电压极差变异系数的相关性在颗粒度为 5～300 范围内均强于容量变异系数与放电电压极差变异系数的相关性，且颗粒度对于钛酸锂电池组容量变异系数与充放电压极差变异系数相关性的影响相对磷酸铁锂电池组较弱，说明对于钛酸锂电池组长期循环性能的评价可以采用相对更大的数据颗粒度取样策略。

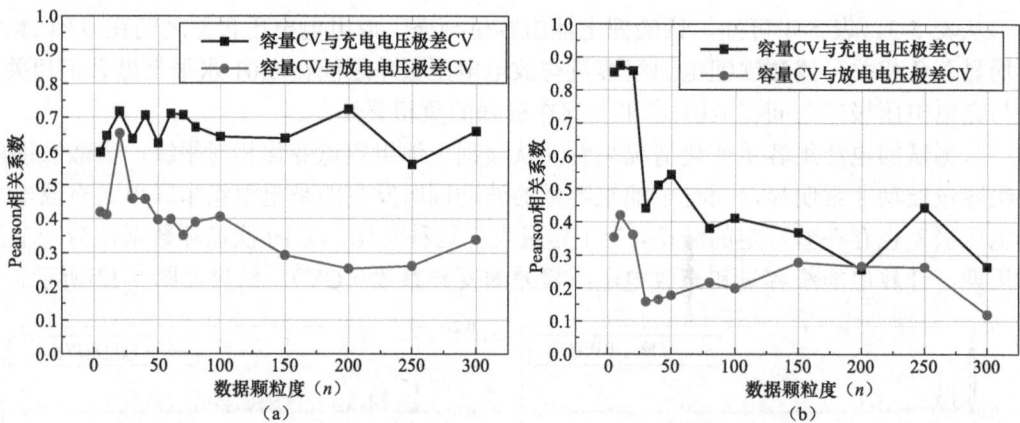

图 5-14　不同数据颗粒度对应的 Pearson 相关系数

（a）钛酸锂电池组；（b）磷酸铁锂电池组

而磷酸铁锂电池组的容量变异系数与充放电电压极差变异系数的相关性受取值颗粒度的影响相对钛酸锂电池组较大。当颗粒度≤20 时，磷酸铁锂电池组的容量变异系数与充电电压极差变异系数呈现强相关性；当颗粒度从 20 逐渐提高时，计算出的相关性快速变弱，这说明评价磷酸铁锂电池组长期循环性能时，应选择较小的数据颗粒度才能体现出磷酸铁锂电池组的实际情况。

本 章 参 考 文 献

［1］ Chen C H, Liu J, Amine K. Symmehic cell approach and impedance spectroscopy of high power lithium-ion batteries [J]. Journal of Power Sources, 2001, 96: 321.

［2］ Abraham D P, Twesten R D, Balasubramanian M, Petrov I, McBreen J, Amine K. Surface changes on LiNiCoO$_2$ particles during testing of high-power lithium-ion cells [J]. Electrochemistry Communications, 2002, 4: 620.

［3］ Broussely M, Biensan P H, Bonhomme F, Blanchard Ph, Herreyre S, Nechev K, Staniewicz R J. Main aging mechanisms in Li ion batteries [J]. Journal of Power Sources, 2005, 146: 90.

［4］ Randy B W, Chester G M. Cycle-Life Studies of Advanced Technology Development Program Gen 1 Lithium Ion Batteries [R]. Idaho State: U.S. Department of Energy, March.

［5］ Yoshinori K, Akira K, Katsunori Y, et al. A study on the cycle performance of lithium secondary batteries using lithium nickel-cobalt composite oxide and graphite/coke hybrid carbon [J]. Electrochim Acta, 2002, 47: 1691.

［6］ Christopherxn J P, Motioch C C, Chinh D H, Glenn D F, Wright R B, Belt J R, Murphy T C, Duong T Q, Battaglia V S. DOE Advanced Technology Development Program for Lithium-Ion Batteries: INEEL Gen 1 Final Report [R]. Idaho State: U.S. Department of Energy, September 2002.

［7］ Liu H S, Yang Y, Zhang J J. Investigation and improvement on the storage property of LiNiCoO$_2$ as a cathode material for lithium-ion batteries[J]. Journal of Power Sources, 2006, 162: 644.

［8］ Yang Z X, Wang B, Yang W S, Wei X. A novel method of submicron-sized LiNiCoO$_2$ cathode material for the preparation[J]. Electrochimic Acta, 2007, 52: 8069.

［9］ Liu H, Zheng L F, Deng L Z. Research and application status on high power lithium-ion batteries and key materials [J]. Advanced Material Industry (in China.), 2006, 9: 44.

［10］ Hyung W H, Kyung H J, Nan J Y, Hong M Z, Kim K. Effects of surface modification on the cycling stability of LiNiCoO$_2$ electrodes by CeO$_2$ coating[J]. Electrochimica Acts, 2005, 50: 3764.

［11］ Xiang J F, Chang C X, Yuan L J, Sun J T A simple and effective strategy to synthesize battery Al$_2$O$_3$-coated LiNiCoO$_2$ cathode materials for lithium ion[J]. Electrochemistry Communications, 2008, 10: 1360.

［12］ Ma XL, Wang CL, Han XY, Sun JT. Effect of AlPO$_4$ coating on the electrochemical properties of LiNiCoO$_2$ cathode material[J]. Journal of Alloys and Compounds, 2008, 453: 352.

［13］ Bloom I, Potter HGJohnson C S, Gering K L, Christophersen J P. Effect of cathode composition on impedance rise in high-power lithium-ion cells: Long-term aging results [J]. Journal of Power Sources, 2006, 155: 415.

［14］ Abraham D P, Knuth J L, Dees D W, Bloom I, Christophersen J P. Performance degradation of high-power lithium-ion cells-Electrochemistry of harvested electrodes [J]. Journal of Power Sources, 2007, 170: 465.

［15］ Kobayashi H, Shikano M, Koike S, Sakaehe H. Ikenaga E, Kobayashi K, Tatsumi K. Investigation of positive electrodes after cycle testing of high-power Li-ion battery cells I An approach to the power fading mechanism using XANES [J]. Journal of Power Sources, 2007, 174: 380.

[16] Christopherson J P, Bloom I, Thomas E V, Gering K L, Henriksen G L, Battaglia V S, Howell D. Advanced Technology Development Program for Lithium-Ion Batteries: Gen 2 Performance Evaluation Final Report[R]. Idaho State: U.S. Department of Energy, July 2006.

[17] Ramasamy R P, White R E, Popov B N. Calendar life performance of pouch lithium-ion cells [J]. Journal of Power Sources, 2005, 141: 298.

[18] Zhang S S. The effect of the charging protocol on the cycle life of a Li-ion battery [J]. Journal of Power Sources, 2006, 161: 1385.

[19] Liu X J, Xiao C W, Yu B, Dong J, Wang J Q. Research progress on Lithium batteries for hybrid electric vehicles [J]. Chinese Journal of Power Sources, 2007, 31: 509.

[20] Amine K. Liu L, Belharouak I, Kang S H, Bloom I, Vissers D, Henriksen C. Advanced cathode materials for high-power applications [J]. Journal of Power Sources, 2005, 146: 111.

[21] Guan D A, Liu Q, Peng Y T, Tang Z Y Research on discharge capacity degradation of 20Ah lithium-ion batteries [J]. Guangdong Chemical Industry，2008, 36: 1.

[22] Wu NN, Lei XL, Xu H, Xu JL, Yang YW. Research on $LiMn_2O_4$-based power battery system [J]. Acta Scientiarum Naturalium Universitatis Peinensis, 2006, 42（Special Issue）: 67.

[23] Kerlau M, Marcinek M, Srinivasan V, Kostecki R M. Studies of local degradation phenomena in composite cathodes for lithium-ion batteries [J]. Electrochimica Acts, 2007, 52: 5422.

[24] Liu J, Chen Z H, Bucking S, Belharouak I, Amine K. Effect of electrolyte additives in improving the cycle and calendar life of Graphite/Li $[Ni_{1/3}Co_{1/3}Mn_{1/3}]$ O_2 Li-Ion cells [J]. Journal of Power Sources, 174: 852.

[25] Liu X J, Zhu G, Yang K, Wang J Q. A mixture of $Li[Ni_{1/3}Co_{1/3}Mn_{1/3}]O_2$ and $LiCoO_Z$ as positive active material of LiB for power application [J]. Journal of Power Sources. 2007. 174: 1126.

[26] Chen Z H, Lu W Q, Liu J, Amine K. $LiPF_6$/L, iBOB blend salt electrolyte for high-power lithium-ion batteries[J]. Electrochimica Acta, 2006, 51: 3322.

[27] Bi D Z. Development of batteries for HEV. Chinese Battery Industry, 2007, 12: 262.

[28] Yao M, Okuno K, Iwaki T, Kato M. Tanase S. Emura K, Sakai T. $LiFePO_4$-based electrode using micro-porous current collector for high power lithium ion battery [J]. Journal Power Sources, 2007, 173: 545.

[29] Chen J M, Hsu C H, Lin R Y, Hsiao M H, Fey G T K. High-power $LiFePO_4$ cathode materials with a continuous nano carbon network for lithium-ion batteries [J]. Journal of Power Sources, 2008, 184: 498.

[30] Beninati S, Damen L, Mastragostino M. MW-assisted synthesis of $LiFePO_4$ for high power applications [J]. Journal of Power Sources, 2008, 180: 875.

[31] Striebel K, Shim，Sierra 1, Yang Hui, Song X Y, Kostecki R, McCarthy K. The development of low cost $LiFePO_4$-based high power lithium-ion battery [J]. Journal of Power Sources, 2005, 146: 33.

[32] Thorat IV, Mathur V, Harb J N, Wheeler D R. Performance of carbon-fiber-containing $LiFePO_4$ cathodes for high-power applications [J]. Journal of Power Sources, 2006, 162: 673.

6

大规模储能系统海量电池数据
采集、存储及管理技术

本章针对大规模储能系统海量电池数据采集、存储及管理方法进行了阐述。并基于案例，说明了电池管理系统中不同类型储能电池的数据采集精度、存储颗粒度等对后续电池状态分析的影响。基于 Hadoop 结构，分析了其在大规模电池储能系统的应用案例。

6.1 电池管理系统的通用技术要求

电池管理系统（BMS）是储能系统运行控制与监控管理中的重要组成部分，对电池组的运行至关重要，良好的 BMS 包含如下功能：

（1）电池参数检测。含总电压、总电流、单体电池电压检测（防止出现过充、过放、甚至反极现象）、温度检测、烟雾探测、绝缘检测、碰撞检测、阻抗检测等。

（2）电池状态估计。包括荷电状态（state of charge，SOC）或放电深度（depth of discharge，DOD）、健康状态（state of health，SOH）、功能状态（state of function，SOF）。根据放电电流、温度、电压等条件，估计电池的 SOC 或 DOD。根据电池衰减和滥用程度，估计电池的 SOH。根据电池 SOC、SOH 和使用环境，估计电池的 SOF。

（3）在线故障诊断。故障包括：传感器故障、执行器故障、网络故障、电池本身故障、过压（过充）、欠压（过放）、过流、超高温、超低温、接头松动、可燃气体浓度超标、绝缘故障、一致性故障、温升过快等。

（4）电池安全控制与报警。包括热系统控制、高压电安全控制。当诊断到故障后通过网络通知储能变流器进行处理（超过一定阈值时 BMS 也可以切断主回路电源），以防止高温、低温、过充、过放、过流、漏电等对电池和人身的损害。

（5）充电控制。BMS 根据自身电池的特性以及储能变流器的功率等级，通过控制充电机来给电池充电。

（6）电池均衡。根据单体电池信息，采用均衡充电、耗散或非耗散等均衡方式，使单体间的荷电量尽可能一致。

（7）热管理。根据电池组内温度分布信息及充电或放电需求，决定是否启动加热或散热，以及加热功率、散热功率的大小。

（8）信息存储。电池组数据存储包括总电压、总电流、单体电池电压、温度和状态信息等的存储。

在上述功能中，电池参数检测为所有其他功能的基础和输入，是所有其他功能要良好运行的依靠，电池参数检测中总电压、总电流和单体电池电压检测是 BMS 运行的基础。目前总电压、总电流和单体电池电压检测的主要技术参数指标是其测量精度、测量范围和采样频率，测量范围和采样频率是多数 BMS 都可以满足的，而单体电池电压测量精度要求较高，因此尤其要引起重视。

功能（1）所得到的电压和电流等信号可以通过功能（8）进行存储以开展离线分析。离线数据的存储作为大数据的一部分，可以对实际工况下的电池组性能与衰减、电池组工况和充电策略等一系列问题有深入的了解；作为特例，存储数据的分析结果可以为储能设备的开发提供较准确的运行情况，并以期改进；同时对故障的处理提供数据支持，如 Boeing787 电池起火风波后若存在电池组数据，就可以进行更细节的分析。

6.2　海量电池数据采集技术

6.2.1　储能系统数据采集内容

储能系统数据主要包含电池系统数据和变流器数据。数据类型主要分为遥信量、遥测量。储能系统数据采集信息如表 6-1 所示。

表 6-1　　　　　　　　　　　储能系统数据采集信息

数据类型	数据内容	数据类型	数据内容
a）电池系统数据			
遥测量	电池单体电压	遥信量	电池系统通信状态
	最高单体电压		电池系统开关状态
	最低单体电压		电池系统异常状态
	最高单体电压位置		电池系统过压告警
	最低单体电压位置		电池系统欠压告警
	电池组总电压		电池系统过流告警
	电池电流		电池系统高温告警
	电池组温度		电池系统低温告警
	最高温度		电池系统漏电告警
	最低温度		
	平均温度		
	各储能单元 SOC 值		
	各储能单元 SOH 值		
	DOD 值		
	电池系统的能量		
	电池系统的功率		
	可调节深度		

续表

数据类型	数据内容		数据类型	数据内容	
b）变流器（PCS）数据					
遥测量	直流电压	V	遥信量	变流器运行/停止/待机/故障	
	直流电流	A		变流器 DSP 通讯状态	
	直流功率	kW		变流器开关状态	
	转换效率	%		变流器异常状态	
	交流 AB 线电压	V		变流器熔丝状态	
	交流 BC 线电压	V		交流电压过高	
	交流 CA 线电压	V		交流电压过低	
	交流 A 相电流	A		交流频率过高	
	交流 B 相电流	A		交流频率过低	
	交流 C 相电流	A		直流电压过高	
	交流频率	Hz		直流电压过低	
	交流输出有功功率	kW		变流器过载	
	交流输出无功功率	kvar		变流器过热	
	交流输入有功功率	kW		散热器过热	
	交流输入无功功率	kvar		变流器孤岛	
	交流功率因数			DSP 故障	
	当前输出电量	kWh		IGBT 故障	
	当天输出电量	kWh		接触器故障	
	累计输出电量	kWh		熔丝断	
	当前输入电量	kWh		电池系统通讯状态	
	当天输入电量	kWh		电池系统开关状态	
	累计输入电量	kWh		电池系统异常状态	
	机内温度	℃		电池系统告警状态	
	变流器时钟	S		变流器充放电状态	
	BMS 传入直流电压	V			
	BMS 传入直流电流	A			
	BMS 传入总 SOC 值	%			

6.2.2　海量数据采集方法与精度

　　用于电池运行状态评估及储能电站运行效果评估的电池储能系统数据信息基本都包含在 6.2.1 中。但是由于电池储能系统数据量大，运行过程中各数据的变化频率也不尽相同，因此对于不同数据的采集颗粒度（采样时间）、采集精度也不同。以下主要从数据的采集颗粒度（采样时间）、采集精度两个方面进行研究，目的是在满足数据分析需求的基础上，使得采集数据量更小并且数据不失真。

1. 数据采集频率和精度的总体要求

（1）各储能机组总电压总电流。

1）如果是 CAN 通信，应尽可能在同一帧中传送，以保证时间的同步性。其他通信方式同样要考虑同步性问题。

2）总电压采集精度为 0.1%，总电流采集精度也为 0.1%，采样（记录）时间间隔为 0.5s。

3）若记录时间间隔达不到 0.5s，则至少要做到 1s。

4）恒流（恒功率）充放电下，记录时间间隔可延长至 1min。

（2）单电池柜电流。

1）记录时间间隔为 0.5s。

2）若记录时间间隔达不到 0.5s，则至少要做到 1s。

3）恒流（恒功率）充放电下，记录时间间隔可延长至 1min。

4）采集精度为 0.1%。

（3）单电池柜总电压。

1）在保证各储能机组总电压总电流记录时间间隔为 0.5s 的情况下，单柜总电压的记录时间间隔可为 1min。

2）采集精度为 0.1%。

（4）单体电压。采集精度为 0.1%，即 5mV，至少为 10mV。

（5）模块温度。记录时间间隔可为 1min，精度为 1℃。也可采用当温度改变 1℃时进行一次记录的方式，需要记录时间。

（6）其他。所有记录数据应有对应的时间。

由上述内容可知，在记录频率上，实现以上要求即使在大型电池组记录仪中也有一定难度，为此需要进行记录频率的优化。例如，对于低频和高频的数据可采用不同的记录方法。

电池管理系统的数据采集精度要求如表 6-2 所示。

表 6-2　　　　　　　　　　电池管理系统的数据采集精度要求

总电压值精度	≤±2%FSR
电流值精度	≤±3%FSR
温度值精度	≤±0.5℃
单体（模块）电压值精度	≤±0.5%FSR（一般要求）
SOC 估算精度	≤5%（30%<SOC<80%）

2. 电池单体电压测量与数据采集精度

通过研究电池开路电压，可以研究确定电池单体电压测量的精度问题。不同电池类型有不同的开路电压，因此不同电池组系统对电池单体电压测量精度的最低要求也是不同的。本小节对比分析了四种电池的开路电压，如图 6-1 所示。

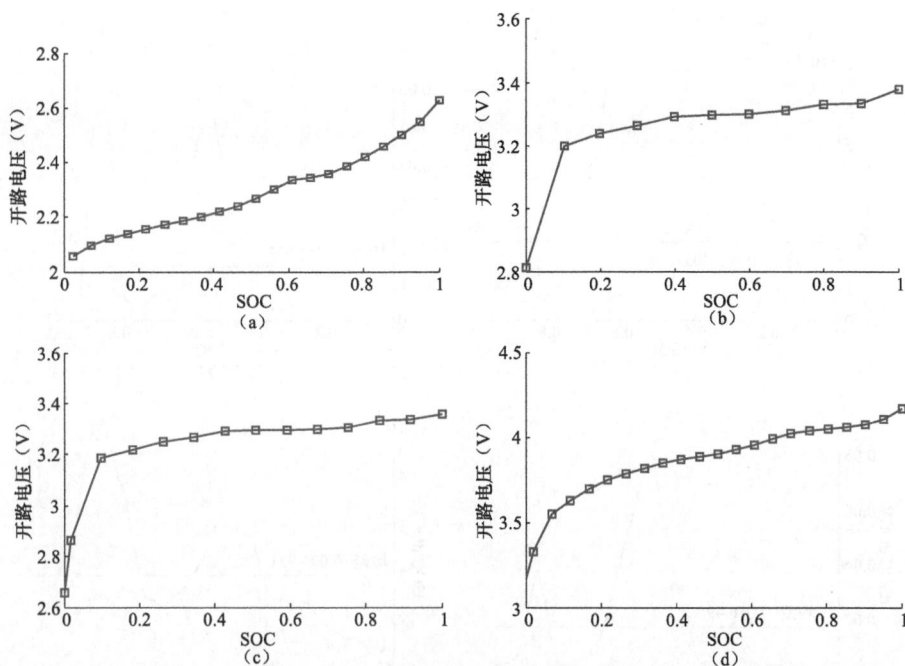

图 6-1 四种电池开路电压特性对比

（a）钛酸锂电池（LTO）；（b）能量型磷酸铁锂电池；（c）功率型磷酸铁锂电池；（d）锰酸锂电池（LMO）

图 6-1（b）能量型磷酸铁锂电池和图 6-1（c）功率型磷酸铁锂电池，其开路电压曲线有两个比较明显的电压平台，在电压平台上，随着电池 SOC 的变化，电池的开路电压变化很小；而图 6-1（a）钛酸锂电池（LTO），其开路电压曲线没有非常明显的电压平台；图 6-1（d）锰酸锂电池的开路电压曲线与钛酸锂电池类似，没有非常明显的电压平台。

进行电池 SOC 估计的时候，常常需要利用开路电压与 SOC 之间的关系曲线，通过测量或者估计开路电压，从而估计电池的 SOC。不同类型的电池，对电压测量的精度要求不同，可以绘制每毫伏电压对应 SOC 变化率如图 6-2 所示。

可以看到四种电池都有两个比较明显的峰，即两个极大值。钛酸锂电池第一个峰在 SOC 为 0.2~0.4 之间，第二个在 0.6~0.8 之间，最大值小于 0.7%，则估计 SOC 的时候，1mV 的电压测量误差导致的 SOC 估计误差最大值为 0.7%，平均误差约为 0.22%；能量型磷酸铁锂电池第一个峰在 SOC 为 0.3~0.6 之间，而第二个峰在 0.7~0.9 之间，最大值约为 5%，则估计 SOC 的时候，1mV 的电压测量误差导致 SOC 最大估计误差为 5%，平均误差约为 1.40%；功率型磷酸铁锂电池第一个峰在 0.5~0.7 之间，而第二个峰在 0.8~1 之间，最大值约为 8%，则估计 SOC 的时候，1mV 的电压测量误差导致 SOC 最大估计误差为 8%，平均误差约为 1.65%；锰酸锂电池第一个峰在 0.35~0.55 之间，而第二个峰在 0.7~0.9 之间，最大值约为 0.48%，则估计 SOC 的时候，1mV 的电压测量误差导致 SOC 最大估计误差为 0.48%，平均误差约为 0.19%。

因此在为相应的电池设计 BMS 的时候，有必要考虑到各自开路电压的特性，合理地选择电压测量的精度和 SOC 估计的策略。

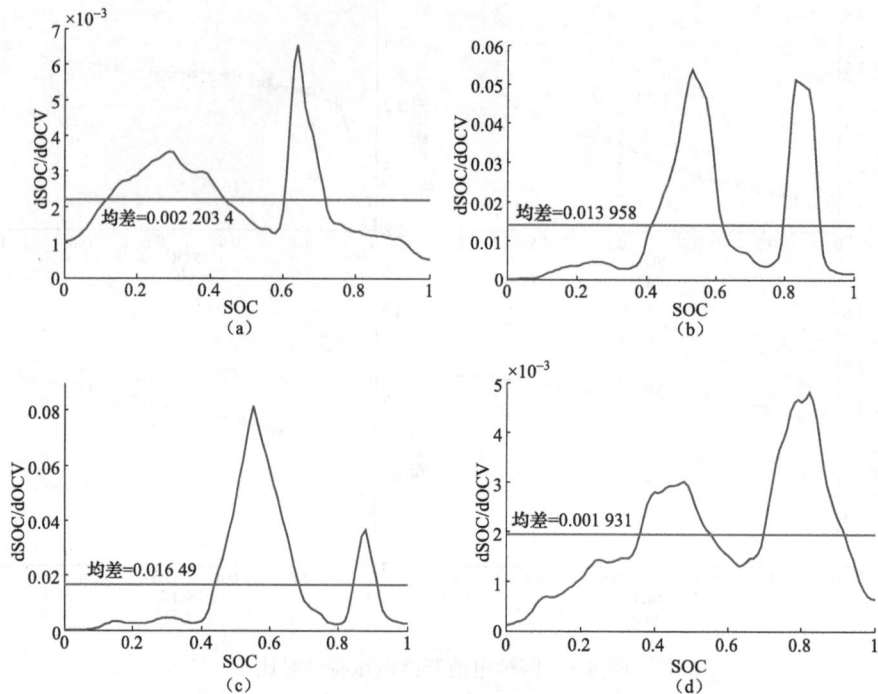

图 6-2 各电池的每毫伏电压对应 SOC 变化率曲线

（a）钛酸锂电池（LTO）；（b）能量型磷酸铁锂电池；（c）功率型磷酸铁锂电池；（d）锰酸锂电池（LMO）

对于钛酸锂电池，选择电池单体电压测量精度 5mV，既可以保证通过电压估计 SOC 的时候，平均误差约为 1.1%，而最大误差小于 5%，而且在整个 SOC 范围内，均可以通过开路电压估计 SOC。

对于能量型磷酸铁锂电池，选择电池单体电压测量精度 1mV，才可以保证通过电压估计 SOC 的时候最大误差为 5%，而平均误差约为 1.5%，而且在 SOC 小于 0.4 或者大于 0.9 范围内通过开路电压进行 SOC 的估计是较为合理的。

对于功率型磷酸铁锂电池，应选择电池单体电压测量精度 1mV，才可以保证通过电压估计 SOC 的时候最大误差为 5%，而平均误差约为 1.65%，而且在 SOC 小于 0.45 或者大于 0.9 范围内通过开路电压进行 SOC 的估计是较为合理的。

对于锰酸锂电池，选择电池单体电压测量精度 5mV，既可以保证通过电压估计 SOC 的时候，平均误差约为 1%，而最大误差小于 5%，而且在整个 SOC 范围内，均可以通过开路电压估计 SOC。

6.3 海量电池数据存储技术

在海量电池数据管理平台研发中，如何实现对不同类型数据的存储与管理，使得庞大的数据可以清晰地分级、分类，方便、高效地提取，快速地进行数据分析与挖掘显得尤为重要。针对上述问题，本节首先论述了海量电池数据的分频存储依据与相关方法；然后提出了基于 Web Service 的实时数据交互方式，实现了分钟级和秒级数据的分类存储；最后，基于 Hadoop+HBase 的数据存储和处理系统，实现了数据的高效存储与处理。

6.3.1 海量电池数据分频存储方法

大规模储能系统海量电池数据存储需占用非常大的存储空间，原因在于以下几点：

（1）从数据存储量上看，对于成千上万个串联单体电池构成的电池组，除了总电压、总电流之外，每节单体电池的电压都需要测量存储，甚至每个单体电池的温度也需要进行存储。

（2）从数据存储时间上看，电力系统用储能电池的采集数据存储时间长度可能需要以年来计算。

（3）从数据存储频率上看，由于电池组经常处于动态工作阶段，因此需要有较快的存储频率。由于目前的 BMS 常采用分布式控制系统，因此数据存储必须通过网络通信进行，如常用的 CAN 网络或工业上常用的 RS485 等，因受限于网络通信速率，即使采用专有的通信网络用于数据存储，成百上千个信号平均采用 4Hz 的存储频率已接近网络数据承载能力的极限。

例如某电动汽车存储信号为 436 个，实验表明，平均采用 1Hz 的存储频率，1 个月的数据存储结果共计占用 8GB 数据空间，由此可以得出数据存储仪每个信号存储一次占用平均约 8 个字节（包括信号本身和存储的时间信息）。同样，大规模储能系统海量电池数据的存储与管理中，也面临类似问题。

由于存储信号的数量和存储的时间是电池组的系统需求，无法改变。因此，只能通过调整数据存储的频率来实现减少数据存储占用空间的目的。通常采用 1Hz 的存储频率，而一些更大的电池组或存储时间更长的电池组，除了增加存储空间外，降低存储频率是更多 BMS 的选择。然而，降低存储频率的做法可能带来存储信号的失真问题。如何选择最佳的存储频率在保证 BMS 存储信号不失真的条件下最大程度地减少存储空间是亟须解决的工程问题。大规模储能系统中如何优化和确定电池管理系统的数据存储频率更是亟待解决的关键核心问题，电池数据存储频率的不同，将影响到储能电池运行数据的分析与评估。掌握与此相关的设定依据与量化分析方法是核心问题，需制定相关标准和规范。

1. 低频数据变频采集存储方法

针对低频数据，包括温度、SOC、稳态充电或静置状态下的电压和电流等，其特点是随着时间变化比较缓慢。当采用固定频率的采集（记录）方法，选取的频率较低时，确实可以减小记录量，但是容易导到信号失真；反之，采用较高的频率时，信号失真较小，但记录量却大大增加。因此采用变频率的记录方法，即在信号变化时触发记录信号和时间，实现变频记录，既保证存储信号不失真，又可最大程度地减少存储空间。

如图 6-3 所示的为一个典型的低频信号。图中虚线部分为信号的分辨率，实心圆点即为理想的记录时刻。由于信号是缓变的且无周期的，所以记录信号的频率是变化的，因此称为变频记录方法。

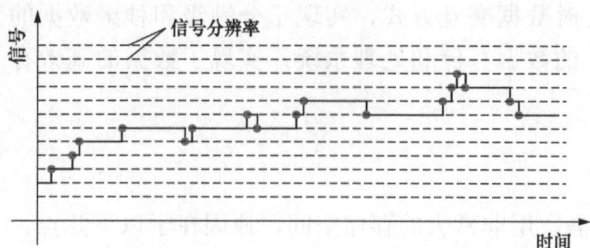

图 6-3 一种低频信号示意图

在电池组中，温度和 SOC 在任意时刻都可以认为是低频信号，因此可以用本方法进行记录。实例中给出的某个单体的温度和 SOC 如图 6-4（a）和图 6-4（b）所示，当温度从 15℃上升至 22℃并进行维持时，可以看到 10h 内温度的缓变表明其是一个稳态性号，而 SOC 也从 100%至 0 又回到约 100%。图 6-4（c）中的平均电压和总电流在第一阶段特别动态，而第二阶段是个稳态的充电。对于第一阶段的动态，需要下一小节的高频数据频率记录方法实现，而第二阶段的电流电压可以采用本小节的变频记录方法实现。

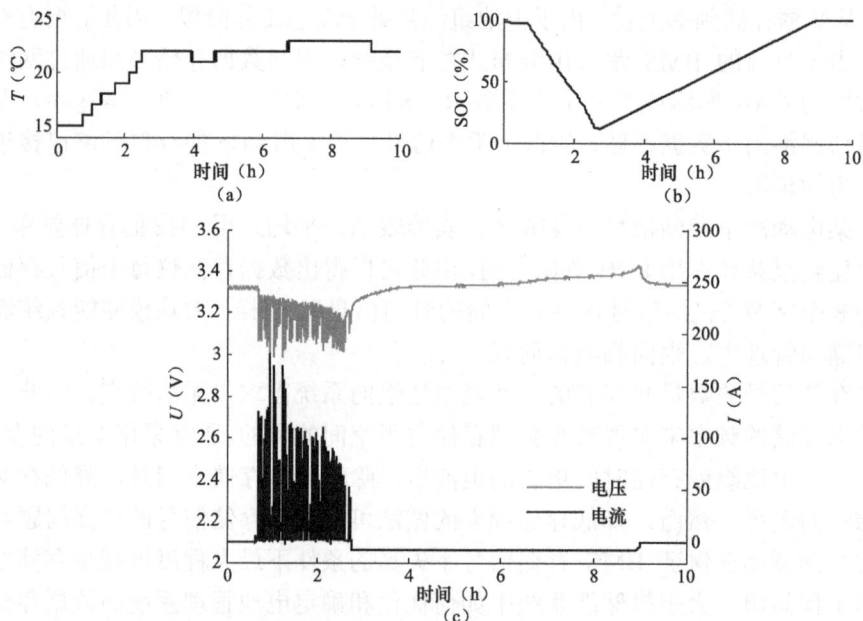

图 6-4 采集的信号

（a）单体温度；（b）单体 SOC；（c）平均电压和总电流

以温度为例，给出如图 6-5 所示的变频记录方法，图 6-5（a）是当温度发生变化时立即记录数据的方法流程，其基本原理为：当新的数据与最近存储的数据进行比较时，若其小于设定的阈值 θ，数据就不会被记录，直到新的数据与最近存储的数据之差大于阈值 θ 为止。这里温度的阈值是 1℃，与其精度是一致的。图 6-5（c）和（d）深色的结果表明温度信号不仅没有失真，而且大大减少存储空间。然而测量误差同样会增加图 6-5（a）中所示方法 a 的信号长度，为此，提出一种方法 b，在其数据发生变化 p 次后才进行数据记录，其流程如图 6-5（b）所示，这里取 $p=3$。很明显的结果是，方法 b 更多地减少存储空间，而精度并不减少。从表 6-3 中可以看到，以 1min 1 个点的记录方法无论是长度上还是精度上方法 a 都劣于方法 b，方法 a 虽然不存在失真，但其信号长度仍大于方法 b，因此推荐使用方法 b。

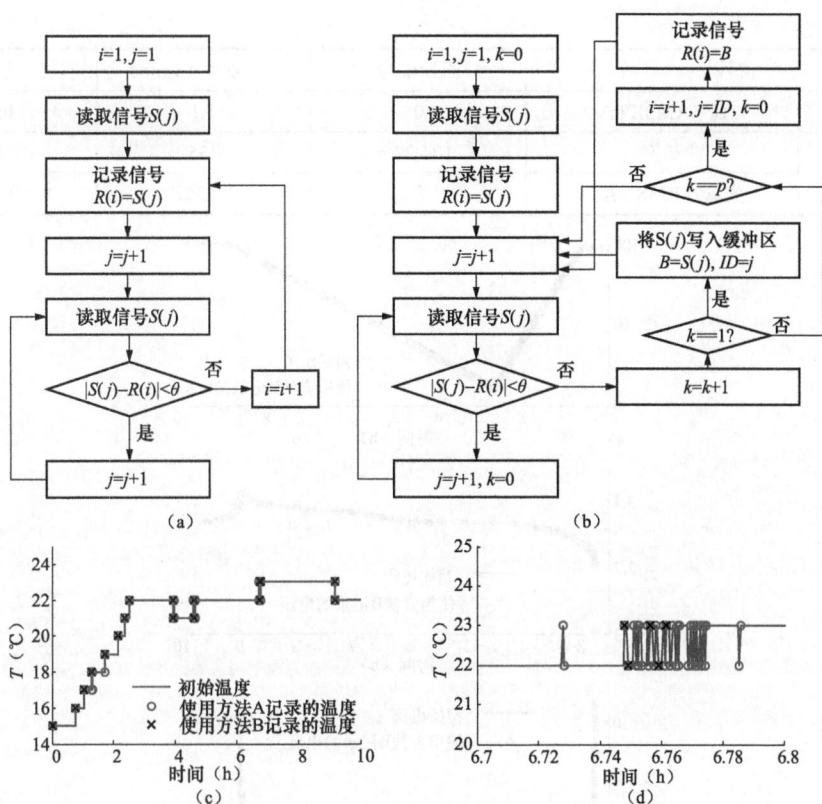

图 6-5 变频记录方法与结果

（a）方法 a；（b）方法 b；（c）温度变化的整体曲线；（d）温度变化的局部放大图

表 6-3 不同方法记录信号长度与精度

采用的方法	信号长度	失真（RMSE/℃）
原始信号	25 752	0
固定频率（1min）	601	0.1092
方法 a	142	0
方法 b	22	0.0540

其他信号通过方法 b 得到的结果如图 6-6 所示。可以看到方法在失真和信号长度上取得了很好的平衡，除了 SOC 的记录长度大于固定频率外，其余数据无论失真和信号长度上都有很大优势，而在 SOC 上，达到相同的失真，其记录数将远小于固定频率方法，如表 6-4 所示。

表 6-4 各种信号方法 b 结果

信号		原始信号	固定频率（1min）	方法 b
SOC	长度	26 706	602	1559
	失真（RMSE）	0	0.2255	0.0569
充电电压	长度	104 295	435	169

右上角：续表

信号		原始信号	固定频率（1min）	方法 b
充电电压	失真（RMSE/mV）	0	1.1	0.710
充电电流	长度	104 295	435	210
	失真（RMSE/A）	0	0.1542	0.0686

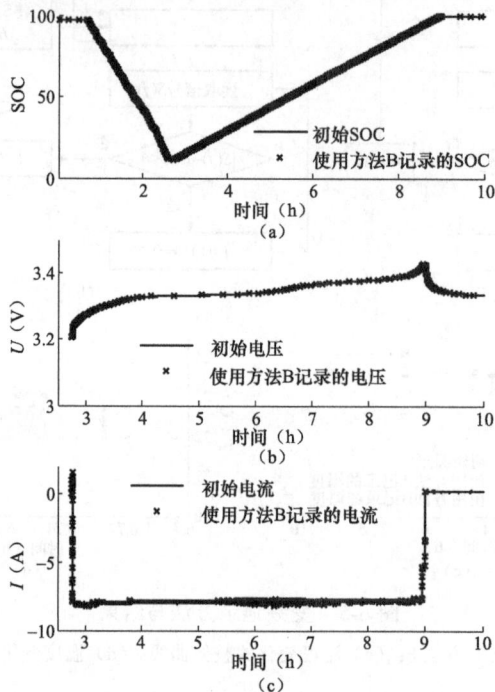

图 6-6　变频方法记录信号数据
（a）SOC；（b）充电电压；（c）充电电流

2. 高频数据频率确定方法

对于高频数据，主要是动态电流和对应总电压、单体电压的存储不能采用类似低频的变频记录方法，采用类似方法会导致高频信号的存储量更加庞大。为此通过电池组工况分析确定高频下电池总电压、总电流和单体电压最佳的存储频率，既保证存储信号不失真，又可最大程度地减少存储空间。主要方法是：获取电池组电流工况后进行时频转换，分析频域结果，通过舍弃低幅值的电流高频信号后还原电流工况，进而通过采样定理确定电池组总电压、总电流和单体电压的最佳存储频率。

方法的核心内容是针对电池组的工况进行时频分析，具体步骤如图 6-7 所示，包括如下内容。

步骤 1：电池组全工况试运行中，BMS 以设计最高存储频率存储电池组总电流和总电压，以设计的一般存储频率存储单体电压；

步骤 2：对总电流信号进行截取，选择动态最大的一段电流信号作为进一步分析之用；

步骤 3：对所截取的电流信号进行快速傅里叶变换；

步骤 4：尝试舍弃低幅值的高频部分，进行傅里叶逆变换，并与原始信号进行对比，从而确定是否可以舍弃该高频成分；

步骤5：利用采样定理确定 BMS 最佳存储频率；

步骤6：将 BMS 的存储频率调整至采样定理确定的存储频率用于实际电池组运行的数据存储。

以下通过一个实例介绍高频数据频率确定方法。

步骤1：电池组全工况试运行中，BMS 以设计最高存储频率存储电池组总电流和总电压，以设计的一般存储频率存储单体电压。在本实例中，BMS 的最高存储频率为 $f_{max}=4Hz$，且保证电池组试运行工况可以覆盖电池组全工况。

步骤2：对总电流信号进行截取，选择动态最大的一段电流信号作为进一步分析之用。在截取动态最大的总电流信号时，采用的方法如下：

记存储总电流为 I，则得到的电流信号序列为 $I(t)=\left[I(1/f_{max})\,I(2/f_{max})\,I(3/f_{max})\cdots I(n/f_{max})\right]$，将电流信号进行如下运算

$$\begin{cases} dI_i(t)=0 & i=1 \\ dI_i(t)=\left|I(i/f_{max})-I[(i-1)/f_{max}]\right| & 1<i\leq n \end{cases}$$

图 6-7 高频数据频率确定方法流程图

其中 $|\cdot|$ 为求绝对值运算，得到的信号序列为 $dI(t)$，设 S2 中截取时间窗口为 T_s，则当

$$d\bar{I}_i(t)=\frac{1}{T_s\cdot f_{max}}\sum_{j=i}^{i+T_s\cdot f_{max}-1}dI_j(t)\quad i=1,2,\cdots,n+1-T_s\cdot f_{max}$$

取得最大值时，从 i/f_{max} 至 $i/f_{max}+T_s$ 的时间窗口电池组的电流信号平均动态处于最大状态。在本实例中，取 $T_s=60s$，电流进行如上计算后得到的结果如图 6-8 所示，可以看到当时间为 715s 时，上式为最大值，因此从 715～775s 的时间段内电池组处于最大的动态阶段，其电流信号如图 6-9 所示，可见此时的电流动态较大。

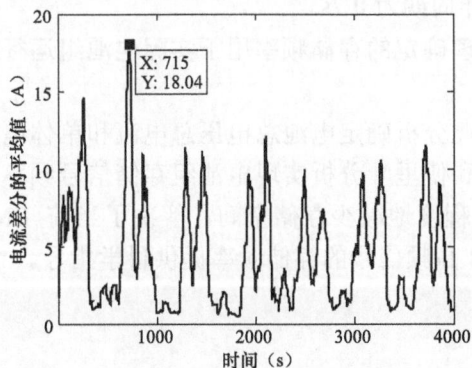

图 6-8 实例中确定最大动态电流区间的过程

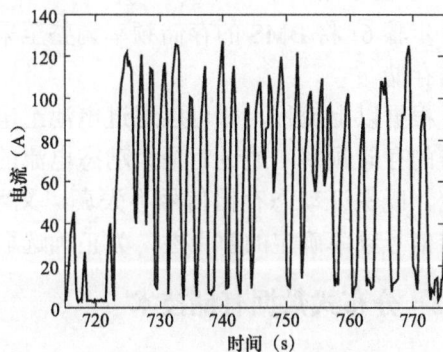

图 6-9 实例所选取的最大动态电流区间

步骤3：对所截取的电流信号进行快速傅里叶变换。

进行快速傅里叶变换时，不考虑所选时间窗口下电流信号平均值，且分析的频率最

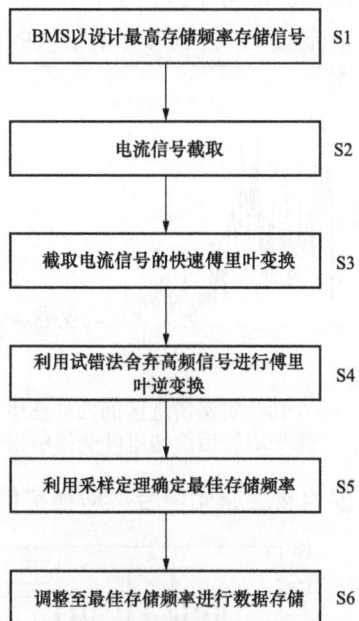

大值为设计最高存储频率（f_{max}）的一半。在实例中，分析的频率最大值为 2Hz，而在不考虑电流信号平均值的情况下，得到的傅里叶变换分析结果如图 6-10 所示。

步骤 4：尝试舍弃低幅值的高频部分，进行傅里叶逆变换，并与原始信号进行对比，从而确定是否可以舍弃该高频成分。

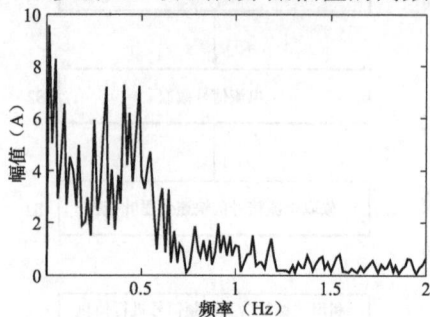

图 6-10　实例所选区间的动态电流除平均值后的傅里叶变换结果

采用试错法舍弃低幅值的高频电流成分，进行傅里叶逆变换，并与原始信号进行对比，将试错法得到的需要保留的最高电流频率信号记为 f_t。在实例中，当选择舍弃的高频电流成分为大于 0.6Hz 时，其傅里叶逆变换后的信号与原始信号对比如图 6-11 所示，可见信号在 150s 左右发生了较严重的失真；当选择舍弃的高频电流成分为大于 0.7Hz 时，其傅里叶逆变换后的信号与原始信号对比如图 6-12 所示，可见复原信号可以很大程度地接近原始信号。即在实例中，f_t=0.7Hz。

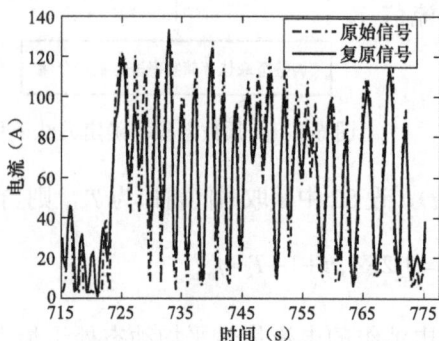

图 6-11　舍弃的高频电流成分为大于 0.6Hz 时的傅里叶逆变换后的信号

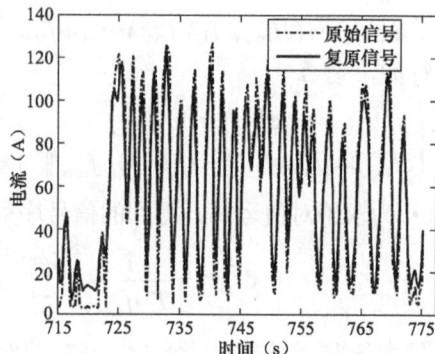

图 6-12　舍弃的高频电流成分为大于 0.7Hz 时的傅里叶逆变换后的信号

步骤 5：利用采样定理确定 BMS 最佳存储频率。在实例中，利用香农采样定理确定 BMS 最佳存储频率，即 $f_s=2f_t$=1.4Hz，即采样周期为 0.7s。

步骤 6：将 BMS 的存储频率调整至采样定理确定的存储频率用于实际电池组运行的数据存储。

根据以上流程，即可以通过电池组电流工况分析确定电池总电压总电流和单体电压最佳的存储频率，通过对最大动态电流的截取和傅里叶分析实现电池组存储信号频率的确定，既保证动态存储信号不失真，又可最大程度地减少存储空间，解决了当前 BMS 存储信号频率确定的盲目性，为正确选取 BMS 高频信号的存储频率提供科学指导。

6.3.2　分布式数据有储技术

1. 逻辑存储架构

海量电池数据存储平台最主要的部分就是数据处理和数据存储。根据平台 MCV 架构设计，在数据层中，Hadoop 分布式技术为该平台提供了数据存储和数据处理的模型和方法，供业务层调用。采用 HBase 数据库存储预处理后的海量电池数据，然后通过 Hadoop

的 MapReduce 分布式计算模型来对这些预处理后的电池数据进行处理分析。

从实现角度，可以将数据层详细分成存储层、应用层、接口层 3 层，如图 6-13 所示。

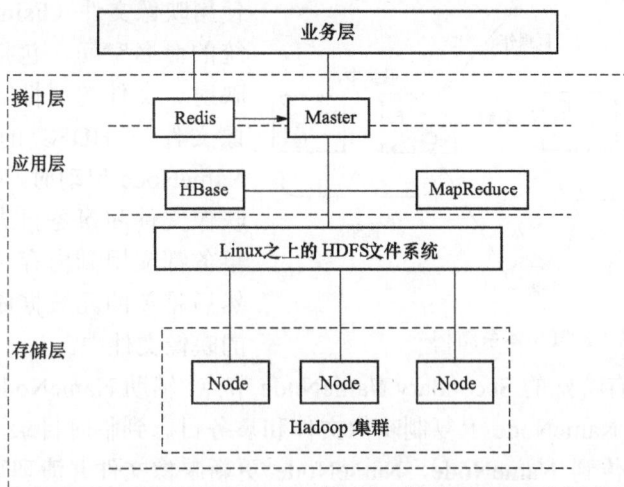

图 6-13　海量电池数据存储平台实现

存储层：Master 管理下的 Hadoop 集群，用于数据的物理存储，使用 Hadoop 平台建立 HDFS 文件系统。

应用层：包括基于 HDFS 文件系统的 HBase、MapReduce 编程模型以及基于内存的 Redis 数据库。HBase 用于数据的逻辑存储，Redis 存储频繁访问的数据以构建缓存数据库。业务层可以依据其所提供的存储接口和并行数据处理接口，完成对数据存储和数据处理。

接口层：由 Master 对上层（业务层）提供存储接口，数据并行处理接口，系统管理接口等。

2. 硬件存储架构

采用存储服务器作为 HBase 存储集群，其中 1 台作为主控制节点兼存储节点，其余都作为存储节点。主节点中 Master 服务主要为 RegionServer 分配 Region（HBase 中分布式存储和负载均衡的最小单元），负责 RegionServer 的负载均衡，发现 Region- Server 失效并重新分配其上的 Region 和 GFS 上的垃圾回收等；RegionServer 提供存储服务，维护 Master 分配给它的 Region，处理这些 Region 的 IO 请求和切分在运行过程中变大的 Region；Zookeeper 主要负责为分布式集群提供一致性服务；HDFS 负责 HBase 底层数据存储服务。

3. 分布式文件系统

HDFS 是分布式计算的存储基础，具有高容错性，可以部署在廉价的硬件设备上，用来存储海量数据集，并且提供了对数据读写的高吞吐率。HDFS 为大量电池数据提供了海量存储的基础，作为未处理的源数据集保存在 Hadoop 分布式文件系统中。

HDFS 采用 Master/Slave 的体系结构，集群中由一个 NameNode 和很多个 DataNode 组成。NameNode 是主控服务器，管理文件系统元数据。它执行文件系统的命名空间操作，比如打开、关闭、重命名文件或目录，还决定数据块到 DataNode 的映射。DataNode 存储实际的数据，负责处理客户的读写请求，依照 NameNode 的命令，执行数据块的创建、复制、删除等工作。一个集群只有一个 NameNode 的设计大大简化了系统架构，体系结构如图 6-14 所示。

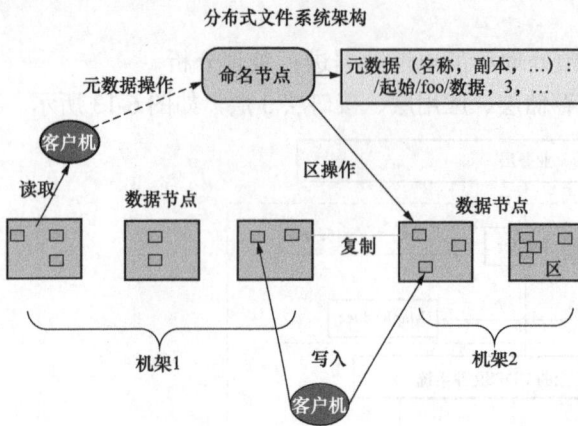

图 6-14　HDFS 体系结构

NameNode 使用事务日志（Edit Log）来记录 HDFS 元数据的每次变化；使用映像文件（FsImage）存储文件系统的命名空间，包括数据块到文件的映射、文件的属性等。事务日志和映像文件是 HDFS 的核心数据结构。NameNode 启动时，它将从磁盘中读取映像文件和事务日志，把事务日志的事务都应用到内存中的映像文件上，然后将新的元数据刷新到本地磁盘新的映像文件中。

HDFS 还设计有特殊的 Secondary NameNode 节点，辅助 NameNode 处理映像文件和事务日志，定期从 NameNode 上复制映像文件和事务日志到临时目录，合并生成新的映像文件后再重新上传到 NameNode，NameNode 更新映像文件并清理事务日志，使得事务日志的大小始终控制在某个特定的限度下。

4. 分布式数据库

HBase 是一个面向列存储的分布式 NOSL 存储系统，可存储百亿行×百万列×上万个版本的数据，底层数据存储基于 HDFS，优点在于可以实现高性能的并发读写操作，同时 HBase 还会对数据进行透明的切分，这样就使得存储本身具有了水平伸缩性。

使用 HBase 存储海量电池数据具有以下特点：

（1）HBase 和 Hadoop 一样具有海量数据处理的能力。由于 HBase 底层数据存储是基于 HDFS 的，数据就会有相应的备份机制，有很大冗余性，若集群中节点宕机，系统仍可以工作，并且节点恢复速度快。另外，Hadoop 可以与 HBase 很好地集合，利用 Hadoop 可以对 HBase 里的数据进行分析。HBase&Hadoop 交互方式如图 6-15 所示。

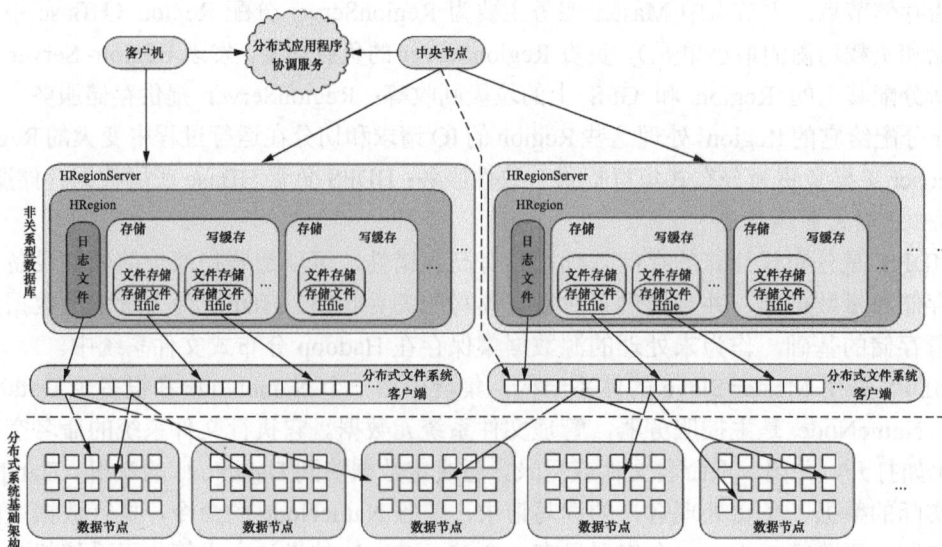

图 6-15　HBase&Hadoop 交互图

（2）当 HBase 中数据超过某个阈值之后，HBase 会自动分区。HBase 中扩展和负载均衡的基本单元 Region[本质上是以行健（Row Key）排序的连续存储区间]，如果 Region 太大，系统会把它们进行动态拆分，相反地，就可以把多个 Region 合并，以减少存储文件的数量。Table 随着记录增多不断变大，会自动分裂成多份 Splits，成为 Regions，一个 Region 由[startkey，endkey]表示，而不同 Region 会被 Master 分配给相应的 RegionServer 进行管理。Hbase 分裂方式如图 6-16 所示。

（3）易于横向扩展，列可以动态增加，并且列为空就不存储数据，节省了存储空间。

（4）随机读写的高性能，高可靠性和稳定性。

HBase 是基于列存储数据记录，数据行有 3 种基本类型定义：行关键字（Row Key），时间戳（Time Stamp）和列（Column）。每行包括一个可排序的行关键字，是数据行在表中的唯一标示，如图 6-17 所示。存储时，数据按照 Row Key 的字典序（byte order）排序存储。基于数据特点，设计了图 6-17 所示的 HBase 存储结构，来存储海量监测数据。其中 Row Key 由时间、监测点索引和监测点类别以"|"间隔组合而成，这样设计大大简化了表的结构，便于数据的插入与查找操作，极大地提高了系统的运行效率。

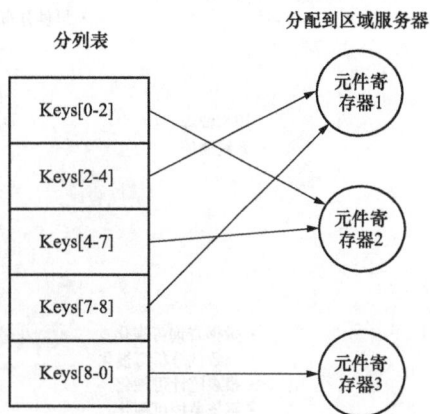

图 6-16　HBase 分裂图

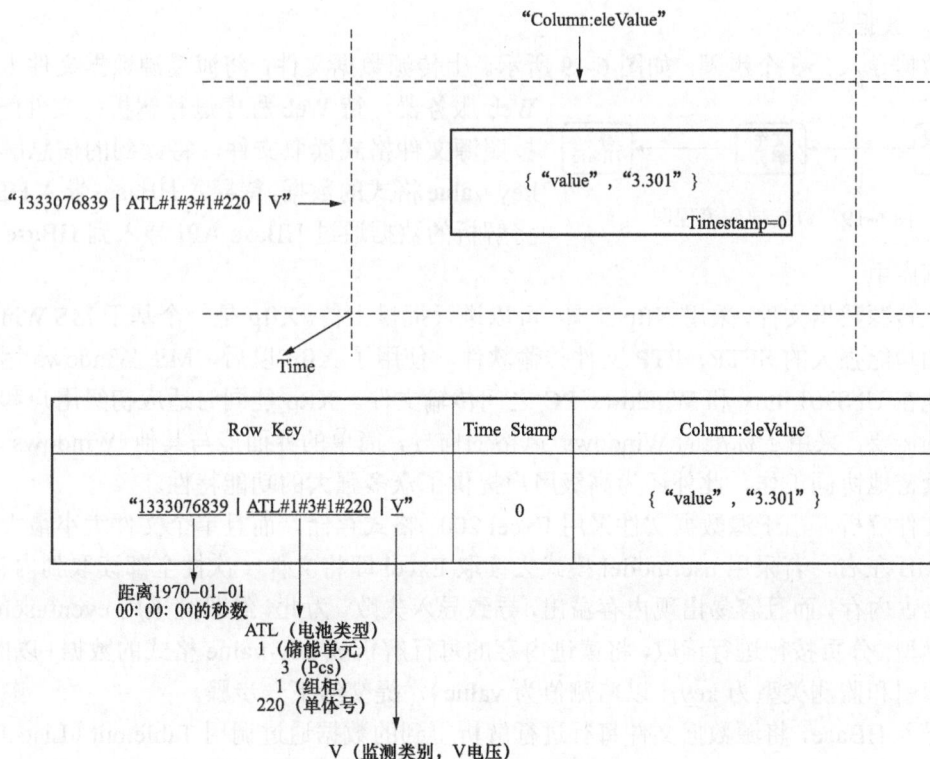

图 6-17　HBase 存储结构

6.4　海量电池数据管理技术

海量电池数据管理技术一般包含如下几大方面：数据存储、数据管理、数据分析、数据可视化和系统管理，如图 6-18 所示。数据存储功能在上一节已经论述，本节不再做说明。

· 提供分布式的海量电池监控数据存储

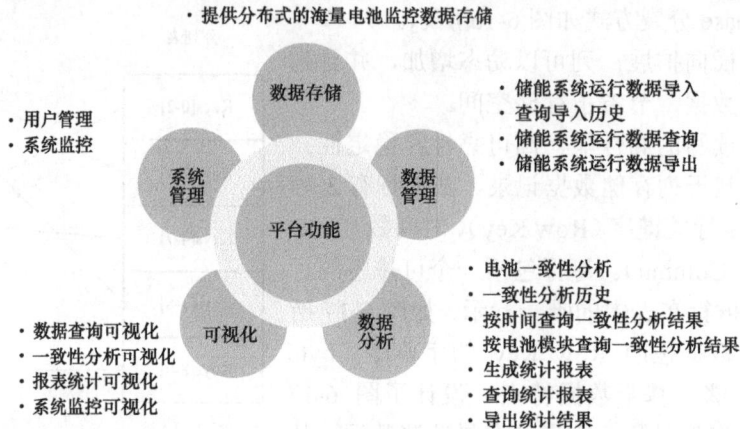

· 用户管理
· 系统监控

数据存储

系统管理

平台功能

数据管理

· 储能系统运行数据导入
· 查询导入历史
· 储能系统运行数据查询
· 储能系统运行数据导出

可视化

数据分析

· 电池一致性分析
· 一致性分析历史
· 按时间查询一致性分析结果
· 按电池模块查询一致性分析结果
· 生成统计报表
· 查询统计报表
· 导出统计结果

· 数据查询可视化
· 一致性分析可视化
· 报表统计可视化
· 系统监控可视化

图 6-18　海量电池数据管理技术分类

6.4.1　数据管理

1. 数据导入

数据导入分 3 个步骤，如图 6-19 所示。上传源数据文件，将海量源数据文件上传至 Web 服务器，待 Web 程序进行解析；文件解析，按照源文件格式读取文件，将读到的信息解析成 key-value 格式的数据，待导入 HBase；导入 HBase，将解析的数据通过 HBase API 导入到 HBase 分布式数据库中。

图 6-19　数据导入流程图

上传源数据文件，采用 Xftp 工具，可以进行批量上传。Xftp 是一个基于 MS Windows 平台的功能强大的 SFTP、FTP 文件传输软件。使用了 Xftp 以后，MS Windows 用户能安全地在 UNIX/Linux 和 Windows PC 之间传输文件。Xftp 能同时适应初级用户和高级用户的需要，采用了标准的 Windows 风格的向导，简单的界面能与其他 Windows 应用程序紧密地协同工作，此外还为高级用户提供了众多强大的功能特性。

文件解析，由于源数据文件采用 Excel 2007 格式存储，而且单个文件大小最大能达到 90MB 左右，若采用 usermodel 模式去读取 Excel 即将文件一次性全部读取到内存中，这非常占内存，而且容易出现内存溢出，导致导入失败。为此，经研究采用 eventusemodel 事件模型，分页按行进行读取，将读进内存的每行解析成 key-value 格式的数据（以时间、监测索引和监测类型为 key，以监测值为 value），提交给下一步骤。

导入 HBase，将源数据文件每行进行解析得到的数据通过调用 Table.put（List<Put>）的批量写入方法插入 HBase 数据库中。同时，为了提高性能，将自动 Flush 功能关闭，设置每隔 1 万条数据，才向 HBase 服务器发送写请求。

正常流程下，为了防止数据重复导入，以天为单位将已导入 HBase 的信息存入数据库中，每次导入都会和数据库存入的信息进行比对，对已导入的文件直接跳过，不进行读取解析和导入。然而为了保证数据的完整性，设计了一个重新导入的接口，就是通过界面将某天已导入的数据信息删除，这样就可以重新导入了该天的数据了，HBase 中会自动覆盖掉原来导入的数据。

2. 数据检索

由于 HBase 表的 Row Key 由时间、监测索引和监测类型组成，所以从 HBase 中能够很快获取具体某时间点内单个监测点的数据。另外，监测点采集的数据间隔不是统一的，采用最小间隔 1s 来组装 Row Key 进行检索，这样可以防止数据遗漏，也可以适应不同间隔的原始监测数据。

从海量数据中检索单个监测点一段时间内的数据，我们可以按照 1s 间隔组装 Row Key 列表，通过调用 HTable.get（List）方法该 Row Key 列表，批量获取该监测点在该段时间内的记录。这样做的好处是批量执行，只需要一次网络 I/O 开销，在对数据实时性要求高而且网络传输 RTT 高的情景下可能带来明显的性能提升。

为了将海量数据更友好地显示到 Web 中，采用分页检索的方式来进行数据查询，以 echart 的大数据散点图展示数据分布。分页检索，主要是按照每页显示的数据条数和当前页数去定位 Row Key 列表，然后根据 Row Key 列表去 HBase 取出数据返回给前端 Web，这样可以避免一次性取出大量的数据导致超长延迟、界面卡死等问题，提高了用户体验。另外，采用 echart 大数据模式下的散点图可以轻松显示 10 万～100 万级的数据分布，给用户一个直观的印象。

6.4.2 数据分析框架

储能电站海量电池数据从来源看可以分为历史保存的原始电池数据和实时产生的电池数据。针对不同数据，平台会采取不同的计算框架来进行分析。如图 6-20 所示，平台逻辑上被分为 3 层，由上到下分别为：分析层、服务层和数据层。数据层存放历史保存的电池数据，还有实时产生的数据；服务层提供数据服务和控制服务，里面有数据存储服务模块、缓存模块和框架选择器；分析层进行数据分析，里面包含了 Hadoop 的 Map Reduce 计算框架和 Storm 的流式框架。

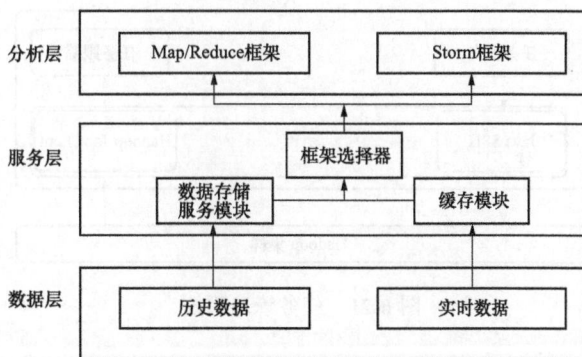

图 6-20　数据分析挖掘平台逻辑架构

6.4.3 数据可视化

平台还支持海量数据的可视化展示，以曲线图表等方式呈现。包括数据查询的可视化、数据分析结果可视化、报表统计可视化、系统监控可视化等。

6.4.4　系统管理

（1）用户管理。平台用户由管理员统一添加和维护。用户的权限由其角色决定，用户角色分为 2 种：管理员和普通用户。普通用户只能够进行数据管理和分析，管理员具有整个平台的完整权限。

（2）系统监控。大规模储能系统海量电池数据管理平台由大量硬件设备和系统服务组成，做好全系统的监控是保证平台正常运行的基本条件。Ganglia 是广泛使用的集群监控工具，而且提供了与分布式平台良好的兼容性，平台使用 Ganglia 作为系统数据采集的工具，通过平台界面展示系统主要的性能指标。

Ganglia 能够测量数以千计的节点，能够监控常见的系统性能指标，如处理器、内存、磁盘利用率、I/O 负载以及网络流量等。它包括几个核心组件。

Gmond 组件部署于集群中各个被监控的节点。其主要功能是从操作系统或指定的主机收集状态信息。其收集主机状态信息的方式灵活，状态信息均以 XML 格式进行传输。Gmond 组件可以级联形成层次结构，这种层次结构使得 Ganglia 拥有良好的可扩展性。另外，Gmond 组件带来的系统负载非常少，对用户的影响非常小。

Gmetad 组件可以部署于集群中的某一节点，也可以部署于集群外的某一专门服务器，其主要功能是周期性地从指定的 Gmond 组件或其他 Gmetad 组件拉取数据，并将拉取的数据存储在本地数据库。这些存储的状态信息供 Ganglia-Web 组件使用。

Ganglia-Web 组件和 Gmetad 组件部署于同一节点，通过数据库轮询的方式从 Gmetad 组件中获取状态信息，并以 Web 形式图形化地展示各个节点的状态信息。

平台通过监控工具监控主机的处理器负载、内存利用率、磁盘利用率和网络流量等基本信息。

（3）任务管理。任务管理系统结构如图 6-21 所示，主要分为 2 个部分：任务提交和任务跟踪。

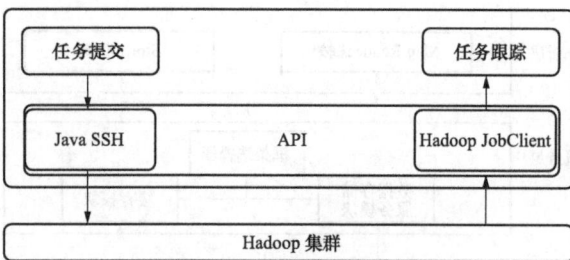

图 6-21　任务管理系统

分析任务是通过 Java SSH 远程执行在 Hadoop 主节点上的 Shell 脚本来提交的。为了保证每个任务的唯一性以便后期的任务跟踪，采取提交当前任务的时间（距离世界时间 1970 年 0 时 0 分 0 秒的秒数）、任务类型和用户名组合作为提交任务的名称。提交任务同时也会向数据库对应的表中插入一条记录。若任务提交成功，则由任务跟踪模块实时跟踪当前任务的进度和状态，若任务提交失败，则直接更新数据库中对应记录的任务状态为提交失败。

任务跟踪，通过 Hadoop Jobclient 与 Hadoop 集群中主节点进行通信，并调用 Jobclient.getAllJobs() 获取所有 Hadoop 任务的信息。然后根据之前所设计的唯一的任务名找到对应的任务信息，同步更新到数据库中。

任务状态有提交中、提交失败、初始化、处理中、完成、失败 6 种状态。其中提交中状态指通过 SSH 远程调用 Shell 脚本的过程；提交失败指由于网络等原因远程 Shell 脚本没有被运行；初始化指任务已经提交，正在进行资源分配；处理中指 Hadoop 任务正在集群上运行；完成指 Hadoop 任务已成功 100%完成；失败指 Hadoop 任务运行失败。只要选择分析的时间范围，就可以点击开始分析，向后台发布一致性分析任务，同时任务表会添加一条刚提交的分析任务信息。点击刷新表格，会实时显示所有任务的当前信息（完成进度、状态等）。

7

大规模储能系统海量电池数据管理平台

本章首先论述了大规模储能系统海量数据管理平台的架构及软件设计方法。然后介绍了海量数据管理平台与原有监控系统平台间数据交换接口的设计与实施方案。最后将实际运行的大规模电池储能电站作为案例，介绍了海量数据管理平台的数据交互与管理界面、系统性能测试、数据安全管理结构以及应用方法等内容。

7.1 大规模储能系统海量电池数据管理平台开发

7.1.1 海量电池数据管理硬件平台

大规模储能系统海量电池数据管理平台一般采用高扩展性的分布式架构，主要由数据采集服务器、高性能分布式计算存储服务器、Web 服务器、数据库服务器和用户管理终端组成。平台硬件包括计算存储服务器、网络交换机、KVM 和机架等四大部分。例如，每台设备的软硬件配置和用途如表 7-1 所示。

表 7-1　　　　　　　　　　　软 硬 件 配 置 清 单

设备	硬件配置	软件配置	用途
计算存储服务器	2 路 8 核处理器，64GB 内存，1TB 固态硬盘，24TB 硬盘	CentOS，分布式文件系统，海量数据库系统，分布式任务管理系统	海量数据存储，数据分析
Web 应用服务器	2 路 8 核处理器，32GB 内存，2TB 硬盘	CentOS，Tomcat，MySQL	Web 服务器，关系数据存储
IB 网络交换机	4TB 交换容量		网络互联
KVM			键盘、显示器和鼠标切换
机架			硬件设备存放

数据采集服务器从 SCADA 系统获取所需的储能系统数据，并存储在高性能计算存

储服务器集群中。数据采集服务器提供的服务包括：数据接收服务和数据存储服务。数据接收服务由一组远程数据传输接口组成，SCADA 监控系统通过访问这组远程数据传输接口向数据采集服务器推送监测数据；数据存储服务负责将这些数据分发到计算存储服务器集群中。计算存储服务器集群可由多台服务器节点组成，每个节点具备较强的处理能力和一定的数据存储空间，这些硬件资源通过分布式技术构成一个逻辑上的整体，提供高性能、高可靠性和高可扩展性的计算环境，是大规模储能系统海量电池数据分布式管理平台的核心。

平台采用 B/S 架构，用户通过浏览器对电站海量电池数据进行管理和分析。浏览器具有安装配置方便、系统适应性强、以及便于后期维护的特点，不仅能够满足桌面终端的需要，也能支持各种手持设备的访问。数据库服务器支撑平台运行所需的关系型数据库，关系数据库协同平台业务系统对外提供 Web 服务。用户终端是指访问大规模储能系统海量电池数据分布式管理平台的终端设备，包括系统管理终端、用户访问终端以及移动终端等。平台包括大量的硬件设备和系统服务，计算存储一体化网络把这些设备连接成一个有机整体。计算存储一体化网络包括网络交换机和网络连接线路，是构建分布式计算集群不可缺少的部分。

7.1.2　海量电池数据管理软件平台

大规模储能系统海量电池数据管理平台采用分层设计的策略，按照功能定位的不同，平台可以分成采集层、存储层、分析层、系统管理层、业务层和用户层 6 个层次。平台软件架构如图 7-1 所示。

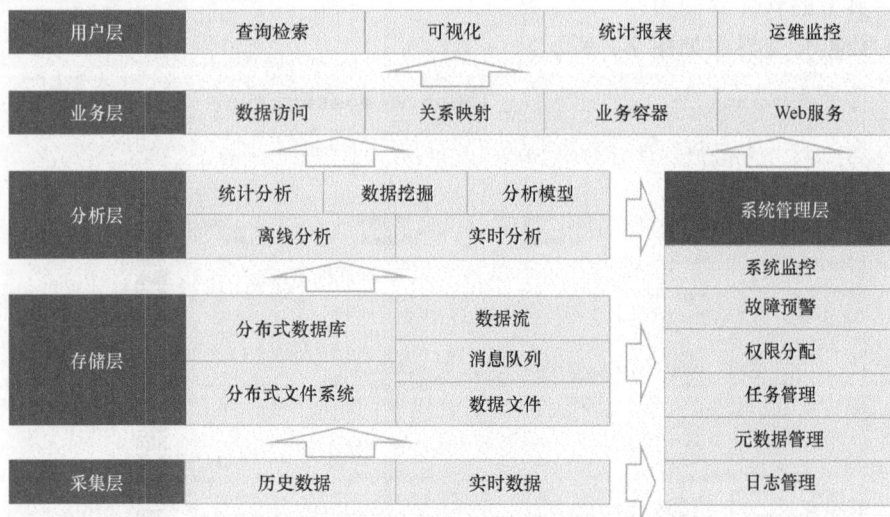

图 7-1　平台软件架构图

采集层为大规模储能系统海量电池数据管理平台提供数据源。在数据管理平台中，数据有 2 种主要来源：一种是由监测传感器采集回来的历史数据，这些数据以文件形式进行存储，数据规模比较庞大，通常能够达到 TB 级别；另一种是通过 SCADA 系统直接读取到的流数据，流数据主要用来进行关键信号的跟踪，数据量相对较小，但对数据的处理时间要求较高，需要在很快的时间内对数据进行分析。采集层为 2 种数据的获取和存储提供基础。

从数据源中直接获得的数据往往不适合用户进行海量数据分析处理，需要借助特定的组织形式进行管理，存储层负责把从数据源拿到的数据进行高效可靠存储，为上层分析提供数据准备。对于采集层获得的文件形式数据，采用分布式文件系统和分布式数据库进行冗余存储，既能够提高数据的访问效率，也能够增强数据的可靠性。对于从 SCADA 系统提供的流数据，存储层负责把数据组织成适合流式访问的格式，供上层分析使用。

分析层采用分布式批处理计算和流式计算技术，支持高性能和可扩展的数据分析架构，能够满足数据分析和挖掘的要求。批处理计算采用 Hadoop 分布式计算框架，通过 MapReduce 计算模型对海量数据进行离线分析。流式计算采用 Storm 流式计算框架，适合长期对数据进行监控和分析。基于 2 种数据分析引擎，分析层提供数据统计和数据挖掘应用。

大规模储能系统海量电池数据管理平台的管理和运行，需要系统管理层提供的服务。系统管理层负责平台的运行管理，包括用户管理、系统监控、系统配置、日志管理等组件，用于辅助平台的正常运行和故障分析。

业务层封装了数据管理和数据分析逻辑，它采用 Java EE 框架，通过应用服务器为用户提供平台的各项服务。

用户层提供用户访问平台的界面，支持数据查询、数据统计、数据展示、系统管理等业务。用户层的开发遵循 HTML5 和 CSS3 规范，并支持二维和三维数据可视化功能。

平台典型的软件界面为：

（1）数据管理界面如图 7-2 所示。

（a）

（b）

图 7-2　数据管理界面

（a）数据导入；（b）数据检索

（2）数据可视化展示界面如图 7-3 所示。

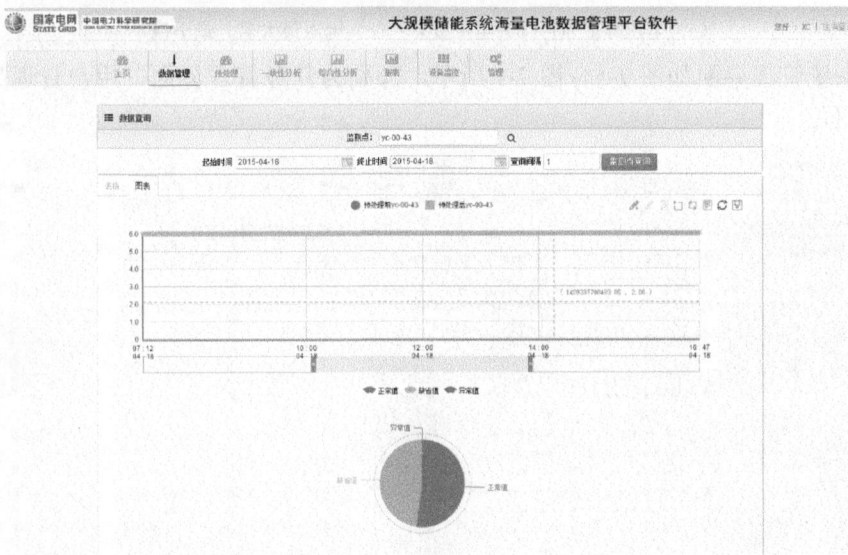

图 7-3　数据可视化展示界面

（3）电压一致性分析界面如图 7-4 所示。

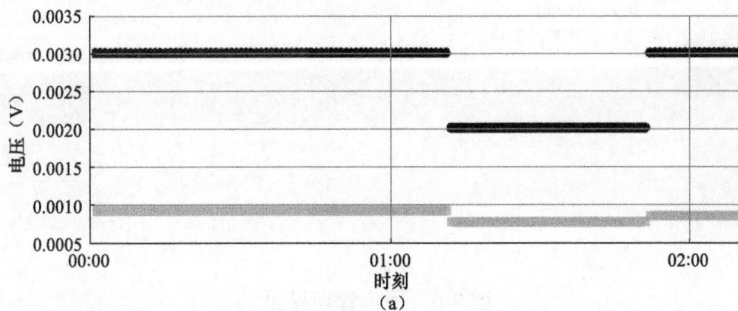

（a）

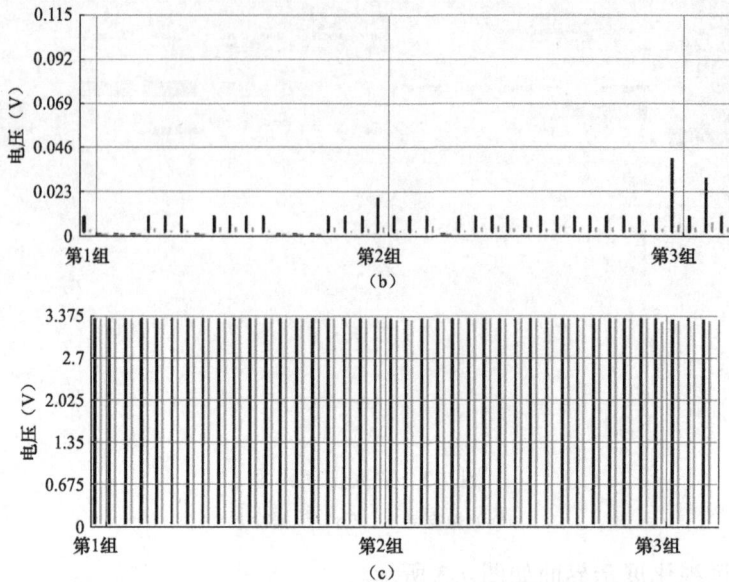

图 7-4　电压一致性分析界面

（a）电压标准差；（b）电压极差；（c）电压最大值、最小值

（4）系统管理界面如图 7-5～图 7-7 所示，分别为任务管理界面、用户管理界面、系统监控界面。

图 7-5　任务管理界面

图 7-6　用户管理界面

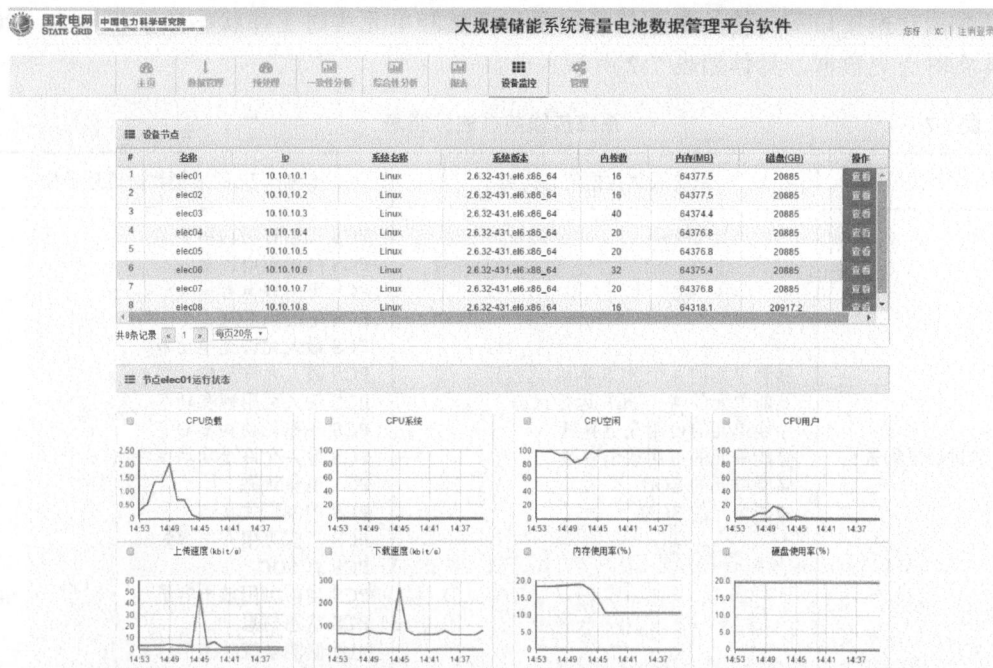

图 7-7　系统监控界面

7.1.3　数据交换接口的设计与开发

为了拓展平台功能，需要开发可与不同监控系统或是不同电力调度平台相兼容的数据交换接口。数据交换接口的总体技术架构如图 7-8 所示。

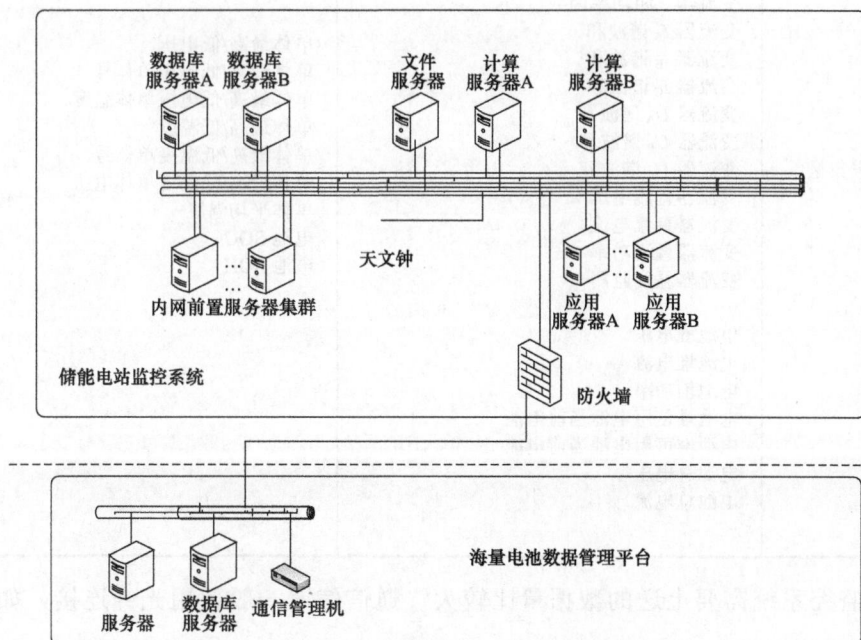

图 7-8　系统实施的技术架构图

　　数据交换接口需传输的数据信息主要包括储能单元实时工作状态数据和电池、PCS的非实时历史数据，具体如表 7-2 所示。

表 7-2　　　　　　　　　　　　　　　系统传输数据的分类表

采集间隔分类	系统采集数据信息大类	储能单元的采集数据信息子类
秒钟级采集量	储能单元的 4 个 PCS 本地/远程模式 储能单元的 4 个 PCS 运行状态 储能单元的可用充电容量 储能单元的可用放电容量 储能单元的 SOC 储能单元的 SOH …	PCS 三相有功功率 P PCS 可用充电容量 PCS 可用放电容量 PCS 电池堆 SOC PCS 最大允许充电功率 PCS 最大允许放电功率 PCS 最大可用视在功率 PCS 三相无功功率 Q PCS 最大允许无功功率 PCS 工作状态 PCS 控制模式状态 PCS 当前可用充电容量 PCS 总 SOC PCS 当前可用放电容量 PCS 状态信息 电池储能系统状态信息 …
分钟级采集量	变流器三相电流 变流器三相电压 变流器线电压 变流器系统频率 变流器三相有功功率 变流器三相无功功率 变流器三相视在功率 变流器三相功率因数 变流器 I_A 谐波和 变流器 I_B 谐波和 变流器 I_C 谐波和 变流器 U_A 谐波和 变流器 U_B 谐波和 变流器 U_C 谐波和 变流器直流电压 变流器直流电流 变流器直流功率 变流器温度监测 … 电池堆电压 电池堆电流 电池堆功率 电池堆使用电池当前电能 电池堆可用电池当前电能 电池总电压 电池总电流 …	单体最高/低电压 单体最高/低电压单体号 单体最高/低电压单体温度 单体最高/低温度 单体最高/低温度单体号 单体最高/低温度单体电压 单体平均温度 电池 SOC 电池 SOH …

　　由于监控系统需要上送的数据量比较大，通信信道一般使用光纤连接，如图 7-9所示。

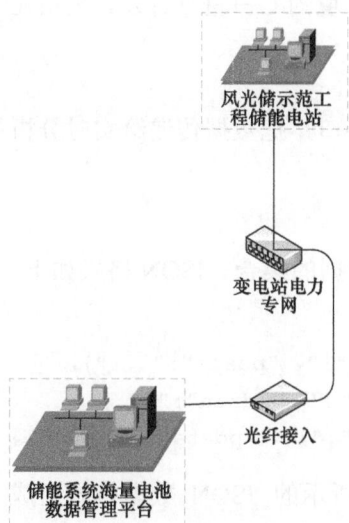

图 7-9　系统通信信道

主要技术采用 Web Service 方式交互，支持异构系统之间的互操作，开发函数接口。

实现接口时注意事项：①注意解决大数据量的传输效率；②使用 C++，调用非 Java。

7.1.3.1　数据交换接口实现技术

（1）Web Service 接口。数据接收接口采用 Web Service 技术进行开发。接口采用标准的 RESTful 规范，支持异构系统之间的互操作。SCADA 系统通过网络与 Web Service 通信，将采集的数据发送到后台制定服务器。接口实时分析处理部分组成结构如图 7-10 所示。

监控平台 SCADA 子系统与大规模储能系统海量电池数据管理平台接口实时分析处理部分由 SCADA 历史数据库与 Storm 集群来完成，Storm 集群包括 3 个重要单元：Nimbus 服务器、Supervisor 服务器和 Web Service 服务器。Nimbus 服务器和 Supervisor 服务器完成分析任务的监控和执行，Web Service 服务器从 SCADA 系统接收实时数据，交由分析任务进行处理。

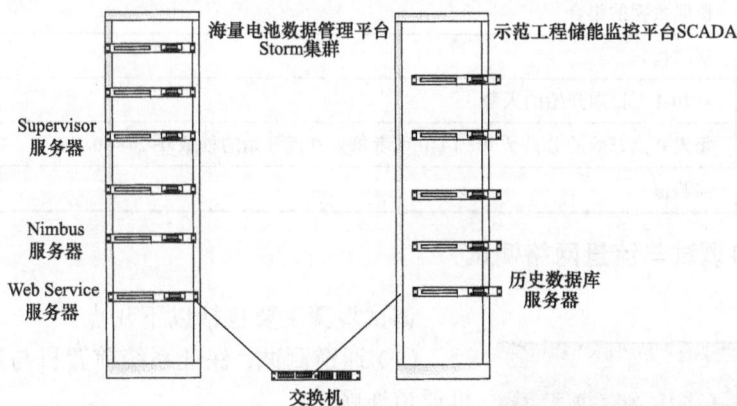

图 7-10　接口实时分析处理部分组成架构

SCADA 系统通过网络与 Web Service 通信。Web Service 提供标准的 RESTful 服务接口，它支持异构系统之间的互操作。

（2）多线程并行组织发送数据包。储能电站监控系统历史数据量巨大，数据传送压力大，采用多线程技术的机制可有效地同步完成不同的发送数据包任务，不受单个任务运行速度慢或时间长或出现异常而影响其他任务实时控制。多线程的应用使程序的并行处理得以实现，多线程使得不同的代码可以"同时"执行。当有多个任务需要完成时，使用多线程并发发送数据包，能加快接口数据传送速度，提高传送效率。

（3）开发环境。数据接收接口采用 RESTful 规范开发，可以支持不同系统、不同语言开发的系统与之进行交互。

1）操作系统：由于储能监控 SCADA 系统采用 Linux 环境的 C++进行开发，采用在 Linux 环境中进行接口访问的方式。

2）数据库：Oracle 10G。

（4）接口调用函数。储能监控平台系统调用发送数据接口，把数据传递给实时分析处理平台的消息队列。接口函数定义如下：

```
int sendInfo (String values)
```

参数 values 为 JSON 格式的字符串，其中保存了监测数据的集合。JSON 格式如下：

```
{"style":"min", "values":
[{"sname":"yc-00-0", "sdate":"15 918", "stime":"1", "pdata":"3.1"},
{"sname":"yc-00-1", "sdate":"15 918", "stime":"1", "pdata":"0" }…,
{"sname":"yc-00-4 357", "sdate":"15 918", "stime":"1", "pdata":"3.1" }…]}
```

其中，监控系统以一定数据量的监测数据按照表 7-3 所示的 JSON 数据格式组成 string，并作为参数调用大规模储能系统海量电池数据管理平台的 Web Sevice 的 sendInfo 方法，将数据传递给海量电池数据管理平台。

表 7-3　　　　　　　　　　　　　　JSON 数据格式说明

style	数据类型（分钟级以"min"表示，秒级以"sec"表示）
values	监测数据的集合
sname	遥测代码
sdate	1970-1-1 日期开始的天数
stime	每天 0 点开始的分钟数 0～1440 或者每天 0 点开始的秒数 0~24×60×60
pdata	监测值

7.1.3.2　接口调试与流量网络测试

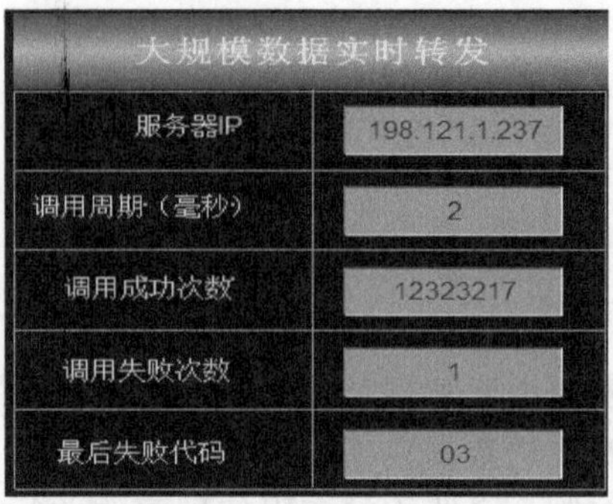

图 7-11　接口调试界面

调试步骤主要包括以下几点。

（1）通道测试：保证系统前置机与监控系统前置机通道通畅。

（2）上传数据确认：由于系统数据种类多、数据量大，需要根据具体需求，确认电池上送哪些信息等。

（3）接口调试：保证数据可以实时准确完整地上送到试验平台系统，界面如图 7-11 所示。

接口流量网络测试：①一个传输平均 30 个字节=30×8bit；②总的传输数据量约 11 万点；③一次总发送量：110 000×30=3M；④要求 1s 内传完，换算到网络流量=（3M×8bit/s）=24Mbit/s

网络使用情况的实验统计结果如图 7-12 所示。测试结果可知，根据实验截图统计，实际的流量在 30Mbit/s 左右，达到 1s 传输所有数据的要求。

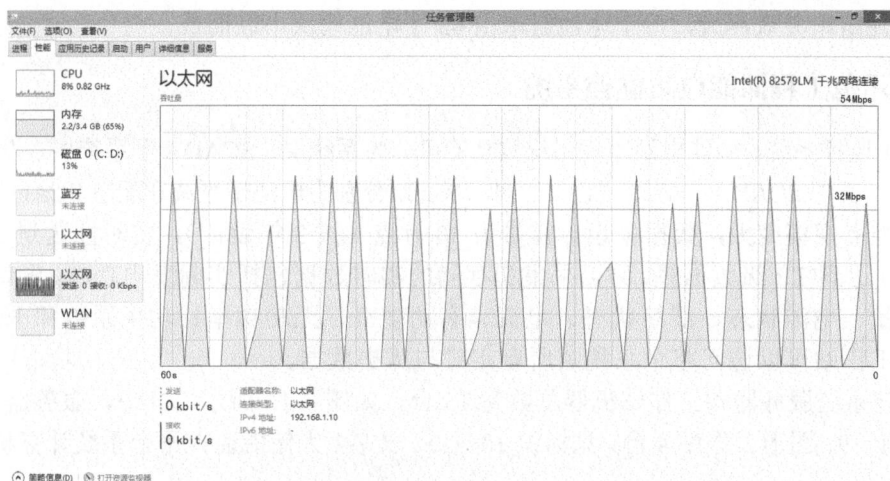

图 7-12　11 万点遥测数据通过数据交互接口的网络使用情况

7.2　大规模储能系统海量电池数据管理平台的现场应用

7.2.1　示范工程储能电站

国家风光储输示范工程储能电站（一期）包含 14MW/63MWh 磷酸铁锂电池储能系统、2MW/8MWh 液流电池储能系统、2MW/1MWh 钛酸锂电池储能系统、2MW/12MWh 铅酸电池储能系统共计 20MW/84MWh 电池储能系统。其中，磷酸铁锂电池储能系统共 C001-C0099 个变压器单元。C001-C003 为同一个电池厂家，包含 12 个 500kW 额定功率的储能 PCS；C004 为一个电池厂家，包含 4 个 500kW 额定功率的储能 PCS；C005-C006 为同一个电池厂家，包含 12 个 500kW 额定功率的储能 PCS；C007-C009 为同一个电池厂家，包含 18 个 500kW 额定功率的储能 PCS。

以下分别说明每个厂家的磷酸铁锂电池储能系统拓扑结构。

（1）C001-C003 变压器单元。C001-C003 变压器单元共有 3MW×3h 电池储能系统装置，按 1MW 为一个单元设计，包括 3 套 1MW 电池储能系统。每个变压器单元包含 4 个 500kW PCS 单元，每个 PCS 单元由 6 个电池组串并联而成，每个电池组串由 17 个电池组串并联而成，每个电池组由 12 个电池单体串联而成。

（2）C004 变压器单元。C004 变压器单元为 1MW×2h 储能系统，包含 4 个 500kW PCS 单元，每个 PCS 单元由 10 个电池组串并联而成，每个电池组串由 160 个电池单体串联而成。

（3）C005-C006 变压器单元。C005-C006 变压器单元共有 4MW×4h 电池储能系统，按 2MW 为一个单元设计。每个变压器单元包含 6 个 500kW PCS 单元，每个 PCS 单元由 10 个电池组串并联而成，每个电池组串由 20 个电池模块串联而成，每个电池模块由 12 个电池单体串联而成。

（4）C007-C009 变压器单元。C007-C009 变压器单元共有 6MW×6h 电池储能系统装置，按 2MW 为一个单元设计。每个变压器单元包含 6 个 PCS 单元，每个 PCS 单元由

14 个电池组串并联而成，每个电池组串由 63 个电池模块串联而成。

7.2.2　示范工程储能电站监控系统

（1）监控系统。储能电站监控系统按功能可分为系统层、SCADA 子系统层、设备层共 3 个层次。其中 SCADA 子系统层由 2 个部分构成，分别为电池子系统和配电 SCADA 系统。

监控点规模庞大，数据量设计容量为 30 万点（按 3 年设计），实时性达到 200ms，每年 I/O 达到 TB 级数据量，可以采集和存储的实时数据包括实际发电功率、出口功率、电池容量、电池状态、线路状态、电流、有功功率、无功功率、功率系数和平均值。系统层工作站可以访问整个系统的所有实时与历史数据。

当前系统服务器和工作站机器总数为 13 台，如图 7-13 所示。其中，服务器 9 台，见标识 1～9；图形工作站 4 台，见标识 10～13。表 7-4 为储能监控平台系统计算机汇总。

表 7-4　　　　　　　　　　　储能监控平台系统计算机汇总

主机	功　能　描　述
服务器 1	机群+SCADA 服务器（热备）
服务器 2	
服务器 3	前置机（热备）：处理 PCS 关键数据及算法发送控制指令
服务器 4	
服务器 5	研究服务器
服务器 6	子前置机：接厂家 B 电池相关数据
服务器 7	子前置机：接厂家 Z 电池相关数据
服务器 8	子前置机：接厂家 W 电池相关数据
服务器 9	子前置机：接厂家 A 电池相关数据
工作站 1	连接调度中心大屏幕
工作站 2	调试间
工作站 3	调试间
工作站 4	调试间

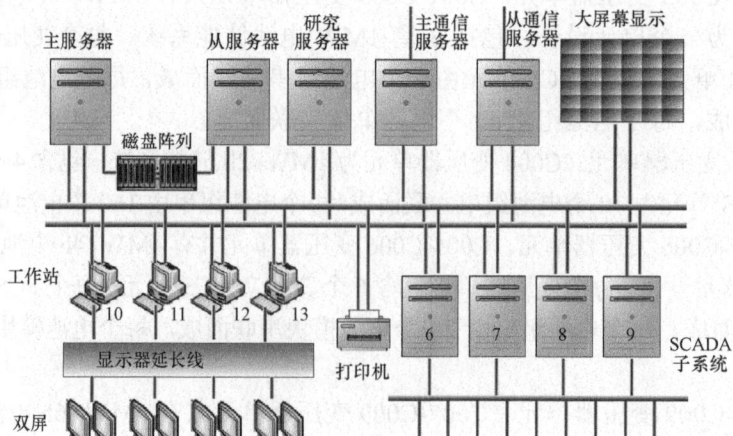

图 7-13　储能监控平台系统结构图

（2）数据存储结构。根据实际情况，储能数据实时存储结构中常用的高效存储表结构如下，分为分钟级数据存储和秒级数据存储，每月定期动态生成新表来满足不断高速增长的海量数据。表名动态生成，一个月一张表，表名为4位数字年加2位数字月份。

1）分钟级数据存储结构，采集频率为1min。

```
create table data199 901(
sname char(20)not null,
sdate number(5) not null,
stime number(5)not null,
flag number(3)not null,
pdata real,
constraint data199 901_ys PRIMARY KEY(sdate, sname,  stime,  flag)
)organization index TABLESPACE  "DLSOFTHDB"
```

2）秒级数据存储结构，采集频率为1s。

```
create table datax199 901(
sname char(20)not null,
sdate number(5)not null,
stime number(10)not null,
flag number(3(not null,
pdata real,
constraint datax199 901_ys PRIMARY KEY(sdate, sname,  stime,  flag)
)organization index TABLESPACE  "DLSOFTHDB"
```

（3）数据量分析。

1）分钟级实时存储数据点，采集频率为1min，如图7-14所示。

24531	yc-041-97=多类型->液流-最低温度点四箱体号
24532	yc-041-98=多类型->液流-最高温度点一
24533	yc-041-99=多类型->液流-最高温度点一箱体号
24534	yc-041-100=多类型->液流-最高温度点二
24535	yc-041-101=多类型->液流-最高温度点二箱体号
24536	yc-041-102=多类型->液流-最高温度点三
24537	yc-041-103=多类型->液流-最高温度点三箱体号
24538	yc-041-104=多类型->液流-最高温度点四
24539	yc-041-105=多类型->液流-最高温度点四箱体号
24540	yc-041-106=多类型->液流-单体最低电压一
24541	yc-041-107=多类型->液流-单体最低电压一箱体中单体组号
24542	yc-041-108=多类型->液流-单体最低电压一箱体组号
24543	yc-041-109=多类型->液流-单体最低电压二
24544	yc-041-110=多类型->液流-单体最低电压二箱体中单体组号
24545	yc-041-111=多类型->液流-单体最低电压二箱体组号
24546	yc-041-112=多类型->液流-单体最低电压三
24547	yc-041-113=多类型->液流-单体最低电压三箱体中单体组号
24548	yc-041-114=多类型->液流-单体最低电压三箱体组号
24549	yc-041-115=多类型->液流-单体最低电压四
24550	yc-041-116=多类型->液流-单体最低电压四箱体中单体组号
24551	yc-041-117=多类型->液流-单体最低电压四箱体组号
24552	yc-041-118=多类型->液流-单体最高电压一
24553	yc-041-119=多类型->液流-单体最高电压一箱体中单体组号
24554	yc-041-120=多类型->液流-单体最高电压一箱体组号

图7-14　分钟级实时存储数据点格式

2）秒级实时存储数据点分析，如图 7-15 所示。

分钟级数据单条记录长度 30 字节，每天的点数（1min 1 个点）1440 点，每天 1 个遥测占用空间 43 200 字节=0.041 199M，每天 11.3 万点传输量 4655.457M=4.546 34G。

秒级数据单条记录长度 30 字节，每天的点数（3s 1 个点）28 800 点数，每天 1 个遥测占用空间 864 000 字节=0.823 975M，每天 11.3 万点传输量 93 109.13M=90.926 89G。

615	yc-02-528=浙大网新::四方8#储能单元2#PCS三相有功功率P
616	yc-02-529=浙大网新::四方8#储能单元2#PCS三相无功功率Q
617	yc-12-0=储能控制算法输出::当前运行模式
618	yc-12-1=储能控制算法输出::目标功率
619	yc-12-100=储能控制算法输出::储能总出力
620	yc-12-101=储能控制算法输出::风光总出力
621	yc-12-104=储能控制算法输出::风光储总出力
622	yc-12-123=储能控制算法输出::控制权限
623	yc-12-128=储能控制算法输出::总下发无功
624	yc-12-2=储能控制算法输出::储能总出力(算法计算的)
625	yc-12-49=储能控制算法输出::16-风机15分钟波动率
626	yc-12-50=储能控制算法输出::17-光伏15分钟波动率
627	yc-12-51=储能控制算法输出::18-风光15分钟波动率
628	yc-12-52=储能控制算法输出::19风光储15分钟波动率
629	yc-12-60=储能控制算法输出::当前无功
630	yc-12-7=储能控制算法输出::当前风总功率
631	yc-12-8=储能控制算法输出::当前光伏总功率
632	yc-12-9=储能控制算法输出::当前风光总功率
633	yc-35-0=D5000::风机总有功功率
634	yc-35-1=D5000::光伏总有功功率
635	yc-35-2=D5000::小东梁风场总有功功率
636	yc-35-3=D5000::孟家梁风场总有功功率
637	yc-35-4=D5000::控制模式
638	yc-35-5=D5000::运行模式

图 7-15　秒级实时存储数据点格式

针对数据存储排列方式及数据分类问题，设计了新的数据存储方案，其中核心方法为重新设计数据条目存储排列方式，并确定数据分类标志。

（1）数据新排列方式。新数据存储方案以遥测号为标志按列排布，每个遥测号对应的数据一列，表 7-5 所示，整理为按天为单位的一个 Excel 文件，遥测号替换为相应的实际数据名称。

表 7-5　　　　　　　　　　数 据 排 列 方 式

yc-02-725	yc-02-726	yc-02-727	...
5392	2900	35	...
5393	2900	36	...
...	...	...	...

（2）数据分类方式。在新的数据排列方式基础上，需对数据进行分类，避免全部数据堆叠在一张表单中。分类过程以 RTU 为标准，每个 RTU 代表一个独立的硬件设备，把同一 RTU 号的条目放入同一张表单中进行存储（Excel 中的 sheet 表单），这样，一个数据文件中会有多个表单，每个表单对应相应 RTU 的数据，如图 7-16 所示。

图 7-16   数据分类方式

7.2.3   海量电池数据管理平台的数据读取性能测试

大规模储能系统海量电池数据管理平台的应用界面如图 7-17 所示。

图 7-17   大规模储能系统海量电池数据管理平台应用界面

100MWh 超大规模电池储能电站将产生数据点约为 100 万点。为了适用于 100MWh 级电池储能电站，开发了数据模拟功能，模拟测试了数据量达到 100 万点时的管理平台相关指标。数据模拟系统如图 7-18 所示。按照系统设计目标，进行海量数据模拟，系统在模拟监测点数量 1 057 280 个，数据集时间达到 1 个月，数据总容量超过 TB 数据的情况下，能够稳定运行。对大规模储能系统海量电池数据管理平台进行了第三方测试，结果表明，数据库接入测点容量支持 100 万点，读 50 000 条事件响应时间为 0.95s，写 50 000 条事件响应时间为 0.847s。

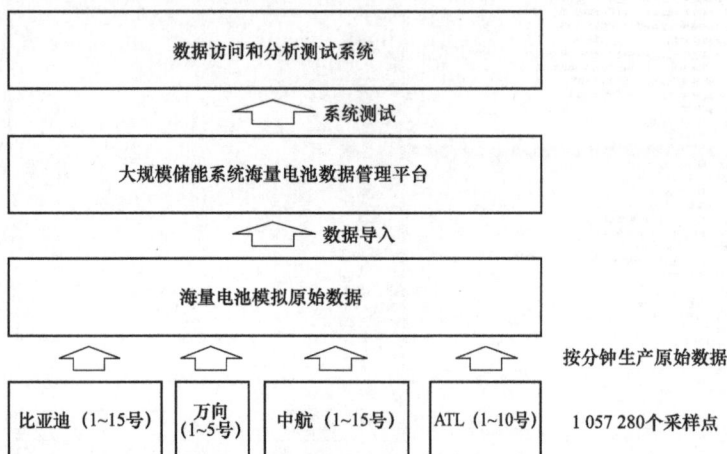

图 7-18　数据模拟系统示意图

7.2.4　海量数据管理平台安全架构

大规模储能系统监控系统海量电池数据管理平台底层采用 Hadoop 分布式云计算平台进行数据分析，采用 HDFS 分布式文件系统作为数据存储平台。Hadoop 作为一个开源的分布式编程框架，其分布式文件系统 HDFS，可存储大量数据，具有高容错性和吞吐量。然而，目前的 HDFS 不支持云内的数据加密，则使得数据的私密性成为一个至关重要的安全性问题。可通过采用对称加密算法来加密和解密数据节点中的文件块，同时使用非对称加密方案，以保护对称密钥。通过这种方法，可以有效防止数据节点的入侵者窃取用户数据，确保储能电站监控数据的安全性。

大规模储能系统海量电池数据管理平台安全架构如图 7-19 所示。HDFS 将文件分割成预定数据大小的数据块格式，集群则被分成一个负责管理元数据的主节点和多个存储块文件的数据节点。主节点是整个云存储服务的入口，数据节点则用来存储储能电站监控数据文件。为了阻止攻击者在入侵数据节点之后窃取文件信息。将加密和解密模块放入数据节点，模块采用 AES 算法在对数据块进行写操作之前完成加密运算。反之，在对数据块进行读操作之前进行解密运算。一个数据块用同一个存储在数据节点上的密钥进行加解密操作。密钥管理模块在数据节点中实现。相对于数据节点与主节点之间的通信协议维持不变，在客户端和数据节点之间则加入了验证协议和密钥交换协议。本方案的加密算法采用 Java 库函数中的 JCE（Java Cryptography Extension）来实现，经过测试，能够在确保云端储能电站监控数据文件隐私的同时也有效确保了密钥的安全性。

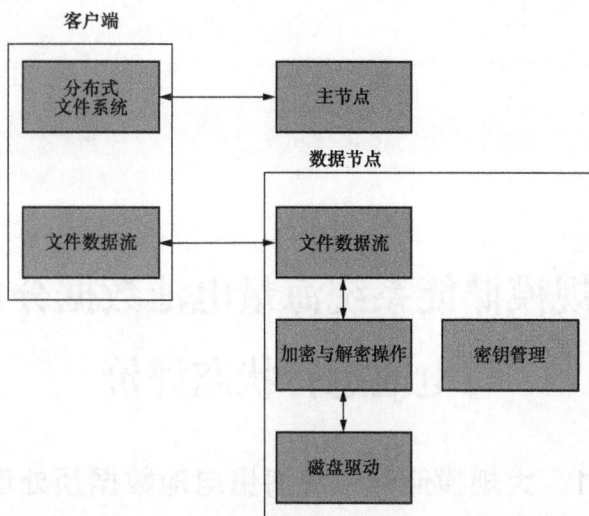

图 7-19   大规模储能系统海量电池数据管理平台安全架构

8

大规模储能系统海量电池数据分析
与电池运行状态评价

8.1 大规模储能系统海量电池数据预处理

8.1.1 预处理算法

预处理算法流程如图 8-1 所示，其主要分为 2 个步骤。

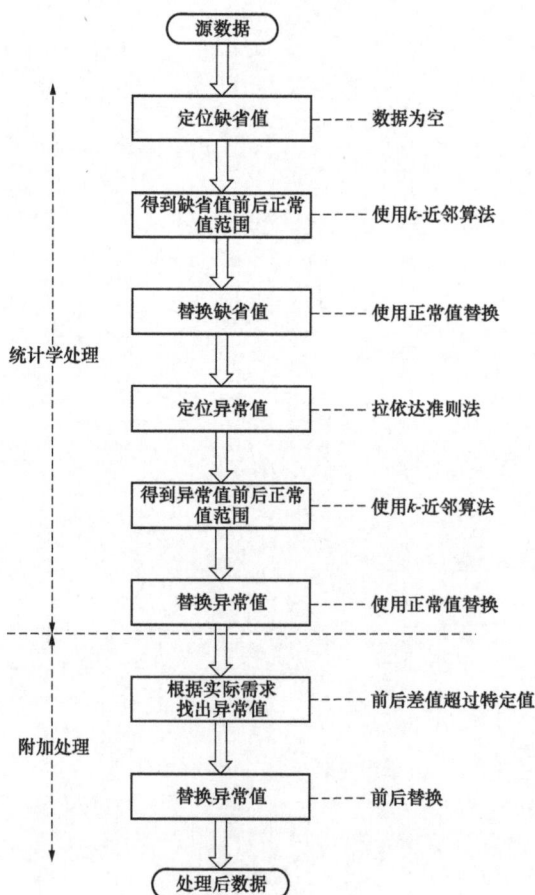

图 8-1 预处理流程

步骤 1：统计学处理。依据统计学方法找出缺省值和异常值，并进行相应替换。遍历数据集找出缺省值，并利用 k-近邻算法找出缺省值附近的出现频率最大的值的范围，并作为正常值替换掉缺省值；遍历数据集，监测数据默认为服从正态分布，依据拉依达准则法，算出总体的数学期望和标准差，对于各个数据偏差大于标准偏差的，认为是异常值，并根据 k-近邻算法找出异常值旁边的正常值，进行替换。

步骤 2：附加处理。根据电池数据不同种类特征，对数据进行异常值查找并替换。根据数据标示符，将数据分类，主要分为电流、电压、温度、SOC、功率等类别。

k-近邻算法就是在 N 个样本中，找出 x 的 k 个近邻。设这 N 个样本中，来自 W_c 类的样本有 N_c 个，若 k_1，k_2，$\cdots$，k_c 分别是 k 个近邻中属于 W_1，W_2，$\cdots$，W_c 类的样本数，则定义判别函数为：

$$g_i(x) = k_i, \quad i=1, 2, 3, \cdots, c \tag{8-1}$$

决策规则为若有：

$$g_j(x) = \max k_i \tag{8-2}$$

则决策 $x \in W_j$。这就是 k-近邻的基本规则。

k-近邻算法的基本算法流程为：

（1）取 $A[1] \sim A[k]$ 作为 x 的初始临近，计算与测试样本 x 间的欧氏距离 $d(x, A[i])$，$i=1 \sim k$；

（2）按 $d(x, A[i])$ 升序排序，计算最远样本与 x 间的距离 $D \leftarrow \max\{d(x, A[j])\}$，$j=1 \sim k$；

（3）for（$i=k+1$；$i<=n$；$i++$）；

（4）计算 $A[i]$ 与 x 间的距离 $d(x, A[i])$；

（5）if $d(x, A[i]) < D$；

（6）then 用 $A[i]$ 代替最远样本；

（7）按 $d(x, A[i])$ 升序排序，计算最远样本与 x 间的距离 $D \leftarrow \max\{d(x, A[j])\}$，$j=1 \sim i$；

（8）计算前 k 个样本 $A[i]$，$i=1 \sim k$ 所属类别的概率，具有最大概率的类别即为样本 x 的类。

拉依达准则法（3δ）：如果实验数据的总体 x 是服从正态分布的，则对于大于 $\mu+3\sigma$ 或小于 $\mu-3\sigma$ 的实验数据作为异常数据，予以剔除。μ 与 σ 分别表示正态总体的数学期望和标准差，剔除后，对余下的各测量值重新计算偏差和标准偏差，并继续审查，直到各个偏差均小于 3σ 为止。

8.1.2　预处理效果

经过预处理可以发现坏值、缺省值等，并根据一定的规定将其进行修正。

图 8-2 是某电池 2013 年 9 月 24 日 14:07 模块温度极差，预处理前，因单体温度异常值，模块极差最大 60℃左右，如图 8-2（a）所示。分析发现，温度最小值为负值，该数值为坏值，将其进行了修正，预处理后坏值被修正，模块极差不超过 5.05℃，如图 8-2（b）所示。

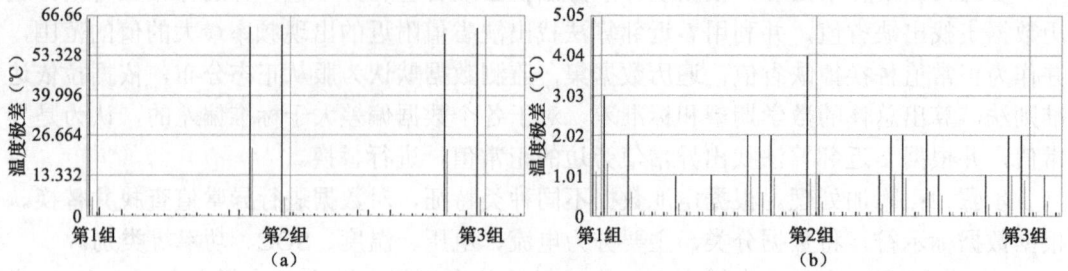

图 8-2　预处理前后的温度极差变化图

（a）预处理前温度极差；（b）预处理后温度极差

图 8-3 是某电池 2013 年 9 月 24 日 14:07 模块电压极差。由图 8-3（a）可以看出，在预处理前，因单体电压异常值，模块极差最大 3.3V 左右。分析发现，电压最大值为 3.3V，最小值为 0V，最小值为坏值。预处理后修正异常值，模块电压极差不超过 0.71V，如图 8-3（b）所示。

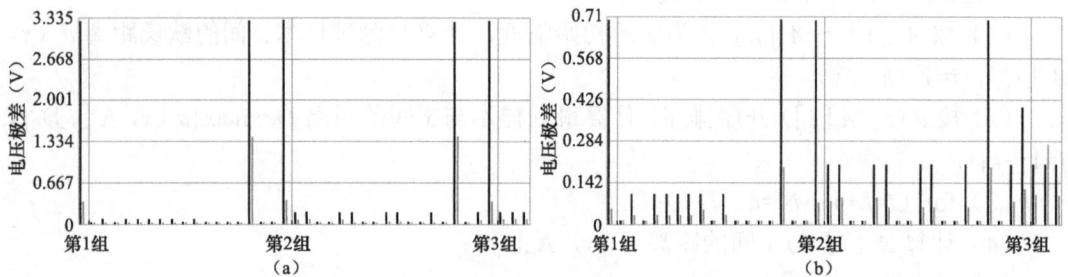

图 8-3　预处理前后的电压极差变化图

（a）预处理前电压极差；（b）预处理后电压极差

8.2　基于海量数据管理平台的电池特性分析

8.2.1　基于运行数据的电池一致性分析

大规模电池储能系统一般由多个电池储能单元并联组成，每个电池储能单元由变流器及电池系统组成，电池储能单元的电池系统一般包含若干个并联的电池组串，电池组串则由电池模块串联而成。电池储能系统示意如图 8-4 所示。

由图 8-4 可知，电池一致性分析可分为电池模块、电池组串 2 个层面。电池电压、温度是表征电池状态的两个重要参数，也是可方便获得的参数。本节中，用电压一致性和温度一致性表征电池一致性。标准差系数能反映一组电池参数的离散程度，极差是一组电池参数中的最大值与最小值之差。可将电压极差、电压标准差、温度极差作为电池一致性的指标。其中，电池电压、温度极差计算方法如下：

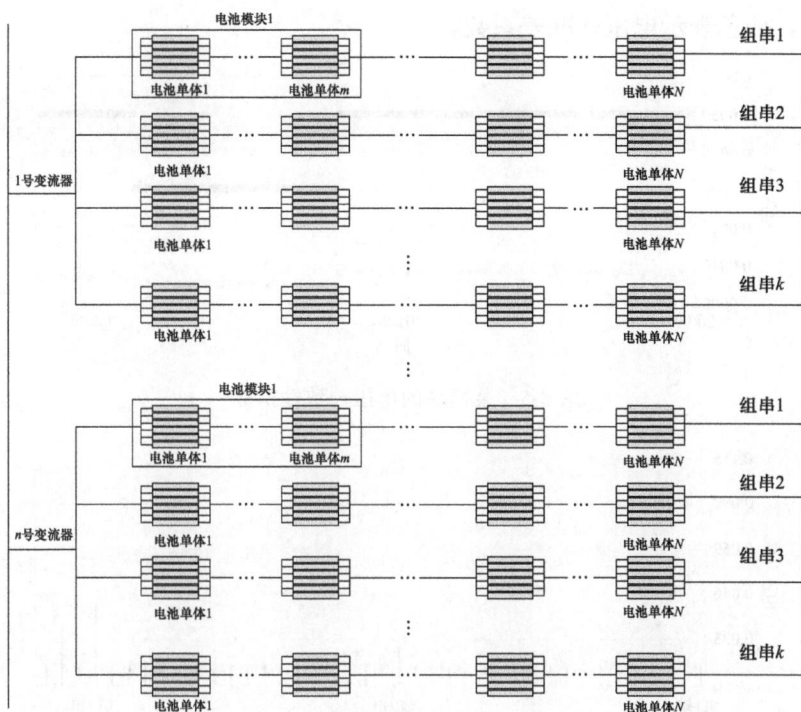

图 8-4 电池储能系统拓扑结构示意图

$$\Delta U_{\max} = U_{\max} - U_{\min} \qquad (8\text{-}3)$$

$$\Delta T_{\max} = T_{\max} - T_{\min} \qquad (8\text{-}4)$$

电池电压、温度的标准差系数计算方法：

$$\delta_U = \sqrt{\sum_{i=1}^{N}(U_i - U_m)^2 / N} \Big/ U_m \qquad (8\text{-}5)$$

$$\delta_T = \sqrt{\sum_{i=1}^{N}(T_i - T_m)^2 / N} \Big/ T_m \qquad (8\text{-}6)$$

式中：$\Delta U_{\max}$ 为电压极差；$\Delta T_{\max}$ 为温度极差；δ_U 为电压标准差系数；δ_T 为温度标准差系数；$U_{\max}$ 和 $U_{\min}$ 分别为一组电池中的单体电池电压最大值和最小值；$T_{\max}$ 和 $T_{\min}$ 分别为一组电池中的单体电池温度最大值和最小值；N 为一组电池中电池单体的总个数；U_i 为一组电池中第 i 个电池单体电压；U_m 为一组电池中所有电池单体电压平均值；T_i 为一组电池中第 i 个电池单体温度；T_m 为一组电池中所有电池单体温度平均值。

对于选定的电池模块，基于海量数据管理平台，可计算并显示电压/温度的极差和标准差系数随时间的变化趋势。例如，图 8-5 所示为 2015 年 2 月 1 日 0:00 到 2:00 之间 A 公司的第 1 组第 1 模块的电压极差和标准差系数变化情况，即电压一致性指标。可知电池电压极差随时间在 0.003V 之内波动，平台的可视化图标支持对时间范围进行缩放，分辨率支持到秒级数据。深色散点表示极差变化趋势，浅色散点表示标准差系数变化趋势。

平台可实现按时间点计算电池一致性指标的功能。如图 8-6 所示，平台可以查询在某个时刻，每个电池储能单元中所有电池组串、模块的极差和标准差系数，其中深色表示电压极差，浅色表示电压标准差系数。

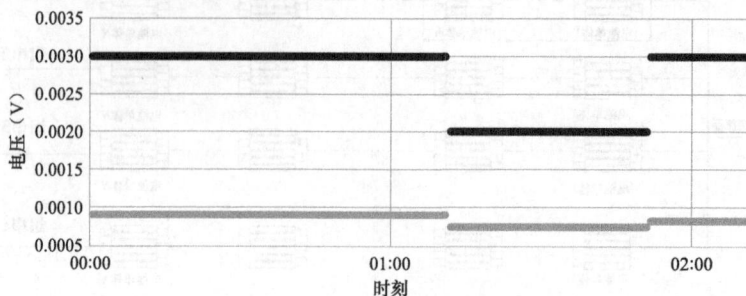

图 8-5　某模块的电压一致性指标

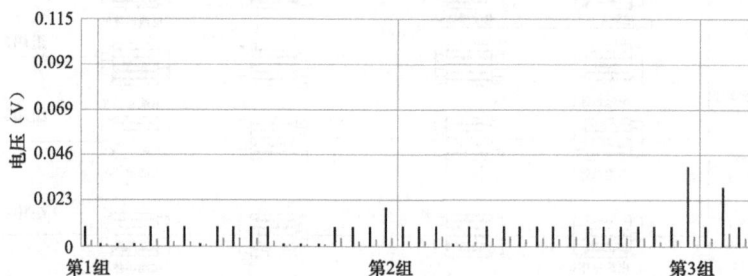

图 8-6　某时刻的电压一致性指标

电压的最大、最小值反映每个模块内的电压最大值和最小值。在图 8-7 中，深色表示电压最大值，浅色表示电压最小值。

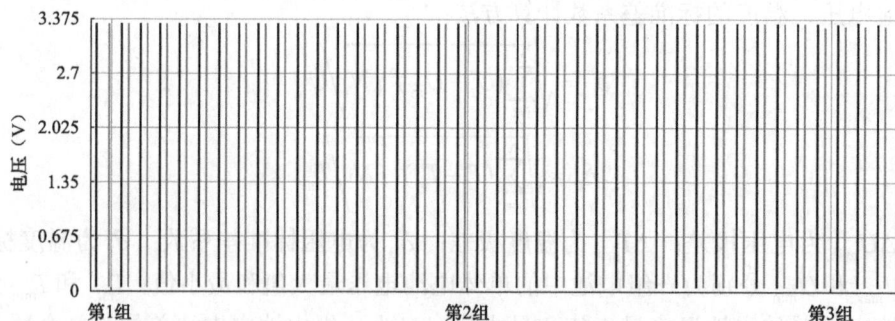

图 8-7　模块内电压最大最小值

8.2.2　基于运行数据的电池温度极差分析

8.2.2.1　电池温度变化与充放电电流的相关特性分析

以第 1 组 240 个单体组成的电池组为例，进行电池温度极差分析，共有 80 个温度点采样数据。数据分析时间段为从 2015 年 2 月 1 日至 2015 年 4 月 18 日，共计 77 天。

通过数据预处理方法，剔除温度为 0 的异常数据采样点后，80 个电池温度点如图

8-8 所示。其中时间单位为小时，共 1848h，即 77 天。深色实线为最高温度，浅色实线为最低温度，虚线为平均温度。平均温度最低为 16℃、最高为 30℃。最高温度为 34℃，最低温度为 15℃。推测与当时气温正相关。

在图 8-9 中，深色为温差，最大温差为 8℃，平均温差为 5.3℃，在可以接受的范围内。浅色为电流相对值，可见温差的增大和电流存在一定相关性。

同样把平均温度和电流相对值画在一处，如图 8-10 所示，深色为温度平均值，浅色为电流相对值，同样可以看到平均温度的突变（尖峰）和电流同样存在相关性。

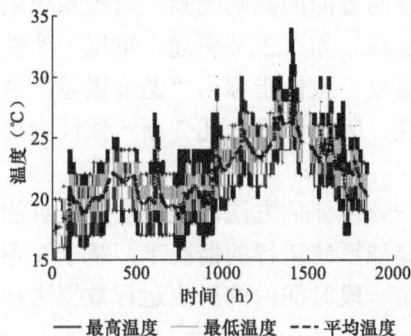

图 8-8 温度随时间的变化曲线

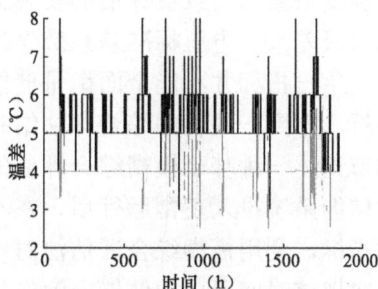

图 8-9 温差与电流相关性

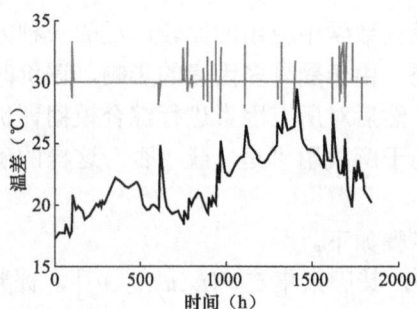

图 8-10 平均温度与电流相关性

8.2.2.2 稳态段电池温度特性分析

以下对稳态段进行分析。对于电流和电压而言，稳态段指电流恒定或变化较小的情况，而对于温度而言，其始终是慢变量，因此任何一段都可以认为是稳态段。这里首先分析温度变化特性，如图 8-11 所示。

如上图可知，平均温度 T 从 18～21℃，横坐标为对应到时刻的时间，平均温度基本反映了室温的变化，而与电池工况无关，这表明电池组工作热负荷较低，散热条件较好。而温差

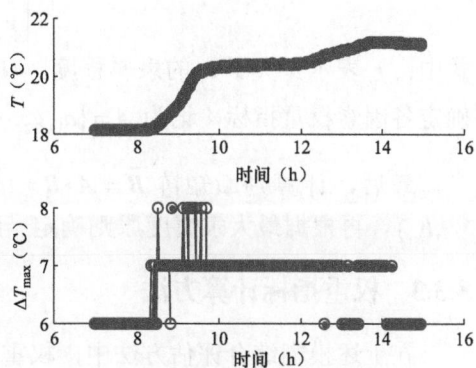

图 8-11 储能电池的温度特性分析

$\Delta T_{\max}$ 在 6～8℃之间，相对较低的平均温度而言，温差过大，一般建议控制在 5℃以内。

8.3 储能电池电压一致性分析与评价

8.3.1 储能电池一致性指标

本节所讨论的电池一致性评估对象为电池组串，单体电池为基本单元。因此本节储能电池一致性主要考虑了电压一致性与温度一致性两方面的影响因素。监控系统采集的电压和温度数据为一致性评估的实现提供了数据支撑。如 8.2 节所述，电压一致性指标用"电压极差"、"电压标准差系数"进行表征，温度一致性指标用"温度极差"进行表征。由于单一指标并不能全面衡量储能电池一致性，因此可将上述 3 项一致性指标进行融合分析，得到一致性的综合评估结果。

本节论述一种基于模糊综合评估的储能电池一致性评估方法。该方法主要目的在于当电池储能系统投入正常运行后，在不干扰电池储能系统运行的情况下，基于 3 项电池一致性指标，利用模糊综合评估法对电池储能系统一段时间内的历史运行数据进行融合分析，实现该时间段内的储能电池一致性的评估。

8.3.2 模糊综合评估模型

模糊综合评估方法是模糊数学中应用的比较广泛的一种方法。在对某一事务进行评价时常会遇到这样一类问题，由于受许多因素的影响，评价时很难将其归于某个类别，则先对单个因素进行评价，然后对所有因素进行综合模糊评价，防止遗漏任何统计信息和信息的中途损失，这有助于解决用"是"或"否"这样的确定性评价带来的对客观事实的偏离问题。

模糊评估方法的计算步骤如下。

首先，设评判对象为 P，其因素集 $U = \{u_1, u_2, \cdots, u_n\}$，评判等级集 $V = \{v_1, v_2, \cdots, v_m\}$。对 U 中每一因素根据评判集中的等级指标进行模糊评判，得到模糊关系矩阵 R：

$$R = \begin{bmatrix} r_{11} & r_{12} & \cdots & r_{1m} \\ r_{21} & r_{22} & \cdots & r_{2m} \\ r_{n1} & r_{n2} & \cdots & r_{nm} \end{bmatrix} \tag{8-7}$$

式中：r_{ij} 表示 u_i 关于 v_j 的隶属程度。(U, V, R) 则构成了一个模糊综合评判模型。其次，确定各因素权重指标，记为 $A = \{a_1, a_2, \cdots, a_n\}$，满足 $\sum_{i=1}^{n} a_i = 1$。

最后，计算判断矩阵 $\overline{B} = A \cdot R = (\overline{b_1}, \overline{b_2}, \cdots, \overline{b_m})$，经归一化后得判断矩阵 $B = (b_1, b_2, \cdots, b_m)$，再根据最大隶属度原则确定一致性等级。

8.3.3 权重指标计算方法

在上述模糊综合评估方法中，权重指标是非常重要的环节。一般情况下权重的计算方法有主观赋值法、客观赋值法和组合赋权法 3 种。客观赋值法，即计算权重的原始数据由各因素在被评估过程中的实际数据得到，如均方差法、主成分分析法、熵权法、代表计算法等；主观赋值法，即计算权重的原始数据主要由评估者根据经验主观判断得到，如主观加权法、专家调查法、层次分析法、比较加权法、多元分析法、模糊统计法等。两类方法各有优缺点，主观赋值法客观性较差，解释性强；客观赋值法大多数情况下精度较高，但有时会与实际情况相悖，对所得到的结果难以给出明确的解释。组合赋权法是指将不同赋权法所得权重系数按照一定的方法进行组合的方法。

本节采用了组合赋权的方法，综合了主观法以及客观法，并将此 2 种方法的权重进行组合，最终得到权重指标。主观法是根据经验以及专业背景确定的权重指标，客观法采用了熵权法。

熵权法的计算步骤如下：设由 m 个评价方案、n 项指标构成的模糊关系矩阵为 $\boldsymbol{R} = (r_{ij})_{m \times n}$，$i = 1, 2, \cdots, m$；$j = 1, 2, \cdots, n$。

各评价指标的熵为 E_j：

$$E_j = \frac{\sum\limits_{i=1}^{m} R_{ij} \ln R_{ij}}{\ln m} \tag{8-8}$$

当 $R_{ij} = 0$ 时，令 $R_{ij} \ln R_{ij} = 0$。

各指标的熵权重 w_j 为：

$$w_j = \frac{1 - E_j}{\sum\limits_{j=1}^{n} (1 - E_j)} \tag{8-9}$$

其中：$\sum\limits_{j=1}^{n} w_j = 1$。熵权重 w_j 越大表示该指标对综合决策的作用越大。

8.3.4 基于模糊综合评估的储能电池一致性评估方法

本节详细介绍基于模糊综合评估的储能电池一致性评估方法计算过程。该评估结果融合了电池电压极差、电压标准差系数、温度极差 3 个一致性指标，评估结果具有较高的准确性。具体流程如图 8-12 所示。

（1）建立储能电池一致性等级。设定性能等级分为 "A"、"B"、"C"、"D" 四个等级，一致性指标包括 "电压极差"、"电压标准差系数"、"温度极差"。建立不同性能等级中各评估指标的取值范围，此范围可根据具体的评估对象与需求进行调整，如表 8-1 所示。

等级 "A" 表示。此时电池一致性性能为优级，可以正常使用。

等级 "B" 表示。此时电池一致性性能为良级，可

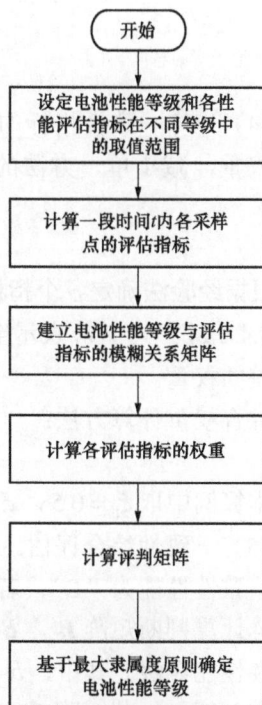

图 8-12 基于模糊综合评估的
储能电池一致性评估流程图

以继续使用，当处于运维时间节点时，可进行均衡维护。

等级"C"表示。此时电池一致性性能为中级，应根据情况申请进行均衡维护。

等级"D"表示。此时电池一致性性能为差级，应立即停机进行均衡维护。

表 8-1   一致性指标与性能等级的关系

性能等级 \ 一致性指标	一致性（A）	一致性（B）	一致性（C）	一致性（D）
电压极差（V）	$\leq \alpha_1$	$(\alpha_1, \alpha_2]$	$(\alpha_2, \alpha_3]$	$> \alpha_3$
电压标准差系数	$\leq \beta_1$	$(\beta_1, \beta_2]$	$(\beta_2, \beta_3]$	$> \beta_3$
温度极差（℃）	$\leq \gamma_1$	$(\gamma_1, \gamma_2]$	$(\gamma_2, \gamma_3]$	$> \gamma_3$

（2）选取一段时间内若干个采样点的电池运行数据，利用式（8-3）～式（8-6）分别计算各采样点的一致性指标。

（3）建立一致性指标与一致性性能等级的模糊关系矩阵 R。R 为 a 行 b 列，a 为一致性评估指标的个数，b 代表电池性能等级的个数。若设定 $a=3$，$b=4$，则如式（8-10）所示。R 第 1 行表示所有采样点的"电压极差"依次在各电池性能等级（"A"、"B"、"C"、"D"）的概率，第 2 行为"电压标准差"的概率，第 3 行为"温度极差"的概率。

$$R = \begin{bmatrix} a_1b_1 & a_1b_2 & a_1b_3 & a_1b_4 \\ a_2b_1 & a_2b_2 & a_2b_3 & a_2b_4 \\ a_3b_1 & a_3b_2 & a_3b_3 & a_3b_4 \end{bmatrix} \tag{8-10}$$

（4）计算一致性指标的权重向量，采用熵权法以及经验法 2 种方法确定各评估指标的权重，减小单一方法的局限性。基于熵权法根据式（8-8）、式（8-9）计算各指标权重：

$$w' = (w_1, w_2, \cdots, w_a) \tag{8-11}$$

根据经验法确定各个指标的权重为 $w'' = (w_1, w_2, \cdots, w_a)$，本算例中取 $w'' = (w_1, w_2, w_3) = (0.4, 0.4, 0.2)$。其中 w_1 表示电压极差的权重，w_2 表示电压标准差系数的权重，w_3 表示温度极差的权重。

综合权重计算方法：

$$w = \xi_1 w' + \xi_2 w'' \tag{8-12}$$

本算例中取 $\xi_1 = 0.5$，$\xi_2 = 0.5$。

（5）一致性综合评估。首先判断矩阵 R 中第 4 列的数值，若有任意一项大于 0，则电池一致性性能为"D"，若矩阵 R 中第 4 列所有项均为 0，则基于权重向量以及模糊关系矩阵计算判断矩阵 B，$B = (b_1, b_2, b_3, b_4) = w \cdot R$，按照最大隶属度原则，确定储能电池一致性性能等级。其中，b_1、b_2、b_3、b_4 分别代表一致性性能为"A"、"B"、"C"、"D"的概率。例如，若矩阵 B 中 b_1 最大，则电池一致性性能等级为"A"。

（6）在综合评估的过程中，可分析出电压、温度极值所在的单体电池号，从而对潜在的异常单体电池进行持续的跟踪分析与关注。对不一致性已经存在异常的单体，及时进行均衡维护等操作。

8.4 基于历史数据的储能电池一致性分析

本节基于 8.3.4 提出的基于模糊综合评估的储能电池一致性评估方法,利用电池储能系统的历史运行数据对储能电池一致性进行分析。首先,判断数据的质量并进行预处理;其次,开展一致性评估,得出储能电池的一致性性能;最后,对一致性差的电池组串进行深入分析,明确异常的单体电池位置及其特征,并对其进行跟踪监测。

以某 250kW/1MWh 磷酸铁锂电池储能系统为例,电池储能系统的拓扑结构如图 8-13 所示,由 7 个电池组串并联组成,每个电池组串由 240 个单体电池串联而成。

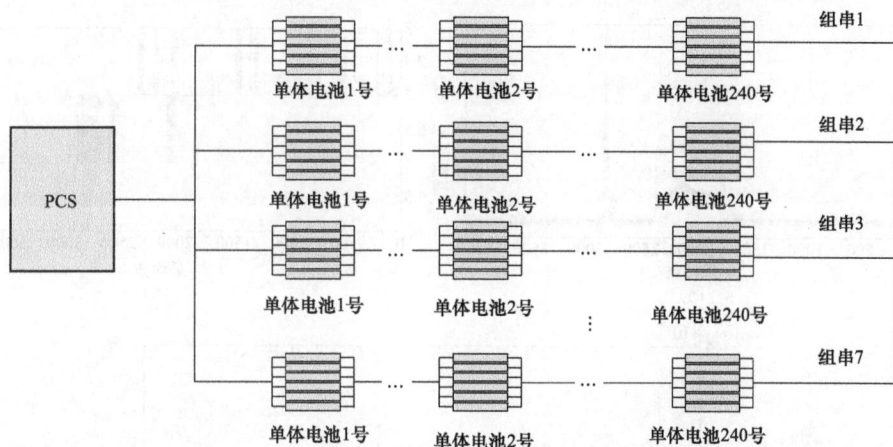

图 8-13　250kW 电池储能系统拓扑结构示意图

作为一个案例,设定 3 项一致性指标在 4 个性能等级中的取值范围如表 8-2 所示。在实际应用过程中,需要依据不同电池类型和不同应用场景,有针对性地优化表 8-2 中给出的各取值范围。

表 8-2　　　　　　　　　　　　　一致性指标取值范围

性能等级 一致性指标	一致性（A）	一致性（B）	一致性（C）	一致性（D）
电压极差（V）	≤0.05	(0.05, 0.1]	(0.1, 0.15]	>0.15
电压标准差系数	≤0.2	(0.2, 0.4]	(0.4, 0.6]	>0.6
温度极差（℃）	≤6	(6, 8]	(8, 10]	>10

下面结合一个案例,分析某一时段的电池一致性分析结果。该时间段的电池储能系统功率曲线如图 8-14 所示。

计算该时间段内 7 个电池组串的单体电池"电压极差"、"电压标准差系数"以及"温度极差",如图 8-15 所示。

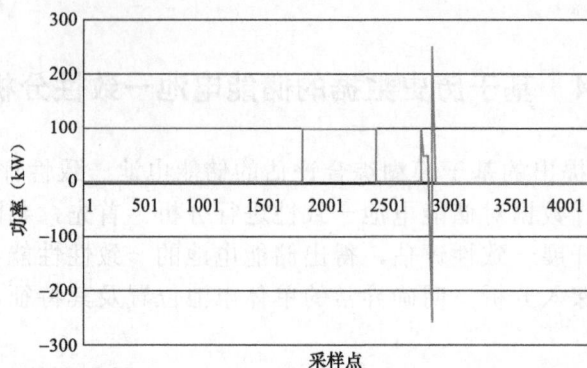

图 8-14 250kW 电池储能系统功率曲线

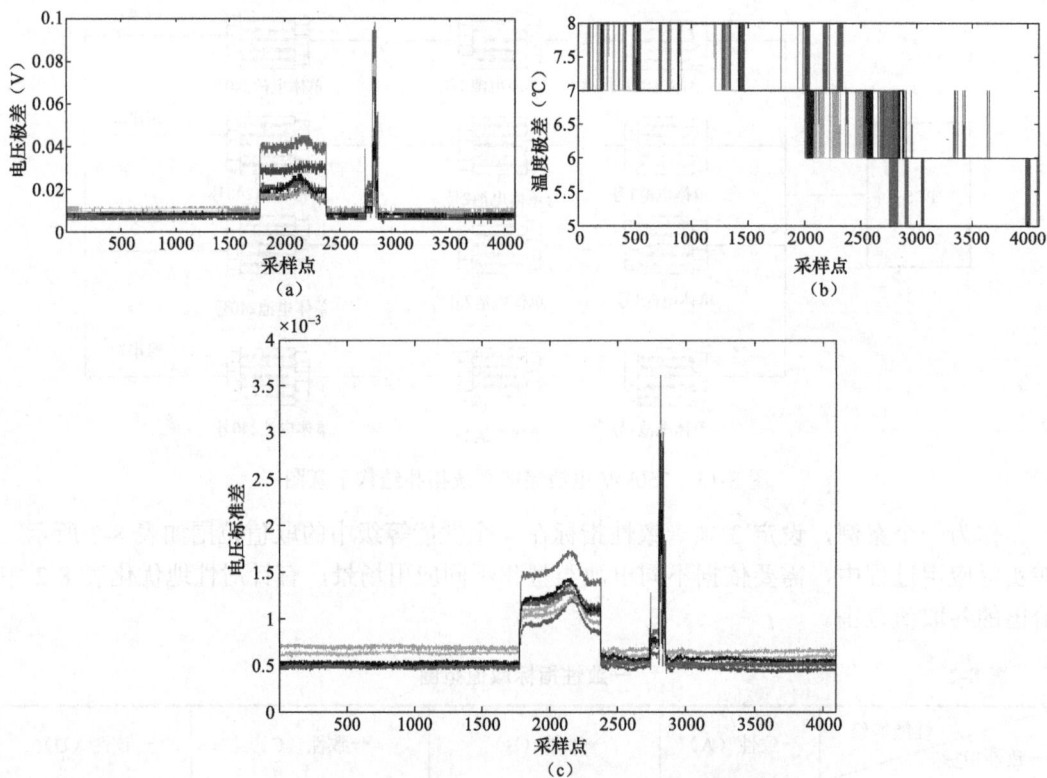

图 8-15 电池组串的单体电池电压和温度变化的分析曲线

（a）所有组串的"电压极差"曲线；（b）所有组串的"温度极差"曲线；

（c）所有组串的"电压标准差"曲线

计算第 1 组串到第 7 组串的模糊关系矩阵 $R1$、$R2$、$R3$、$R4$、$R5$、$R6$、$R7$：

$$R1 = \begin{bmatrix} 0.993\ 4 & 0.006\ 6 & 0 & 0 \\ 1.000\ 0 & 0 & 0 & 0 \\ 0.254\ 8 & 0.526\ 4 & 0.218\ 8 & 0 \end{bmatrix}, \quad R2 = \begin{bmatrix} 0.989\ 5 & 0.010\ 5 & 0 & 0 \\ 1.000\ 0 & 0 & 0 & 0 \\ 0.292\ 9 & 0.501\ 7 & 0.205\ 4 & 0 \end{bmatrix},$$

$$R3 = \begin{bmatrix} 1.000\,0 & 0 & 0 & 0 \\ 1.000\,0 & 0 & 0 & 0 \\ 0.025\,2 & 0.775\,1 & 0.199\,8 & 0 \end{bmatrix},\ R4 = \begin{bmatrix} 0.999\,8 & 0.000\,2 & 0 & 0 \\ 1.000\,0 & 0 & 0 & 0 \\ 0 & 0.868\,9 & 0.131\,1 & 0 \end{bmatrix},$$

$$R5 = \begin{bmatrix} 1.000\,0 & 0 & 0 & 0 \\ 1.000\,0 & 0 & 0 & 0 \\ 0 & 0.705\,9 & 0.294\,1 & 0 \end{bmatrix},\ R6 = \begin{bmatrix} 1.000\,0 & 0 & 0 & 0 \\ 1.000\,0 & 0 & 0 & 0 \\ 0 & 0.868\,2 & 0.131\,8 & 0 \end{bmatrix},$$

$$R7 = \begin{bmatrix} 0.999\,8 & 0.000\,2 & 0 & 0 \\ 1.000\,0 & 0 & 0 & 0 \\ 0 & 0.791\,9 & 0.208\,1 & 0 \end{bmatrix}。$$

第 1 组串到第 7 组串的评估矩阵为：$B1 = [0.8785, 0.0866, 0.0349, 0]$，$B2 = [0.8840, 0.0836, 0.0324, 0]$，$B3 = [0.7961, 0.1621, 0.0418, 0]$，$B4 = [0.7675, 0.2020, 0.0305, 0]$，$B5 = [0.7902, 0.1481, 0.0617, 0]$，$B6 = [0.7678, 0.2016, 0.0306, 0]$，$B7 = [0.7799, 0.1743, 0.0458, 0]$。

根据模糊综合评估方法的判断矩阵可知，该时段内所有组串的电池一致性均为"A"，说明电压极差、电压标准差系数、温度极差指标较好，未出现"D"的概率。由于第 4 组串在前两个时段的"电压极差"为"D"的概率较大，分析可知极值主要存在于 9 号、102 号、123 号电池，因此，下文将分析该组串电池单体的电压情况。由前文综合评估可知，此时段内电池一致性较好。而由图 8-16 可以看出，此时段内 9 号、102 号、123 号电池与该组串电压平均值的曲线相差很小，也说明了该时段电压一致性变好。该电池储能系统具有电池均衡管理功能，当监测到电池一致性不合格时，可进行电池均衡管理，从而使电池保持较好的一致性。这也解释了第 4 组串电压一致性由"D"提升为"A"的原因。

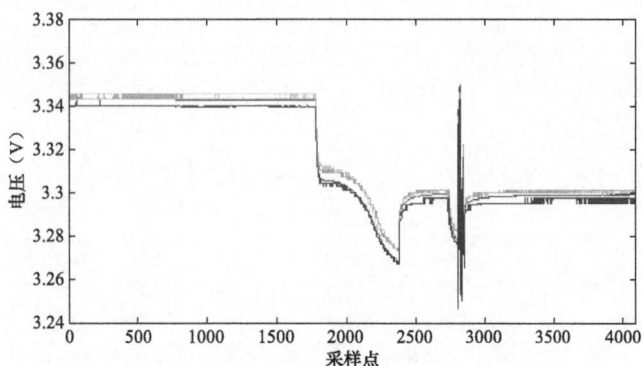

图 8-16 第 4 组串电池单体为 9 号、102 号、123 号电池与绕组串电压平均值的曲线

本节提出的电池一致性评估方法可进行在线式评估，作为海量电池数据管理平台的一部分，为运维人员提供在线指导，也可作为储能系统能量管理策略的一项参考指标，优化电池储能系统的应用。

通过上面分析可知，如何根据储能电池电压极差、电池温度极差、电池电压标准差等指标，量化分析储能电池的不同运行状态，并设定相关指标阈值是大规模电池储能系统安全、可靠、高效、经济运行的重要保障。根据对张北储能电站等国内大规模锂电池储能系统应用示范电站运行数据的挖掘和分析，以及相应储能单元运行状态的诊断分析和储能电池的试验评测结果，本节归纳总结出了电池储能单元运行状态评估指标的阈值，以及对应状态和建议采取的措施，具体如表 8-3 所示。作为一个案例，表 8-3 列举了磷酸铁锂电池运行状态的量化评价指标，将电池运行状态分为健康、亚健康、严重、恶劣等四个类型，并给出了储能电池运行状态的判别方法以及建议采取的相应处置方案。在电池储能系统实际运行与维护工作中，需依据不同类型电池特性，进一步优化和确定表 8-3 所示的各个边界条件设定参数。相关评价指标阈值和处理方案也为电池储能系统全方位、高效率性能评估与诊断提供了一种量化依据和工作思路。

表 8-3　　　　　　　　　　　　储能电池运行状态评价指标

评估指标	运行状态评估指标阈值			
	健康	亚健康	严重	恶劣
电池电压极差（mV）	≤100	100～200	200～400	≥400
	正常运行	可继续运行	可通过充放电补充该电池电量	严重影响电池运行，需立即停机更换
电池温度极差（℃）	≤6	6～8	8～10	≥10
	正常运行	异常天气过后温度分布能恢复正常	改善通风条件后温度分布可恢复正常	需立即停机更换
电池电压标准差系数（%）	≤0.2	0.2～0.4	0.4～0.6	≥0.6
	正常运行	继续运行	可通过手动均衡恢复电压一致性	需立即停机进行整组手动均衡，或整组更换

9

大规模储能系统海量电池数据云服务平台

本章介绍了大规模储能系统云服务平台的设计原则、云服务平台软硬件架构的设计方法及相关技术指标、系统选型方法等。结合云服务平台虚拟机的搭建方法，论述了虚拟机块存储服务及虚拟资源管理的设计方案。最后，基于云技术，提出了大规模储能系统海量电池数据分析云服务验证平台的综合技术方案，为大规模储能系统云服务及其应用提供了一种解决方案和设计思路。

9.1 平台设计原则

大规模储能系统云服务平台的技术方向为虚拟化云计算领域，由于行业应用背景、数据存储格式、具体分析方法等方面的区别，本章从实际应用的角度出发，综合考虑共性技术和储能行业自身特点，设计一个可满足储能系统海量系统数据分析云服务需求的平台。设计时，需重点考虑并解决以下几个难题：

海量数据存储：储能系统电池单体数量庞大，数据采集周期频繁，随着时间的推移，会产生海量待处理数据。这些数据存储格式自由，涵盖了在时间、空间、物理量等不同纬度的检测信息。要存储海量电池数据，优化数据访问性能，必须综合考虑硬件平台、文件系统、存储策略等多方面因素，设计一套面向海量电池数据存储需求的定制方案。

虚拟化服务：海量数据分析云服务以提供虚拟机为主要目标，因此需要采用可靠的虚拟化技术方案，既要能够很好地管理底层的硬件资源，也要能够便于进行抽象，为上层业务系统，特别是海量数据分析提供运行环境。

云平台管理：云平台以私有云的形式对外提供服务，设计和实现面向储能系统海量数据分析的私有云平台是主要内容。在云服务平台的设计过程中，可考虑虚拟机管理、物理机管理、云平台系统管理等主要模块，实现平台和数据的安全可靠。

9.1.1 先进性原则

平台的设计开发采用先进的组件、架构和方法，保证技术水平领先，并且兼顾未来平台升级要求。

硬件设施层面。在硬件层采用高性能服务器，一方面提高验证平台的可靠性，另一方面提升数据分析的性能。

云平台服务层面，采用最新的 OpenStack 云平台方案，它除了提供 VMware 类似的功能，还包括对象存储服务、应用编排、数据库即服务、大数据即服务，以及将近上百项成熟或者正在孵化的项目。

9.1.2　创新性原则

云服务在互联网领域已经有不少典型的应用场景，但是在电力系统，尤其是海量数据分析方面进行云服务尝试，需要进行大量的研究和创新工作。

在计算服务提供角度，要根据海量数据分析的典型应用，如 Hadoop/HBase/Spark 等计算模式要求，通过虚拟化的形式提供所需的计算能力。

在数据存储角度，探索通过云存储的形式对海量电池数据进行管理和使用，既保证数据存储的可靠性，又能够满足数据分析效率。

9.1.3　成熟性原则

数据分析云服务是当下新兴的研究方向，不断涌现很多新技术、新方法，要保证项目风险可控、技术领先，必须对所采取的技术严格把关。在平台中采用的组件和技术，都是经过大量的实践检验证明，可以广泛采用的成熟方案。

OpenStack 已经被越来越多的厂家和云计算服务提供商采纳并应用至生产环境中。Rackspace 已经采用 OpenStack 提供虚拟机和云存储服务，其中云存储 Swift 已经达到 100PB。HP 新推出的公有云服务也是基于 OpenStack 的。新浪已经推出基于 OpenStack 的虚拟机和云存储服务，这也是国内首次在公有云方面大规模应用 OpenStack 的尝试。

9.1.4　规范化原则

储能系统海量数据分析云服务验证平台的设计开发，严格按照软件工程的标准和流程，符合有关部门和行业的规范。

项目管理结合敏捷开发流程，人员管理、产品发布、协调沟通等各方面都制定了规范的执行流程，保证产品交付和质量要求。

技术选型、架构设计等方面遵循系统设计的基本原则，做到技术可靠、层次分明、松散耦合。

9.1.5　安全性原则

系统安全是所有解决方案必须考虑的问题。储能系统海量数据分析云服务验证平台从多个环节保证系统安全可靠。

系统安全方面，对系统配置进行严格控制，关停不必要的用户账户和系统服务，降低系统运行风险，调整防火墙策略，防止非法访问和登录。

数据安全方面，硬件层面采用磁盘 RAID 冗余机制，防止单点故障。数据存储采用冗余、备份等主要管控手段，保证数据安全可用。

平台专门定制系统管理单元，对用户权限、操作日志进行管理和控制，做到能管控、能追溯。

9.1.6 可操作性原则

平台用户端采用 HTML5 规范进行设计开发，HTML5 是下一代 Web 设计标准，能够提供复杂的展示效果和丰富的交互功能，而且能更好地支持移动终端设备，可以满足未来在多种设备上使用的需求。

9.1.7 可扩展性原则

储能系统海量数据分析云服务验证平台设计方案充分考虑了未来平台扩充的要求，在组件层和设计层提供丰富的扩展性。

OpenStack 的目标是实现 100 万台物理主机，6000 万台虚拟主机管理能力，整个 OpenStack 项目被设计为可大规模灵活扩展的云计算操作系统。

9.2 大规模储能系统海量电池数据管理的云平台架构

9.2.1 软件架构

储能系统海量数据分析云服务验证平台采用分层设计的策略，按照功能定位的不同，平台可以分成 5 个层次，如图 9-1 所示。最底层是由物理设备组成的硬件平台；在硬件平台之上构建云计算运行环境，提供云计算基础服务；私有云管理平台保障云计算环境的使用、运维和管理工作的自动化和可控性；数据分析业务系统是动态配置的虚拟计算环境，能够满足科研项目的实际需求；用户和平台之间通过平台门户进行交互。

图 9-1　平台系统的软硬件架构图

物理资源池：整合现有的物理服务器、网络互联设备、存储设备等硬件资源，形成具有一定规模的硬件资源池。

云平台服务层：云平台服务层提供计算和存储 2 种服务类型。计算服务在物理资源池上构建动态可伸缩的虚拟计算单元，为业务系统提供运行环境；存储服务为业务系统提供数据访问支持。

云管理平台：私有云的部署、运维和管理工作复杂，需要专业的团队来完成，基于私有云提供的服务也要经过特殊配置。私有云管理平台根据项目的实际需求定制开发，力求达到易用可控的目的。

管理平台提供的功能包括：通过自动部署实现底层系统的快速上线和日常管理；用户管理模块完成用户认证和权限控制；业务系统的虚拟机模板由镜像管理模块创建并维护；虚拟机管理功能负责计算单元的分配、使用和释放；系统管理提供云平台资源的追踪和监管；物理机管理模块跟踪底层物理资源的实时状态，及时发现系统异常；日志管理对历史操作进行管理，便于把握整个系统的使用情况。

数据分析系统：在私有云上发布储能系统海量数据分析系统。大数据需要密集计算和海量存储，适合在云计算环境中部署。Hadoop 是数据挖掘领域最专业的平台，把 Hadoop、HBase、Spark 等和云平台结合，构建云上的大数据环境，可以快速生成开发测试平台。

平台门户：平台门户是访问私有云验证环境的 Web 界面，不同角色的用户通过平台门户完成日常工作。

9.2.2　技术指标

储能系统海量数据分析云服务验证平台采用成熟技术和集成创新思路，保证系统满足所需的各项功能和性能指标。

9.2.2.1　功能指标

（1）实现硬件资源的统一管理，按需为储能系统海量数据分析平台提供资源分配服务；

（2）为储能系统海量数据分析平台提供虚拟机服务器，支持虚拟机的创建、启动、关闭和远程访问；

（3）提供大数据分析环境，支持与现有储能系统海量数据分析平台的集成，对外提供数据一致性分析、统计报表、综合分析等功能；

（4）对储能系统海量数据分析平台进行快速备份和恢复；

（5）能够动态调整储能系统海量数据分析平台的运行环境配置；

（6）支持对云平台运行环境健康状况进行监控，在发生异常时主动告警；

（7）实现对资源使用流程的操作记录和追溯；

（8）提供 Web 管理界面。

9.2.2.2　性能指标

（1）平台规模：能够支持不少于 8 台虚拟机模块；

（2）数据规模：能够支持不少于 2TB 数据存储；

（3）可扩展性：支持随着业务系统建设灵活扩展硬件设备规模；

（4）运行环境：云平台能够部署在 RHEL、CentOS 等物理服务器操作系统；

（5）虚拟机支持主流的 Windows 系列和 Linux 系列操作系统，包括但不限于

Windows 7、RHEL、CentOS、Ubuntu 等；

（6）为储能系统海量数据分析平台系统运行环境提供 Hadoop、HBase、Spark 等系统组件。

9.2.3 云平台的软硬件选型

储能系统海量数据分析云服务验证平台硬件主要包括云计算服务器、显示器和键盘鼠标，硬件配置的参考如表 9-1 所示。

表 9-1　　　　　　　　　　硬件配置参考表（实际选型依据测试结果）

序号	硬件类型	产品描述（CPU/内存/硬盘/网络/电源）		数量
1	云计算服务器	规格	2U 机架式	1
		处理器	2 个 Intel Xeon E5 系列 CPU	
		内存	64GB 内存	
		硬盘	支持 RAID，不少于 2TB 硬盘	
		以太网	千兆或更高以太网口 2 个	
		电源	1+1 冗余电源	
2	显示器	不小于 21 英寸		1
3	键盘鼠标			1

验证平台硬件数量有限，应突出单机的计算存储能力。在计算方面，需要配置较高的 CPU 和充足的内存，满足多台虚拟机的硬件资源需求。服务器硬盘是虚拟化应用的主要瓶颈，为了保证虚拟机的运行效果，在验证平台中既要保证平台的存储容量，又要满足存储性能要求。

目前数据分析专用计算存储服务器有浪潮、曙光、IBM 等多家产品可选。

上述配置能够提供的主要硬件资源包括不低于 16 个处理器核心、64GB 内存和至少 2TB 存储。在验证平台中，每台虚拟机的配置以 2 个处理器核心、8GB 内存和 200GB 存储为例，可以满足提供 8 台虚拟机的要求。

硬件平台主要为达成平台各项功能和性能指标而配置部署，其具体选型与软件最终形态尤其是运行性能密切相关，具体硬件方案，可根据不同项目需求，依据软件测试结果，并依据用户已有设备及实际需求状况购置，从而确保最终运行环境中的平台可以完全满足各项功能和性能指标。

云平台的软件选型如表 9-2 所示。

表 9-2　　　　　　　　　　云服务平台的软件选型表

软件	说明
CentOS	操作系统
MySQL	关系数据库
OpenStack	云计算框架

续表

软　　件	说明
Apache Tomcat	Web 服务器
Windows/Linux 主流版本	虚拟机操作系统
Hadoop/HBase/Spark 主流版本	数据分析环境

9.3 海量电池数据管理的云服务平台架构设计

9.3.1 系统选型

9.3.1.1 选型依据

云计算技术在企业内部的使用日趋成熟，已经出现了一些有代表性的解决方案，在这些解决方案中，有业内比较常见的 VMware，也有一系列成熟的云平台技术。基于验证平台的建设要求，对比几种不同的解决方案，选择最适合的一种类型。

在技术选型时，需要考虑的因素包括：①技术成熟度；②产品开放性；③可定制化程度；④功能涵盖面；⑤管理难度；⑥发展趋势。

9.3.1.2 选型范围

1. OpenStack

OpenStack 是亚马逊 AWS 的开源实现，OpenStack 项目是由 Rackspace 和 NASA（美国国家航空航天局）共同发起的。2010 年 7 月，NASA 贡献自己的云计算管理平台 Nova 代码，Rackspace 贡献云存储 Swift 代码，发起 OpenStack 的开源项目。从其被研发问世到现在，OpenStack 已经吸引了超过 190 家公司和 3000 名开发者，而且这个数目还在以很快的速度被刷新。

OpenStack 发展很快，从机构成立至第一个版本发布仅用了很短的时间，到 Essex 版本以后，基本上保持每 6 个月发布 1 个新的版本。具体发展情况如表 9-3 所示。

表 9-3　　　　　　　　　**OpenStack 版本发展成果情况**

时间	成　　果
2010 年 6 月	Rackspace 和 NASA 成立 OpenStack
2010 年 7 月	超过 25 名合作伙伴
2010 年 10 月	首个版本发布，代号 Austin，35 名合作伙伴，由 Nova 和 Swift 组成
2011 年 2 月	代号 Bexar 版本发布，新增 Glance 组件
2011 年 4 月	代号 Cactus 版本发布
2011 年 7 月	代号 Diablo 版本发布，该版本比较稳定，可以开始大规模部署应用
2012 年 4 月	代号 Essex 版本发布，新增 Horizon、Keystone、VNC 组件

续表

时间	成　果
2012 年 10 月	代号 Folsom 版本发布，新增 Cinder、Quantum 组件
2013 年 4 月	代号 Grizzly 版本发布，新增 Oslo、nova-conductor 组件
2013 年 10 月	代号 Havana 版本发布，Quantum 组件更名为 Neutron，新增 Heat、Ceilometer 组件
2014 年 4 月	代号 Icehouse 版本发布，新增 Trove 项目，允许用户可以在 OpenStack 环境中管理关系数据库服务

　　OpenStack 的产品定位是任何组织均可以通过 OpenStack 基于标准化的硬件设施创建和提供云计算服务。产品设计目标是实现 100 万台物理主机，6000 万台虚拟主机管理能力。整个 OpenStack 项目被设计为可大规模灵活扩展的云计算操作系统。

　　OpenStack 有不少核心和扩展的项目，但主要由 7 个核心子系统构成，如图 9-2 所示，它们分别为：计算管理（Compute，又称 Nova）、镜像管理（Image，又称 Glance）、对象存储（Object Storage，又称 Swift）、块存储（Block Storage，又称 Cinder）、认证管理（Identity，又称 Keystone）、网络管理（Network，又称 Neutron）和界面展示（Dashboard，又称 Horizon）。

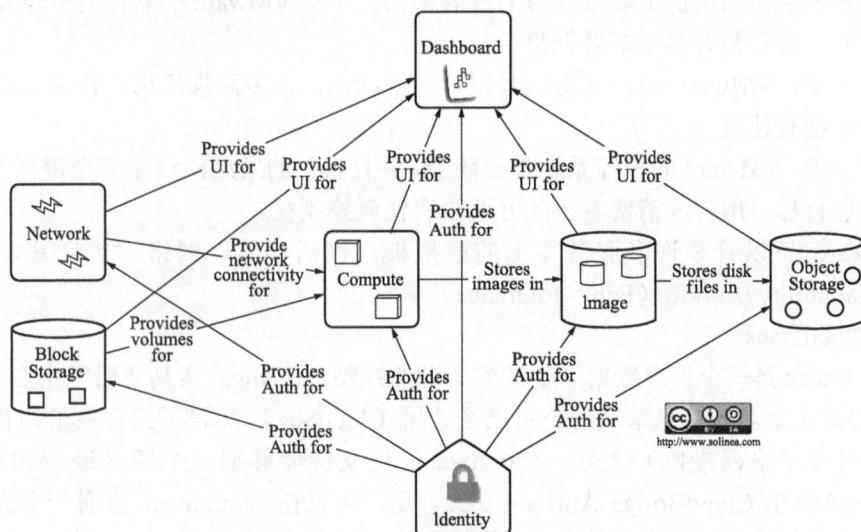

图 9-2　OpenStack 的构成示意图

　　Nova 主要提供虚拟机实例，通过虚拟化技术将计算能力通过虚拟机的方式交付用户。Glance 主要提供虚拟机镜像服务，实现虚拟机镜像的导入、快照、删除等生命周期管理。Swift 为用户提供对象存储服务，目标是使用标准化的服务器来创建冗余、可扩展且存储空间达到 PB 级别的对象存储系统。Cinder 为虚拟机实例提供快速且持久化的块存储能力，实现虚拟机存储卷的创建、删除、挂载、卸载、快照等生命周期管理。Keystone 为 OpenStack 服务提供统一身份认证。Neutron 为用户提供虚拟网络服务，它通过底层虚拟交换机或者物理网络交换机设备的通信实现虚拟网络的创建，并且具备虚拟网络的管理能力。Horizon 是 OpenStack 的 Web 界面呈现，为终端用户使用 OpenStack 系统提供入口。

OpenStack 被定位为开源云平台（事实上也是仅次于 Linux 的世界第二大开源组织、框架、项目），OpenStack 除了提供 VMware 类似的功能，还包括对象存储服务、应用编排、数据库即服务、大数据即服务，以及将近上百项成熟或者正在孵化的项目。

OpenStack 可以通过 Nova 服务来管理调度 VMware，类似于一个 Hypervisor，这个社区已经支持。而 KVM 只是 OpenStack 一个普通但默认和最常用的 Hypervisor（其他还包括 Xen、 Docker、LXC、裸机、Power 等）。也就是一套 OpenStack 环境，可以同时管理运行 KVM、Power、VMware、LXC/Docker 等。

OpenStack 已经被越来越多的厂家和云计算服务提供商采纳并应用至生产环境中。Rackspace 已经采用 OpenStack 提供虚拟机和云存储服务，其中云存储 Swift 已经达到 100 PB。HP 新推出的公有云服务也是基于 OpenStack 的。新浪已经推出基于 OpenStack 的虚拟机和云存储服务，这也是国内首次在公有云方面大规模应用 OpenStack 的尝试。

2. VMware

VMware 软件套件是自底向上的架构，下端边界为虚拟机管理器。像 VMware 的 vSphere 和 vCloud director 产品都是依赖于免费的 ESX（i）虚拟机管理器，ESX（i）虚拟机管理器为他们提供了非常优秀的部署架构。本身 VMware 的软件套件也是经过全面测试过的，并且都有单一部署框架。

总的来说，VMware 的产品由于其架构的健壮性，很多高规格用户在多数据中心规模的环境中都有使用。

换句话说，VMware 的软件系统是封闭的，并且软件的发展路线是完全遵循 VMware 自己的发展目标，用户或消费者在此方面没有任何控制权。

VMware 可以管理许多服务器上的虚拟机，包括存储、网络、热迁移、高可用（High-Availability），容错（Fault-Tolerance）等。

3. CloudStack

CloudStack 是一个管理数据中心计算资源的控制台。Zynga、诺基亚研究中心和 Cloud Central 等许多知名的信息驱动的公司已经使用 CloudStack 部署了云。除了拥有自己的 API（应用程序编程接口）之外，CloudStack 还支持能够把一个亚马逊 API 转变为 CloudStackAPI 的 CloudBridge Amazon EC2。用户可以在 CloudStack 查看一个详细的支持的指令列表，主要特点有：

（1）不依赖于任何管理程序（KVM、Xen、ESXi、OVM 和 BareMetal）；

（2）任务（分配和管理权限）；

（3）虚拟网络（支持虚拟局域网）；

（4）资源池（让管理员限制虚拟资源，例如，限制一个账户创建的虚拟机的数量以及分配给一个账户的公共 IP 地址的数量等）；

（5）快照和卷；

（6）虚拟路由器、防火墙和负载均衡器；

（7）使用主机维护进行动态迁移。

9.3.1.3　选型对比

1. OpenStack 和 VMware

VMware 被定义为虚拟化产品，以云主机为中心提供给企业和个人用户各种虚拟化服务，如磁盘、网卡、网络、硬件资源等，都可以通过图形化界面点击来完成。VMware 可以管理许多服务器上的虚拟机，包括存储、网络，热迁移、高可用（High-Availability），容错（Fault-Tolerance）等。

OpenStack 被定位为开源云平台（事实上也是仅次于 Linux 的世界第二大开源组织、框架、项目），OpenStack 除了提供 VMware 类似的功能，还包括对象存储服务、应用编排、数据库即服务、大数据即服务，以及将近上百项成熟或者正在孵化的项目。

OpenStack 和 VMware 软件的功能对比分析如图 9-3 所示。

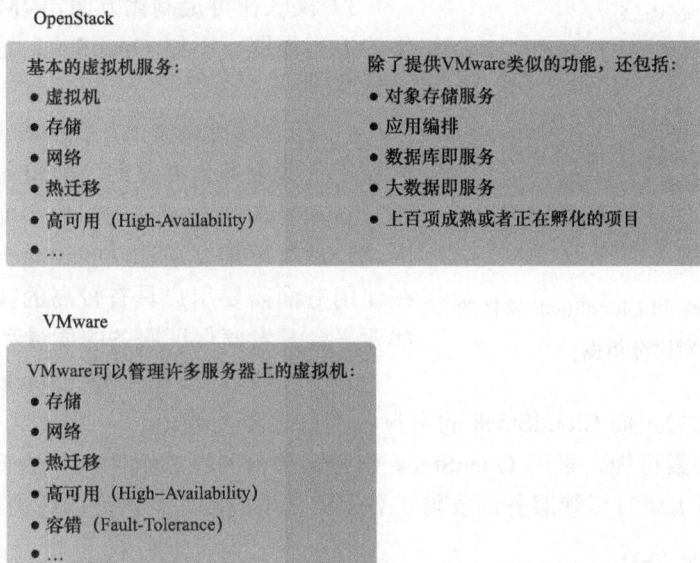

OpenStack

基本的虚拟机服务：
- 虚拟机
- 存储
- 网络
- 热迁移
- 高可用（High-Availability）
- …

除了提供VMware类似的功能，还包括：
- 对象存储服务
- 应用编排
- 数据库即服务
- 大数据即服务
- 上百项成熟或者正在孵化的项目

VMware

VMware可以管理许多服务器上的虚拟机：
- 存储
- 网络
- 热迁移
- 高可用（High-Availability）
- 容错（Fault-Tolerance）
- …

图 9-3　OpenStack 和 VMware 的功能对比分析图

2. OpenStack 和 CloudStack

CloudStack 安装部署非常容易，网络功能较好，但对 OVS 的支持并不强；拓扑也分为 region、可用域、POD、集群等；存储也支持 NFS、LVM、Gluster 等。CloudStack 架构很紧凑，非常容易上手。

如果需要虚拟机之外更多的功能、定制性更强，或者搭建中大型环境，甚至学习云计算，建议使用 OpenStack，因为其架构灵活、功能丰富且拥有庞大无比的社区。

OpenStack 的强大还在于参与公司众多（国内外凡是出名的服务器、网络、存储、IT 服务商，其中包括国内的中兴、华为，甚至 VMware 都是它的会员），形成了一个强大的生态系统，甚至有人称其为云操作系统（Cloud OS），已经形成了不但包括虚拟机相关（Nova）的功能；还包括 Heat（云应用编排，一个模板语言执行完之后就有了一个运行 MySQL 或者 Apache 的虚拟机）、Trove（DBaaS，支持 MySQL、MongoDB、CounchDB、Redis 集群、备份、快照）、Sahara（大数据服务，支持 MapReduce、Spark、Java、Stream

OpenStack

功能组合丰富、架构灵活、定制化
程度高

提供平台即服务（PaaS）功能
● 数据库即服务
● 数据分析即服务
● 应用编排

提供基础设施即服务（IaaS）功能
● 虚拟机

CloudStack

提供基础设施即服务（IaaS）功能
● 虚拟机

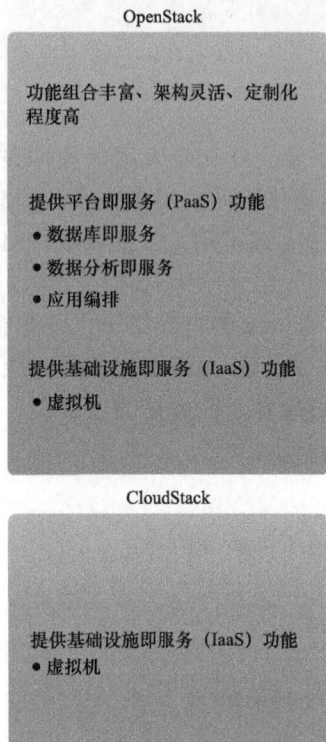

图 9-4　OpenStack 和 CloudStack 软件的
功能对比分析图

Job 等）、Ceilometer（计量），还有其他几十个项目，已经或正在走向成熟。

OpenStack 和 CloudStack 软件的功能对比分析如图 9-4 所示。

3. 综合对比

3 种方案的综合对比如图 9-5 所示。

1）在技术成熟度上，OpenStack 和 VMware 技术投入较大，技术成熟度相对较高。

2）在产品开放性上，OpenStack 和 CloudStack 属于社区开放性解决方案，而 VMware 受 VMware 公司独家限制，开放性不足。

3）反映在可定制化方面，VMware 支持定制化的能力很弱，不如 OpenStack 这样的开放性解决方案。

4）在功能覆盖面上，OpenStack 提供从虚拟机到平台即服务全方位的功能覆盖，而 VMware 和 CloudStack 更多是在虚拟化层面。

5）从管理难度来说，OpenStack 和 CloudStack 在使用方面需要用户具有较高的技术水平，因此需要平台开发商保证服务的质量和连续性。

6）发展趋势来看，OpenStack 和 VMware 会有持续的发展动力，而 CloudStack 的用户范围在逐步萎缩。

综合上述因素可知，采用 OpenStack 作为云平台的核心组件，并基于此进行适当的定制化开发，可实现对后续服务的支持工作。依据不同需求，也可以适当选择开发软件。

9.3.2　计算服务设计

计算虚拟化是指将一台物理计算机系统虚拟化为一台或多台虚拟计算机系统，每个虚拟计算机系统（简称虚拟机）都拥有自己的虚拟硬件（包括 CPU、内存、硬盘、网卡等），以便提供一个独立的虚拟机执行环境。通过虚拟化层的模拟，虚拟机中的操作系统认为自己仍然是独占一个系统

	OpenStack	VMware	CloudStack
技术成熟度	高	高	中
开放性	好	差	好
可定制化程度	高	低	中
功能覆盖面	广	中	中
管理难度	高	中	高
发展趋势	好	好	中

图 9-5　OpenStack、VMware 和 CloudStack 对比

在运行。每个虚拟机中的操作系统可以完全不同，其执行环境也是完全独立的。业界最常用的计算虚拟化技术有 VMware、KVM、Hyper-V 和 Xen 等。通过计算虚拟化技术将计算服务器进行抽象和计算资源池化，为上层应用提供计算服务。

（1）VMware 虚拟化技术。由管理员通过 vcenter 管理整个虚拟化资源中心，能方便实现 PC 服务器的虚拟化。由于 VMware 虚拟化产品是业界广泛应用的解决方案之一，

有必要支持对 VMware 虚拟资源池的管理，同时进一步实现用户自服务、服务目录和审批流程的自动化、自动化安装操作系统、初始化、参数配置和基础软件的参数化安装部署等管理的高级功能。

（2）KVM 虚拟化技术。KVM 是基于 Linux 操作系统内核的虚拟化技术，集成于 Linux 发行版本，无须额外采购。KVM 是一种高效的虚拟化技术，需要英特尔虚拟技术（virtualization technology，VT）或 AMD 安全虚拟机（SVM/AMD-V）的支持。KVM 通过直接调用 CPU 硬件提供的虚拟化技术，最大限度提升虚拟化效率，减少系统开销。KVM 发展迅速，可以帮助企业降低虚拟化和云平台的采购成本，降低云的整体拥有成本。越是大型的 VDC，通过采用开源 KVM 越是能显著降低成本。

（3）Hyper-V 虚拟化技术。Hyper-V 是微软开发的一种虚拟化技术，其设计目的是为广泛的用户提供更为熟悉以及成本效益更高的虚拟化基础设施软件，这样可以降低运作成本、提高硬件利用率、优化基础设施并提高服务器的可用性。Hyper-V 采用微内核的架构，兼顾了安全性和性能的要求。Hyper-V 底层的 Hypervisor 运行在最高的特权级别下，微软将其称为 ring1（而 Intel 则将其称为 root mode），而虚拟机的 OS 内核和驱动运行在 ring 0，应用程序运行在 ring 3 下，这种架构就不需要采用复杂的 BT（二进制特权指令翻译）技术，可以进一步提高安全性。

（4）Xen 虚拟化技术。Xen 最初是由剑桥大学开发的开源虚拟化技术。Xen 虚拟化需要修改操作系统才能运行（提供对用户应用的兼容性），但无须特殊硬件支持，就能达到高性能的虚拟化。

计算虚拟化能实现虚拟机迁移、虚拟机故障恢复、虚拟机快照、虚拟机克隆和虚拟机弹性扩展等功能，为上层业务系统的运行保驾护航，提供安全可靠、长期稳定运行的计算环境。

9.3.2.1 虚拟机备份与恢复

虚拟机快照是虚拟机在某个时刻运行状态的副本，当业务系统崩溃或系统异常时，能够通过使用恢复到快照来将业务系统还原到当时的运行状态，主要用于虚拟机备份和故障恢复，当前虚拟机故障后，可以方便地从快照点或备份点还原。

虚拟机的备份可以采用两种策略，既可以通过手工方式备份虚拟机，也可以配置策略进行定时备份，创建虚拟机快照，保存虚拟机运行状态。

备份功能会在暂停虚拟机中的应用程序之后，为正在运行的虚拟机创建快照，从而对备份工作进行集中处理，以确保文件系统的一致性。然后，由一个 Windows 备份代理服务器装载这些虚拟磁盘快照，该服务器可以使用标准的备份代理程序将备份存储到磁带或磁盘设备中。备份服务器预先集成了常用的备份实用程序，并且提供了预处理和后处理脚本，无须任何额外配置便可轻松实施。

虚拟机克隆是虚拟机状态的一个拷贝，当需要一个与当前虚拟机完全一样的另一个虚拟机时，可以通过虚拟机克隆来迅速复制出一个一模一样的虚拟机，主要用于业务系统相互热备和负载均衡。当业务系统比较关键，宕机会影响信息系统的运行时，可以通过虚拟机克隆，同时部署多个业务系统，多个业务系统之间进行负载均衡、相互热备，保证一个业务系统宕机时不会影响到整个内部信息系统的运行，实现高可用。

克隆是虚拟机相对于物理机的一个巨大的优势，利用克隆功能可以很大程度上提升系统运维工作的效率。虚拟资源池通常能够提供两种克隆方式，完整克隆和链接克隆。

完整克隆方式下，管理员从源虚拟机复制出的一个独立的虚拟机镜像，其功能、占用资源和源虚拟机完全一样，但不和源虚拟机共享任何资源，可以独立使用和修改。

在链接克隆方式下，管理员从源虚拟机模板派生出的一个非独立的虚拟机镜像，虽然其功能、资源配置和源虚拟机完全一样，但是克隆虚拟机和源虚拟机模板共享磁盘文件，能够降低对存储空间的需求，并提升运行效率和 IT 维护效率。

9.3.2.2　虚拟机扩展

运行在云平台系统上的虚拟机负载是随机性的，有时很高，有时很低，而有的虚拟机由于比较重要，在负载比较高时可能由于 CPU、内存等资源不能满足需求而出现宕机，这样就带来了很大的问题。动态伸缩是当业务需求出现峰值时能够动态增加虚拟机的数量，当需求回落后自动减少虚拟机数量，保证关键业务的性能。用户把业务主机添加到伸缩组，设定动态伸缩策略（如 CPU 资源持续超过 80%时触发自动伸缩），动态伸缩产生的虚拟机之间自动支持负载均衡。

虚拟机资源动态神作技术分为两类：水平弹性扩展和垂直弹性扩展。

水平弹性扩展是指根据虚拟机的负载情况，动态调整同类型业务系统虚拟机的数量，来实现虚拟机资源的动态扩展。水平弹性扩展一般结合负载均衡器使用，同时还具有高可用特性。

负载均衡服务器将来自终端用户的请求（负载）进行平均，分摊到多个同类型服务器上执行，共同完成工作任务。终端用户就像使用一台高性能、高可用的服务器一样，虚拟机水平弹性扩展通过在负载均衡器后端添加或删除一个服务节点来完成，通过检测服务节点的心跳及时调整分发策略来达到高可用性。当一个服务节点发生故障，无法响应用户请求时，负载均衡器不再将用户请求分发到该服务节点上。

垂直弹性扩展是指根据虚拟机的负载情况，动态地调整虚拟机的 CPU、内存、硬盘大小，来实现虚拟机资源的动态扩展。将虚拟机的负载分为低负载虚拟机、负载适中的虚拟机和高负载虚拟机。对于低负载虚拟机，根据虚拟机的内存总量和使用量，可以适度减少 CPU 个数、内存总量，让 CPU、内存利用率达到一定的比值。对于负载适中的虚拟机不需要处理。对于高负载虚拟机，根据虚拟机的需求量,动态地扩充虚拟机的 CPU 个数和内存量，使 CPU 利用率和内存利用率达到负载适中虚拟机设定的比值。

9.3.3　存储服务设计

存储虚拟化技术是采用分布式存储技术将基础设施服务器中的存储资源集中起来，形成一个巨大的存储资源池，用于为上层应用提供数据存储服务。存储虚拟化最通俗的理解就是对存储硬件资源进行抽象化表现，因而可以有多个层级，严格说来 RAID 属于层级相对较低的一种。

为达到数据存储位置不依赖特定的硬盘（或 SSD），一个改进的办法就是在 RAID 组上铺一个覆盖层的办法，对下整合多个 RAID 组，对上体现为一个统一的存储池（storage pool）。在这个统一的存储池中，重新切割成最小分配单元（可以叫 Region 或 Extent，带有硬盘/SSD、RAID 类型等标记信息），再根据需求来供给容量。不过，这样仍然没有摆脱 RAID，一个 RAID 组中有硬盘故障的话，重建时间还是很长，只是把影响控制在局部而已。

更进一步是把物理硬盘切割成统一尺寸（例如 256 MB）的大块（chunklet），以这些虚拟磁盘为单位组 RAID，构成逻辑磁盘，然后逻辑磁盘再切分为小块（Region 或 Extent），作为卷（Volume）的组成单位。看起来依然是两层结构，但底下的逻辑磁盘，其构成单元为大块，来自不同的硬盘，如果有一块硬盘损坏，其上有数据的 chunklet 将被分布到多个空闲 chunklet 的硬盘上重构。原本在一个硬盘上的数据被分散到多个硬盘上重建，速度将大大加快。

存储虚拟化的实现方法有很多，不一定都要在 RAID 层之上，或者包含某种形式的 RAID 层。比如，IBM 在 2008 年收购的 XIV，将数据切分为 1MB 大小的分区（partition），以伪随机数的方式跨系统内的所有硬盘分布，每份数据有两个副本，也可以理解为广义上的 RAID 10，或者三副本技术的简化版。

把来自不同厂商、品牌的存储系统，整合为一个存储池，一直是存储行业的愿望。在存储行业，异构是一个很普遍的现象，来自不同厂商（甚至同一厂商不同产品线）的存储系统，往往硬件不同，软件更不同。存储虚拟化技术能够解决传统存储系统扩展能力不足的问题，以构建跨存储系统的存储池，为上层应用按需提供稳定可靠的存储服务，具体包括块存储服务和云存储服务。

块存储服务为虚拟机提供硬盘（块设备）服务，实现对虚拟机块存储的管理。块存储服务将物理存储根据需要划分为不同的存储空间提供给虚拟机，虚拟机识别为新的硬盘。当虚拟机不再使用该硬盘时，能够回收到物理存储空间中，以便其他虚拟机使用。虚拟机块存储服务能够确保虚拟机宕机后，存储在虚拟机硬盘上的数据不会丢失，待虚拟机恢复运行后，能够重新挂载到该虚拟机上继续使用。

云存储服务为应用提供海量数据存储服务。它通过简单的 key/value 的方式实现对象文件的存储读取，适用于"一次写入、多次读取、无须修改"的情况，例如图片、视频、邮件附件等海量数据的存储。云存储服务构筑在多个服务器上，通过在软件层面引入数据冗余性，来达到高可用性和可伸缩性。与通常的分布式文件系统一样，放入对象存储集群中的文件是条带化的，依据特定的数据分布式算法放入集群节点中。应用程序可以通过标准化数据访问接口访问数据。分布式对象存储采用完全对称架构，扩容的时候只需简单地增加机器，扩展性好，没有主从结构，不存在单节点故障，任意一个节点出现故障时，数据并不会丢失。

存储虚拟化技术能够确保数据高可靠性，为存储其中的数据提供四级防护。一级防护：服务器硬盘采用 RAID5 技术，防止单块硬盘损坏造成数据丢失；二级防护：对于存放在存储服务器中的数据，采用分布式文件存储冗余备份技术，在不同的服务器上同时存储多份，防止服务器宕机造成数据丢失；对于存储在磁盘阵列中的数据，采用磁带、光盘备份方式，防止磁盘阵列损坏造成数据丢失。三级防护：离线备份，定期将服务器和数据库中的数据备份到磁盘阵列中。四级防护：异地容灾，将资源磁盘阵列和备份磁盘阵列中的数据传输到异地进行备份。

云平台以分配虚拟机的方式满足业务系统对硬件资源的需求，虚拟机内的数据最终保存在镜像文件中，这种用户数据与虚拟机镜像紧密耦合的方式，对用户数据而言有丢失的风险。虚拟机保存在镜像文件中的数据仅在该虚拟机的生命周期内可见，并没有保存到该虚拟机的原始镜像中，因此当虚拟机被删除或服务器宕机造成虚拟机意外丢失时，虚拟机内的数据就会丢失。

数据块存储服务为虚拟机提供了独立于虚拟机的块存储服务，数据存储独立于虚拟机生命周期之外，通过数据存储服务创建的块存储可以挂载到任意一台虚拟机上，被虚拟机识别为一块硬盘，因此，当虚拟机被删除或丢失时，将该虚拟机原先挂载的块存储设备挂载到其他虚拟机上仍然可以使用，不会造成数据丢失。

虚拟机块存储服务可以基于 NAS、SAN 或分布式文件系统实现，存储数据的完整性、可靠性和可用性由具体的实现技术保证。NAS、SAN 集中式存储设备价格比较贵，通常提供的数据可靠性也比较高，具有数据保护措施，数据不易丢失。分布式文件系统将多个服务器上的硬盘抽象为一个存储池，数据存储在多个服务器中。

分布式文件系统由一台元数据服务器（NameNode）和多台数据存储服务器组成（DataNode）。元数据服务器提供文件元数据信息服务，如文件名称、文件路径、目录名称和目录路径等，文件数据分隔为多个数据块分别存储在多个数据存储服务器的磁盘中，且每个数据块在不同服务器上至少存有两个副本，当一个服务器上的数据不可用时，其他服务器上还存有数据副本，数据不会丢失。

为应对传播中心中各类资源灵活、快速、动态调度的需求；利用虚拟化资源管理服务，构建虚拟资源的管理及服务。

（1）用户虚拟存储管理服务。满足用户指定存储的服务要求。例如：容量、IO 性能、安全级别等，以及块级虚拟化、数据带外读写的 IP SAN 等。

（2）用户虚拟计算管理服务。具有存储与计算分离的计算模式，使得计算环境的构建更加灵活，能够快速地完成服务的动态部署，满足应用环境对不同类型和数量的服务器的动态需求。

（3）用户虚拟存储映射管理服务。建立虚拟服务器和虚拟存储设备的映射关系，分配相应的资源、进行资源的绑定、部署用户需要的软件、配置服务的流程，从而定制用户特定的虚拟用户系统。

（4）内容发布虚拟存储管理服务。

1）提供安全便捷的动态或静态资源的发布存储服务，并提供管理工具，帮助用户完成各种发布服务存储的需求；

2）提供服务资源申请；

3）提供申请的审核，由管理员对申请进行审核；

4）提供服务资源的开通，审核通过后，分配资源给用户；

5）提供服务资源的续约、申请服务到期后选择续约、提交服务续约单、管理员审核通过后再分配资源给用户；

6）提供服务资源的使用、申请，服务资源的挂起，服务资源使用的关闭，服务资源使用的释放；

7）支持第三方服务供应商自主集成和发布服务的功能；

8）支持对服务申请的自动或手动资源创建、分配、绑定、释放的功能；

9）提供服务资源的分类查询、分类添加、分类删除，服务分类管理功能；

10）提供服务量统计，包括对指定时间段内的服务资源进行统计。

9.3.4 网络服务设计

网络是连接计算节点和存储节点的方式，传统的网络基于 ISO OSI 七层模型，具有比较固定的连接方式，而网络虚拟化则试图在原有的网络之上建立一个虚拟的网络。网络虚拟化让物理网络与承载的应用之间的紧密耦合被打破，因而可以实施更为灵活的网络部署，可以改变传统网络部署复杂和困难的现状。

传统的数据中心由大量的二层设备和少量的三层设备组成，它们组成一个树状的结构，并分为 Access 接入层、Aggregation 汇聚层和 Core 核心层。接入层通常就是机柜顶（top of rack，ToR）交换机，直接给整个机柜的设备提供接入功能，它们通常都是纯二层交换机。Aggregation 汇聚层则提供所有 Access 层之间的互联，它可以是二层交换机或者三层交换机。Core 层提供 Aggregation 层的互联并提供数据中心数据出口，它是工作在三层的路由器。

传统数据中心的网络结构一旦设计好，就很难改变，在管理灵活性和可扩展性方面存在很大的问题，因此网络虚拟化技术和由软件定义网络的技术应运而生。和计算虚拟化一样，在现阶段，网络虚拟化和软件定义网络都是对网络资源进行池化，在上面构建按需交付的虚拟网络。

从连接的组件来看，网络虚拟化包括两个部分：网络设备虚拟化（Network Device Virtualization）和网络数据通路虚拟化（Network Data Path Virtualization）。网络设备是指网络连通的端点，网络数据通路则是连接网络本身。除了数据链路之外，网络设备也可以分为两种：一种是提供数据链路的设备，包括集线器、交换机、路由器等网络设备；另一种则是服务器、存储等使用网络链路的设备。

网络设备虚拟化或者网络功能虚拟化的出现，一方面是用户想获得部署的灵活性，另一方面则是由于直接的用户需求，即多租户。一个网络可能需要在逻辑上划分为多个不关联的用户使用，这种天然的需求推动了最早的 VLAN 的出现。网络设备虚拟化分为外部设备和内部设备两种。

外部网络设备包括非主机端的设备，一般地，指交换机、路由器、网关等设备。基于一层的网络设备 Hub 集线器已经很少使用，而基于 Hub 的虚拟化更是无从谈起，因此外部网络设备的虚拟化主要包括交换机和路由器的虚拟化。

内部网络设备的虚拟化主要包含了在主机端上的各种网络虚拟化设备。一开始仅包括网卡设备，随着虚拟化的发展，开始包含交换机、路由器等设备。在主机端，工作于一层网络层的设备就是网卡，因此，一层内部网络设备虚拟化指的是虚拟化网卡 vNIC。对网卡的虚拟化有三种：软件、硬件辅助和硬件，硬件成分越多，性能越好。二层的网络设备虚拟化方案就是虚拟交换机 vSwitch，大部分的虚拟化方案都基于软件的 vSwitch，近代基于 PCIe 总线对虚拟化的关注，开始提供基于 SR-IOV 的 vSwitch 方案，这种方案可以提供与物理交换机相似的作用和表现，仅仅是连接对象从物理机器变成了虚拟机。三层的网络设备虚拟化也就是 vRouter 虚拟路由器，一般的桌面虚拟化平台软件都提供了类似的作用，用于将虚拟机保护在虚拟路由器之后，并对其提供网络访问功能，如 VMware Workstation、VirtualBox 这样的虚拟化软件都提供了基于 NAT 的网络访问功能。一般的服务器虚拟化平台不提供虚拟路由器，它们通常作为单独的软件提供。

网络数据通路虚拟化将数据中心的所有网络资源、网络端口虚拟化为网络资源池，主要包括二层到三层的交换设备或协议方案。二层数据通路虚拟化方案如比较少见的 L2VPN，还有极为常见的 VLAN。VLAN 将物理的交换机分割为多个虚拟交换机，而网络内所有支持 VLAN 的交换机连接起来的网络也将分割为多个虚拟的交换网络。典型的三层广域网网络数据通路虚拟化技术包括 L3 VPN 以及通用路由封装（generic routing encapsulation，GRE）。GRE 技术是一种提供在一个网络层封装另一个网络层协议的机制。

通过网络虚拟化技术可以实现软件定义网络（SDN）。软件定义网络（software defined network，SDN），是由美国斯坦福大学研究组提出的一种新型网络创新架构，其核心技术 OpenFlow 通过将网络设备控制面与数据面分离开来，从而实现了网络流量的灵活控制，为核心网络及应用的创新提供了良好的平台。

由于传统的网络设备（交换机、路由器）的固件是设备制造商锁定和控制，所以 SDN 希望将网络控制和物理网络拓扑分离，从而摆脱硬件对网络架构的限制。这样企业便可以像升级、安装软件一样对网络架构进行修改，满足企业对整个网站架构进行调整、扩容或升级。而底层的交换机、路由器等硬件则无须替换，节省大量的成本的同时，网络架构迭代周期将大大缩短。

从路由器的设计上来看，它由软件控制和硬件数据通道组成。软件控制包括管理（CLI、SNMP）以及路由协议（OSPF、ISIS、BGP）等。数据通道包括每个包的查询、交换和缓存。如果将网络中所有的网络设备视为被管理的资源，那么参考操作系统的原理，可以抽象出一个网络操作系统（Network OS）的概念。这个网络操作系统一方面抽象了底层网络设备的具体细节，同时还为上层应用提供了统一的管理视图和编程接口。这样，基于网络操作系统这个平台，用户可以开发各种应用程序，通过软件来定义逻辑上的网络拓扑，以满足对网络资源的不同需求，而无须关心底层网络的物理拓扑结构。

SDN 提出控制层面的抽象，目前的 MAC 层和 IP 层能做到很好的抽象但是对于控制接口来说并没有作用，通过处理高复杂度（因为有太多的复杂功能加入到了体系结构当中，比如 OSPF、BGP、组播、区分服务、流量工程、NAT、防火墙、MPLS、冗余层等）的网络拓扑、协议、算法和控制来让网络工作，完全可以对控制层进行简单、正确的抽象。SDN 给网络设计规划与管理提供了极大的灵活性，可以选择集中式或是分布式的控制，对微流量（如校园网的流）或是聚合流（如主干网的流）进行转发时的流表项匹配，有虚拟实现或是物理实现可供选择。

采用软件定义网络 SDN 技术后，云平台基础设施可以按需灵活改变应用之间的网络拓扑结构，而无须变动底层的网络设备，十分方便。

9.3.5 虚拟资源管理设计

资源虚拟化完成对硬件设施资源的抽象。资源虚拟化包括虚拟资源池、资源管理、虚拟资源调度和操作协同组件四个功能组件。资源管理包括虚拟机管理、虚拟机镜像管理、网络管理、存储管理、资源监控等功能模块。

9.3.5.1 虚拟机管理

虚拟机是运行操作系统和业务系统的软件计算机，每个虚拟机都有可提供与物理硬件相同功能的虚拟设备，使用时和真实的物理服务器没有区别。虚拟机管理是云平台的主要工作，它采用虚拟化技术为上层业务系统提供虚拟机服务，满足上层业务系统所需要的一切硬件需求，包括 CPU 个数、内存大小、硬盘大小、网卡要求、声卡要求等。

云平台管理员在选择虚拟机的硬件配置（如 CPU 个数、内存大小、硬盘大小等）和操作系统（如 Windows、CentOS、Redhat Linux 等）后，能够自动在一台物理服务器上创建该虚拟机，管理员可以登录该虚拟机界面使用，使用上和真实的物理机没有区别。管理员在任何时候都能够关闭、暂停、重启虚拟机，在不需要时，能够终止该虚拟机，回收该虚拟机所占用的所有硬件资源。当虚拟机的 CPU、内存、硬盘等硬件资源不够用时，管理员能够修改虚拟机的硬件配置，保证虚拟机上业务系统正常运行的同时动态扩充虚拟机的 CPU 个数、内存大小和硬盘容量。

随着业务负载的波动，虚拟机需要配置的资源会发生改变，当系统负载较高时，需要为虚拟机增加相应的资源，而负载降低后，也要相应减少资源配置，对部分资源进行回收。为了不影响系统的正常运行，需要能够在虚拟机正在运行的状态下动态为虚拟机添加 CPU、存储及网络设备等资源，从而做到真正的资源弹性调配，用户可以很方便地根据业务的扩展来动态调整虚拟机的资源，且在调整资源时不影响正常业务的运行，保证良好的虚拟化系统可扩展性。

虚拟机快照是虚拟机在某个时刻运行状态的副本，当业务系统崩溃或系统异常时，能够通过使用恢复到快照来将业务系统还原到当时的运行状态，主要用于虚拟机备份和故障恢复，当前虚拟机故障后，可以方便地从快照点或备份点还原。

虚拟机的备份可以采用两种策略，既可以通过手工方式备份虚拟机，也可以配置策略进行定时备份，创建虚拟机快照，保存虚拟机运行状态。

虚拟机克隆是虚拟机状态的一个拷贝，当需要一个与当前虚拟机完全一样的另一个虚拟机时，可以通过虚拟机克隆来迅速复制出一个一模一样的虚拟机，主要用于业务系统相互热备和负载均衡。当业务系统比较关键，宕机会影响信息系统的运行时，可以通过虚拟机克隆，同时部署多个业务系统，多个业务系统之间进行负载均衡、相互热备，保证一个业务系统宕机时不会影响到整个内部信息系统的运行，实现高可用。

虚拟机在线迁移，又称实时迁移，是指在保证虚拟机上业务系统正常运行的同时，虚拟机在不同物理服务器之间进行迁移，主要用于服务器定期维护。当需要对一台物理服务器进行维修、更换、系统升级时，能够通过在线迁移将该物理机上的所有虚拟机迁移到其他物理机上，而不影响业务系统的使用。

9.3.5.2　虚拟机镜像管理

虚拟机镜像是虚拟化技术将整个虚拟机运行环境进行封装后保存的一个文件，该文件包含了已安装好的用户所需的操作系统和应用软件，虚拟化软件可以根据该虚拟机镜像创建相应的虚拟机。

云平台管理员能够创建或上传虚拟机镜像文件，能够将外部虚拟机镜像文件导入到云平台中统一管理，也能够将云平台中的虚拟机镜像文件导出到外部，用于备份。当需要对虚拟机镜像中的操作系统或应用软件进行升级时，能够对其进行编辑，形成新的虚拟机镜像。当虚拟机镜像文件不再使用或不再需要时，能够将其删除。

9.3.5.3　虚拟网络管理

网络管理为虚拟机提供虚拟网络服务，通过底层虚拟网络交换机或物理网络交换机设备的通信实现虚拟网络的创建，并且具备虚拟网络的管理能力以及为虚拟机提供网络服务的能力，包括网络连接、虚拟子网划分、网络安全管理、虚拟机 IP 地址管理和 DNS 服务。

网络连接功能能够支持虚拟机与虚拟机之间的互联互通、虚拟机与物理机之间的互联互通。虚拟子网划分能够实现虚拟网络的分区分域，支持虚拟网络的子网（VLAN）划分，实现虚拟机之间的网络隔离功能。网络安全管理能够支持虚拟机防火墙设置、虚拟机访问控制功能，实现虚拟机的网络安全防护功能。虚拟机 IP 地址管理能够支持虚拟机 IP 地址的自动分配和手动分配，对虚拟机 IP 地址进行统一管理。DNS 服务为虚拟机网络提供 DNS 服务。

（1）虚拟交换机。虚拟交换机的运行方式与物理以太网交换机相似，它将服务器上运行的多台虚拟机以类似于物理交换机的方式连接起来，从而实现了虚拟机之间的互联互通、VLAN 隔离等交换机特性。

（2）虚拟子网。虚拟交换机提供类似于物理交换机的 VLAN 功能，能够根据 801.1Q 标准，利用 VLAN 字段进行二层广播域的划分，实现同一 VLAN 内虚拟机的 MAC 学习和二层通信，以及不同 VLAN 之间虚拟机的相互隔离。

（3）虚拟端口镜像。虚拟交换机提供物理交换机的端口镜像功能，可以将虚拟交换机上某个网口的所有流量（上行或下行）全部镜像到指定的另一个端口上，便于第三方设备对流量进行监控和分析。

9.3.5.4　虚拟存储管理

存储管理为虚拟机提供硬盘（块设备）服务，实现对虚拟机块存储的管理。块存储服务将物理存储根据需要划分为不同的存储空间提供给虚拟机，虚拟机识别为新的硬盘。当虚拟机不再使用该硬盘时，能够回收到物理存储空间中，以便其他虚拟机使用。

虚拟机块存储服务须确保虚拟机宕机后，存储在虚拟机硬盘上的数据不会丢失，待虚拟机恢复运行后，能够重新挂载到该虚拟机上继续使用。

存储快照是虚拟机硬盘存储空间运行到某一个时刻的副本，当虚拟机硬盘上的数据损坏或异常时可以通过恢复到快照来将数据还原到那个时刻，主要用于数据备份和故障恢复。

9.3.5.5　虚拟资源监控

虚拟机运行状态监控包括所有虚拟机的类型、配置、负载信息，如 CPU、内存、硬盘、网卡等基本信息和 CPU 负载、内存使用量、硬盘使用量、硬盘 I/O 负载、网络流量等运行状态信息。

虚拟机网络流量监控包括所有虚拟机的每个网卡的类型、配置、带宽等基本信息和发送接收数据的实时流量、累积流量、虚拟机网络利用率、网络负载等运行状态信息。

9.3.6　资源监控设计

资源虚拟化后整个资源池成为一个逻辑整体，它内部包含的各种类型的硬件资源和服务组件对外部是透明的，如果不能及时把握这些内部构件的运行行为，很难实现对整个资源池的合理调配和科学使用。

9.3.6.1　硬件监控

物理服务器的监控。监控构成虚拟资源池的物理服务器的各项指标，掌握各计算部件的物理参数、动态运行特征，把握计算资源的使用情况。监控内容包括物理服务器的配置和负载，如 CPU、内存、硬盘、网卡等基本信息和 CPU 负载、内存使用量、硬盘使用量、硬盘 I/O 负载、网络流量等运行状态信息。

存储设备的监控。监控存储设施的容量和利用率，掌握现有资源是否能够满足业务系统的实际应用需求。监控内容包括存储设备运行状态、存储容量、已有空间、实时读写速率等。

网络设备监控。掌握整个虚拟资源池的硬件物理拓扑，监控交换机、路由器、防火墙等关键设备的网络带宽、实时出入口访问流量、网络安全配置策略等信息，及时发现网络瓶颈。

硬件系统监控通常采用服务器/代理的方式进行，整个采集体系包括监控服务器、数据库和监控对象几部分组成。设备规模在几十台的范围内，只需要服务器/代理两层结构，当监控对象数量比较多，尤其是跨数据中心的情况下，还需要在中间增加一层二级代理。

监控服务器是一套接收和存储监控数据的系统，上面运行监控服务，负责接收从监控代理上报来的数据，并存储在后台数据库中，供后续的数据分析和可视化展示。

监控对象上运行监控代理程序，监控代理程序搜集本地的数据，并定期上报给监控服务器。监控对象可以是不同类型的设备，如服务器或交换机，不同的监控对象可能采取不同的数据采集方法和传输协议，监控代理和监控服务能识别不同设备的差异。

Nagios 是一款开源的免费网络监视工具，能有效监控 Windows、Linux 和 UNIX 的主机状态，以及交换机路由器等网络设置，打印机等。在系统或服务状态异常时发出邮件或短信报警第一时间通知网站运维人员，在状态恢复后发出正常的邮件或短信通知。基于 Nagios 的系统监控逻辑如图 9-6 所示。

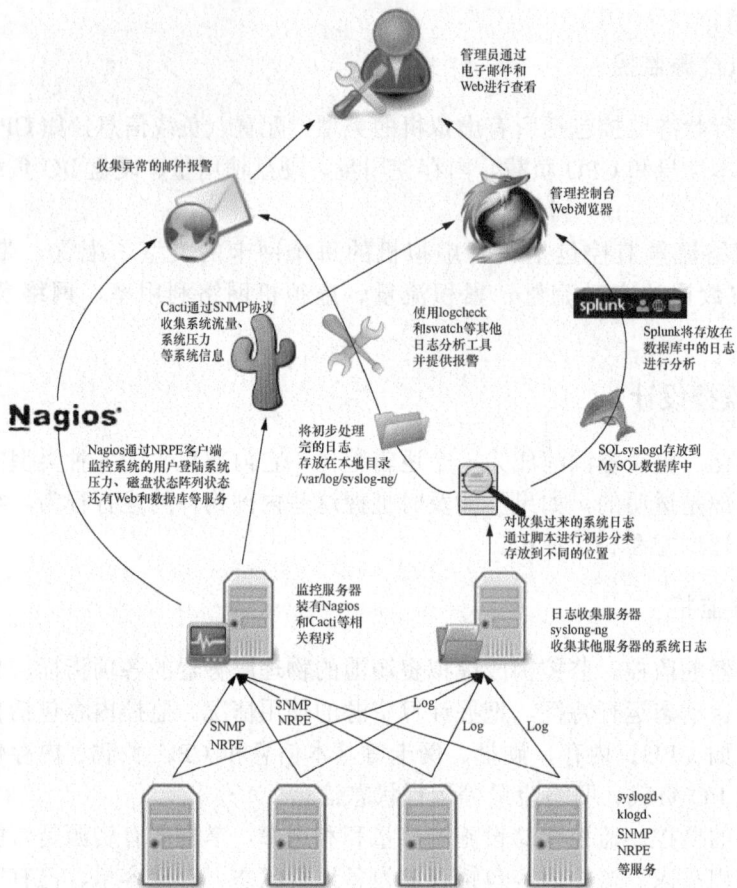

图 9-6　基于 Nagios 的系统监控逻辑

储能系统海量数据分析云服务验证平台监控系统基于 Nagios 进行开发，能够提供以下监控功能：

（1）监控网络服务（数据分析服务、网站服务、NNTP、PING 等）；

（2）监控主机资源（处理器负荷、磁盘利用率等）；

（3）简单地插件设计使得用户可以方便地扩展自己服务的检测方法，实现远程服务的运行、停止、重启；

（4）当服务或主机问题产生与解决时将告警发送给联系人（通过 Email、短信或用户定义方式）；

（5）可以定义一些处理程序，使之能够在服务或者主机发生故障时起到预防作用；

（6）自动的日志滚动功能。系统监控的示例如图 9-7 所示。

9.3.6.2　配额监控

虚拟资源池的服务规模和负载能力具有一定的范围，一旦超过规定的阈值，系统的服务质量将会大打折扣，因此，为了支撑上层业务的高效运转，需要对资源的占用情况进行限定和跟踪，保证每个业务系统能够获得必要的虚拟资源。监控内容包括资源配额

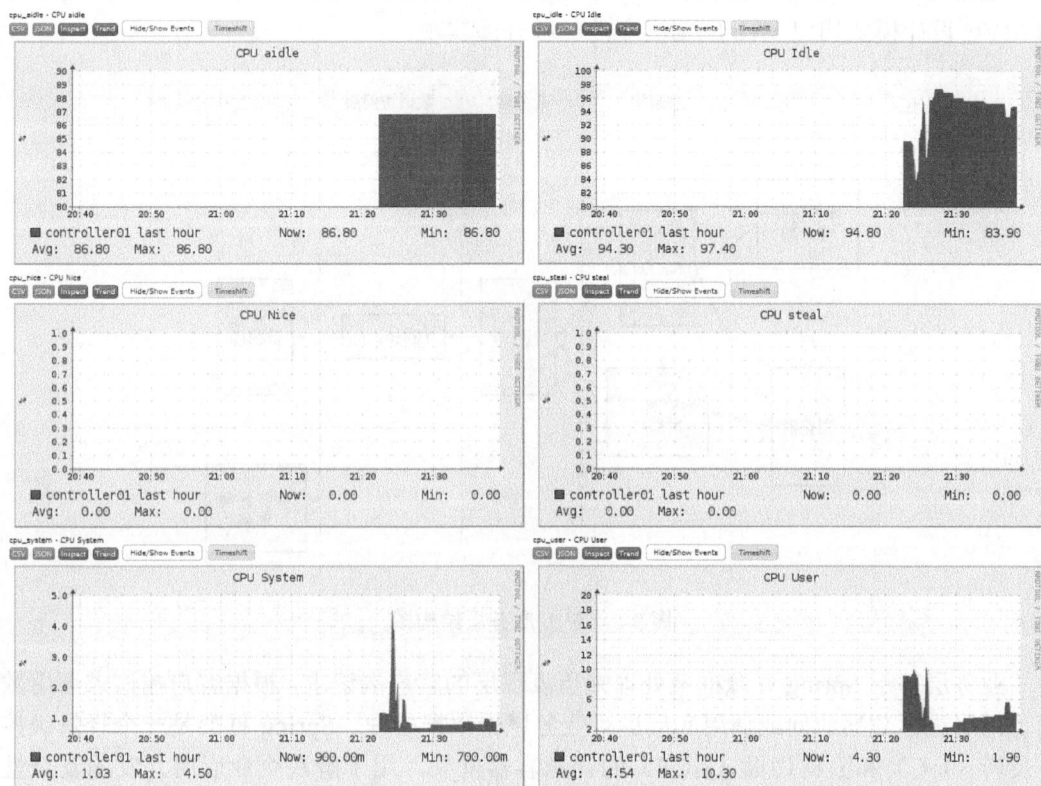

图 9-7 基于 Nagios 的系统监控示例

使用情况，如虚拟主机数量、虚拟处理器使用量、内存、磁盘分配情况等。当监测到某项虚拟资源长期处于高负载范围时，还能辅助对虚拟资源池进行定向扩容。

9.3.6.3 日志管理

系统日志是记录系统日常运行过程的详细档案，对于进行系统监控、故障排查和系统性能调优都有很大作用。虚拟资源池的日志记录用户登录、创建和删除虚拟机、以及手动和自动进行动态迁移等各类事件和行为，同时能够及时报告系统故障和错误的警告，为管理员的日常维护和故障排查工作提供可靠的支持。

9.3.7 Web 服务设计

Web 服务层采用 J2EE 框架和 RESTful 规范，在可视化层和业务层之间起到桥梁的作用，Web 服务层结构如图 9-8 所示。

表现层基于 Restlet 开源框架向顶层提供 Web Service 接口服务，供外部访问客户端进行 Web Service 调用或浏览器进行 Ajax 调用等；基于 Spring MVC 开源框架为浏览器提供动态网页服务，提供用户交互界面。Restlet 开源框架是一种采用 REST 体系结构来构建 Web Service 标准服务的轻量级解决方案，它建立了 REST（representational state transfer，表述性状态转移，一种 Web Service 标准）概念与 Java 类之间的映射，便于应用程序之间通过 HTTP 协议进行数据交换。Spring MVC 框架是 Spring 开源框架自带的用于采用 MVC 设计模式构建 Web 应用程序的一种开源实现。

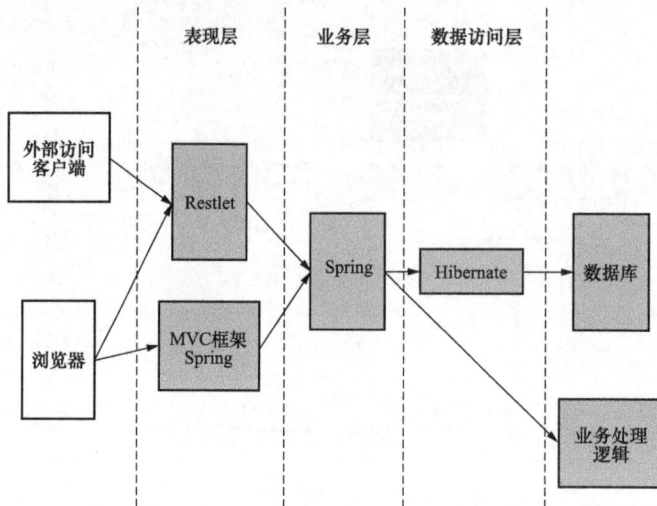

图 9-8　Web 服务层结构图

业务层基于 Spring 开源框架处理来自表现层的客户端请求，根据客户端请求调用数据访问层进行数据访问或调用底层进行业务逻辑数据处理。Spring 框架是一个轻量级控制反转（IoC）和面向切面（AOP）的开源容器框架，用于解决企业应用开发的复杂性而创建的，使用 JavaBean 来完成以前只能由 EJB 提供的企业级服务，使 J2EE 开发更加容易。

数据访问层基于 Hibernate 框架提供数据库访问接口，用于数据存储和访问。Hibernate 是一个开源的对象关系映射框架，它对 JDBC 进行了非常轻量级的对象封装，使得 Java 程序员可以使用对象编程思维来操作数据库，完成数据持久化。

9.4　云服务平台系统的功能设计

9.4.1　云服务平台的设计目标

储能系统海量数据分析云服务验证平台系统功能设计的目标是针对储能系统海量数据，开发云服务及其验证平台，可集成在中国电科院已有的海量电池数据管理平台中，提升海量电池数据管理平台的计算水平。

平台应包括用户管理、海量数据分析环境镜像管理、海量数据分析环境虚拟机管理、物理机管理、验证平台系统管理、日志管理等重要的功能模块。

各模块详细功能包括：

（1）用户管理模块。

1）内置验证平台管理用户，支持用户登录；

2）对用户个人信息进行维护。

（2）海量数据分析环境镜像管理模块。

1）海量数据分析环境虚拟机镜像的注册；

2）查看海量数据分析环境虚拟机镜像信息；

3）修改海量数据分析环境虚拟机镜像信息；

4）删除海量数据分析环境虚拟机镜像。

（3）海量数据分析环境虚拟机管理模块。

1）查看海量数据分析环境的虚拟机列表；

2）根据指定的镜像和配置创建海量数据分析环境虚拟机；

3）通过 VNC 方式远程访问海量数据分析环境虚拟机；

4）海量数据分析环境虚拟机生命周期管理，包括启动、重启、关闭等功能；

5）设置海量数据分析环境虚拟机的外部访问地址，从而能够在验证平台外部访问海量数据分析服务；

6）为海量数据分析环境配置外部存储，提高分析环境存储容量和可靠性；

7）备份海量数据分析环境虚拟机，方便在后续对分析环境进行恢复；

8）调整海量数据分析环境虚拟机的配置，提高数据分析平台的性能；

9）对海量数据分析环境虚拟机进行动态监控，发生异常后主动提高告警。

（4）物理机管理模块。

1）查看验证平台的物理服务器列表和配置信息；

2）监控物理服务器的运行状态，包括处理器、内存、磁盘和网络性能；

3）当物理服务器发生异常时提供告警。

（5）验证平台系统管理模块。

1）查看验证平台的资源配额；

2）设置验证平台的资源配额；

3）查看验证平台的资源利用率。

（6）日志管理模块。

1）记录用户在验证平台的操作日志；

2）支持对操作日志进行检索和查看。

9.4.2　云服务平台的模块设计

根据对用户需求的分析，可把云服务平台的功能划分成六大模块：用户管理模块、海量数据分析环境镜像管理模块、海量数据分析环境虚拟机管理模块、物理机管理模块、验证平台系统管理模块、日志管理模块，如图 9-9 所示。

9.4.3　云服务平台的用户管理模块

9.4.3.1　用户管理

平台支持多用户，用户管理模块负责平台用户相关数据的存储、使用和管理。

（1）需求分析。具备用户管理功能。

（2）设计思路。用户数据存储在关系数据库中，包括用户信息、权限信息等。

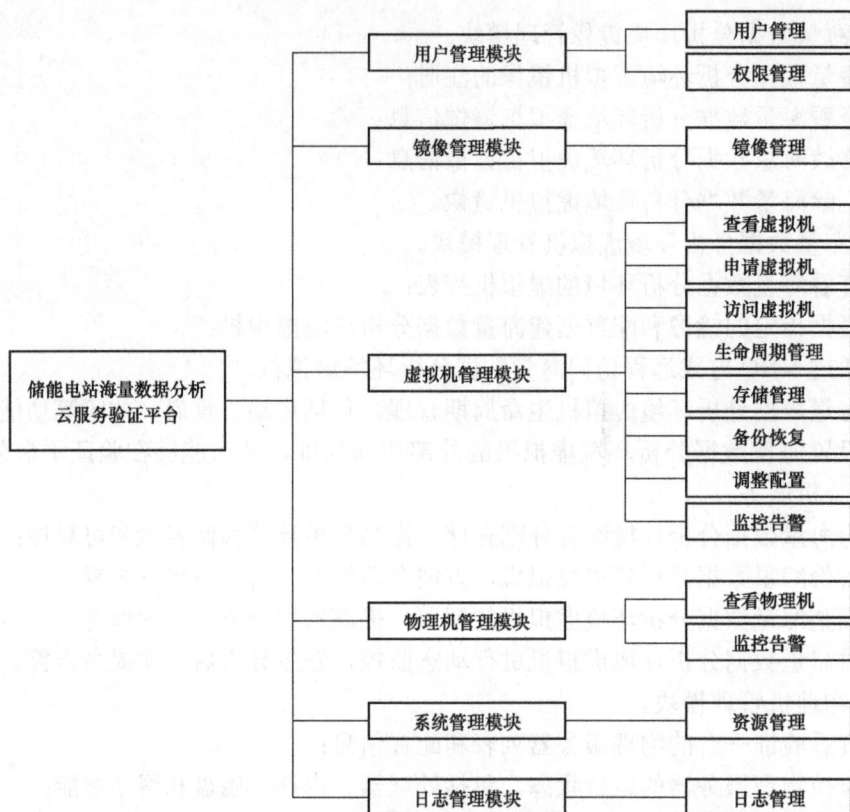

图 9-9　云服务平台的功能模块构成图

平台区分管理员和普通用户两种角色，普通用户能够执行基本操作，管理员负责整个平台运维管理。管理员负责开通普通用户账号，用户负责个人信息的维护。用户登录系统后才能使用平台功能。用户管理的原型界面如图 9-10 所示。

9.4.3.2　权限管理

平台限定了每个普通用户能够使用的访问权限，权限管理模块负责权限数据的存储和设定。

（1）需求分析。具备存储、计算资源权限管理功能。

（2）设计思路。权限数据包括元数据和权限分配数据存储在关系数据库中。

管理员是进行权限管理和分配的唯一合法用户，负责元数据的维护，以及为普通用户分配权限。权限元数据包括存储和计算资源权限，如存储配额、分析组件。用户只能在授权的范围内使用平台功能。

9.4.4　云服务平台的镜像管理模块

镜像管理功能包括如下内容：

（1）需求分析。

1）海量数据分析环境虚拟机镜像的注册；

2）查看海量数据分析环境虚拟机镜像信息；

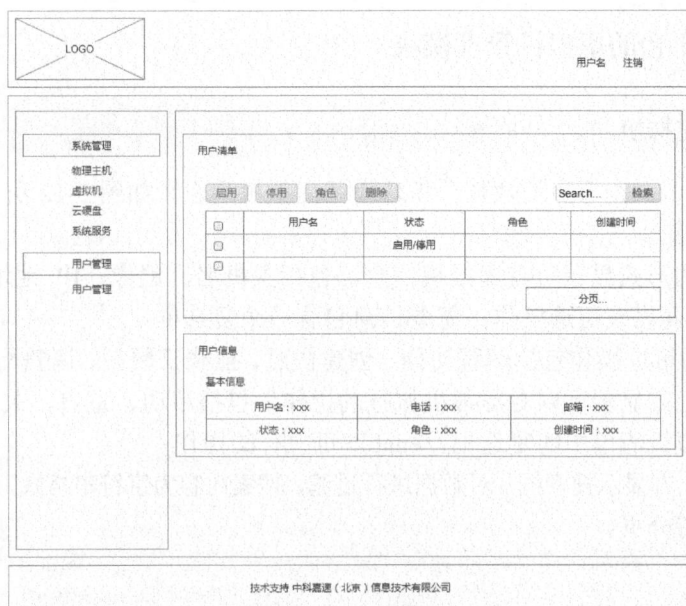

图 9-10 用户管理的原型界面

3）修改海量数据分析环境虚拟机镜像信息；

4）删除海量数据分析环境虚拟机镜像。

（2）设计思路。

根据海量数据分析环境用到的虚拟机配置，制作带有操作系统、分析工具（Hadoop、HBase、Spark 等）的虚拟机模板，并导入到储能系统海量数据分析云服务验证平台。

通过云平台管理界面，实现对导入镜像列表的查看、镜像删除等操作，云服务平台系统的原型界面如图 9-11 所示。

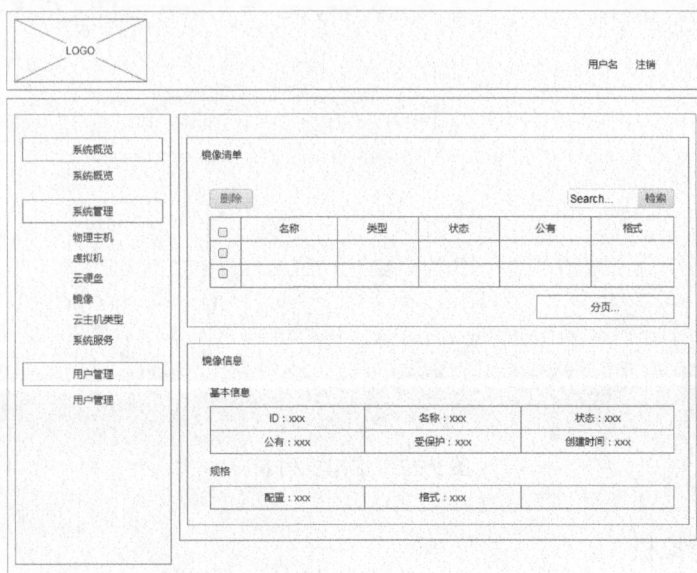

图 9-11 云服务平台系统的原型界面

9.4.5 云服务平台的虚拟机管理模块

9.4.5.1 查看虚拟机

（1）需求分析。查看海量数据分析环境的虚拟机列表，如图 9-12 所示。

（2）设计思路。

1）以表格的形式显示所有虚拟机信息，包括主机名、镜像、IP 地址、配置、虚拟机状态、创建时间以及可选操作，每条信息包含一个复选框；

2）列表中的可选操作包括远程访问、创建快照、挂载云硬盘、调整配置、创建副本；

3）在表格上方显示可以对虚拟机执行的操作，包括启动、重启、关机、删除；

4）选中虚拟机清单中的复选框，enable 可执行的操作；

5）在表格上方显示搜索框，对数据进行过滤，搜索内容为字符串格式，长度不超过 64；

6）表格支持分页。

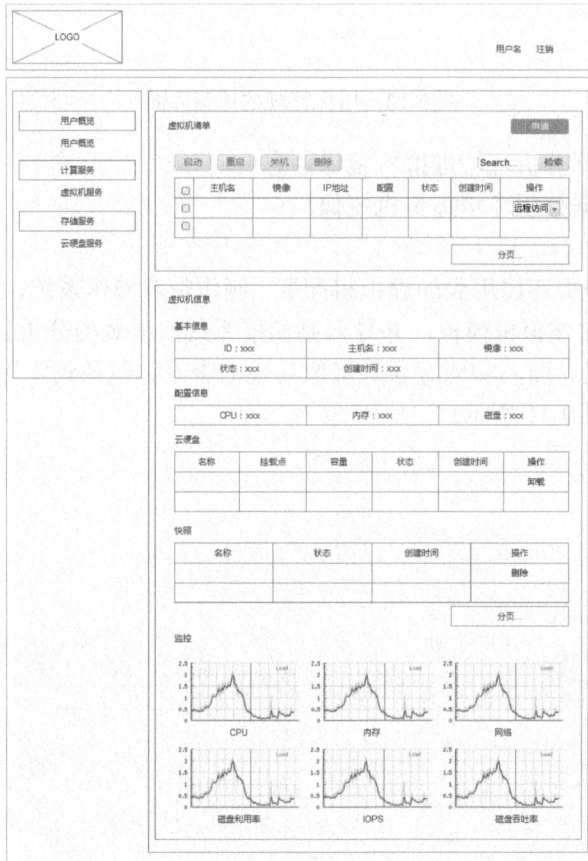

图 9-12　虚拟机列表

9.4.5.2 申请虚拟机

（1）需求分析。根据指定的镜像和配置创建海量数据分析环境虚拟机。

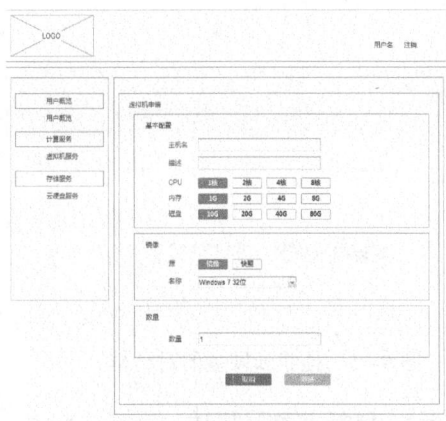

图 9-13　虚拟机申请

（2）设计思路。点击申请按钮进入虚拟机申请页，如图 9-13 所示。

1）设置项包括主机名、描述、CPU、内存和磁盘信息；

2）主机名为字符串，长度不超过 64；

3）描述为字符串，长度不超过 256；

4）CPU 设置为单选框，设置项有 1 核、2 核、4 核和 8 核；

5）内存设置为单选框，设置项有 1G、2G、4G 和 8G；

6）磁盘设置为单选框，设置项有 10G、20G、40G 和 80G。

9.4.5.3　访问虚拟机

（1）需求分析。

1）通过 VNC 方式远程访问海量数据分析环境虚拟机；

2）设置海量数据分析环境虚拟机的外部访问地址，从而能够在验证平台外部访问海量数据分析服务。

（2）设计思路。点击远程访问打开虚拟机 VNC 窗口。

平台提供基于 WebSocket 的远程虚拟机访问功能，因此可以在浏览器中直接显示虚拟机的 GUI 界面，显示方式如图 9-14 所示。

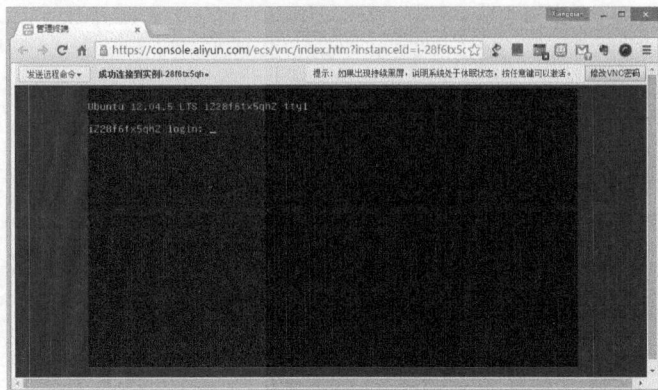

图 9-14　虚拟机 VNC 窗口

9.4.5.4　生命周期管理

（1）需求分析。海量数据分析环境虚拟机生命周期管理，包括启动、重启、关闭等功能。

（2）设计思路。虚拟化技术提供对虚拟机的各项基本操作，如启动、关机、重启、删除等，点击重启、关机和删除时提示用户进行确认。

9.4.5.5 存储管理

（1）需求分析。为海量数据分析环境配置外部存储，提高分析环境存储容量和可靠性。

（2）设计思路。虚拟机的外部存储通过云硬盘的形式提供。点击虚拟机页面的挂载云硬盘显示挂载云硬盘对话框（如图 9-15 所示），挂载后在虚拟机上能够看到额外的存储空间。

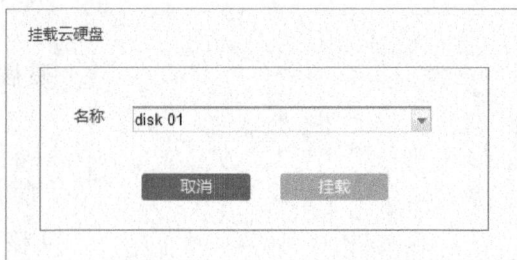

图 9-15　挂载云硬盘的对话框

云硬盘的信息以表格的形式显示（如图 9-16 所示），包括名称、描述、容量、状态、挂载信息、创建时间和允许执行的操作，每条信息包含一个复选框。

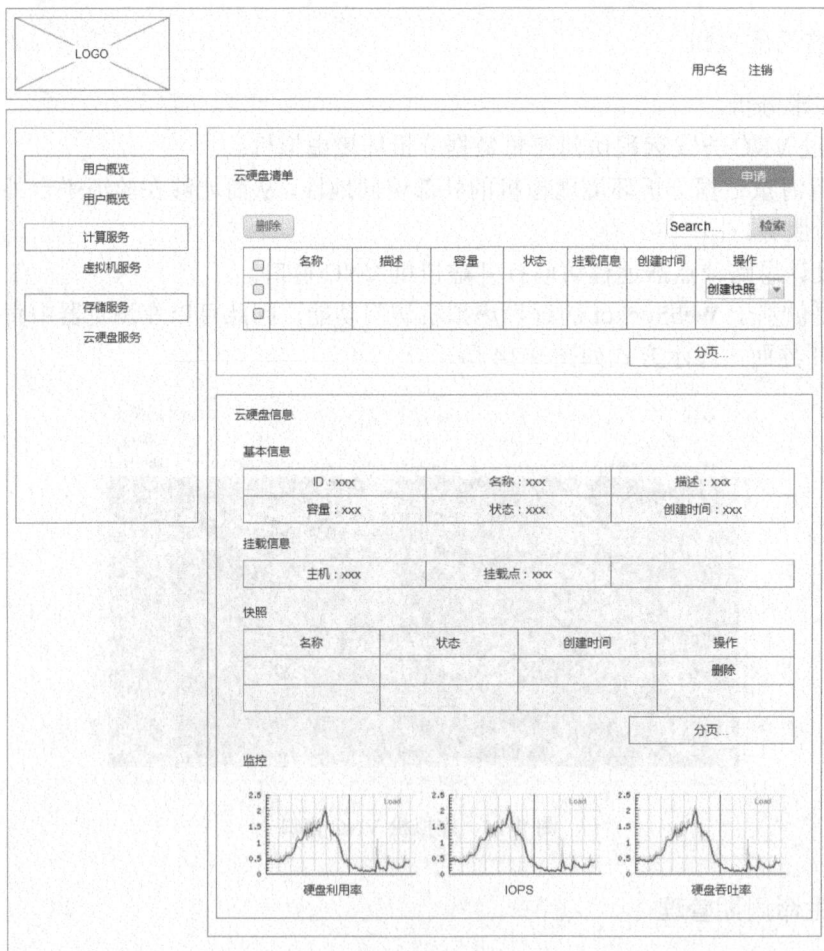

图 9-16　云硬盘的信息监控示意图

1）允许执行的操作包括创建快照和挂载到虚拟机；

2）在表格上方显示可以对云硬盘执行的操作，包括删除操作；

3）选中云硬盘清单中的复选框，enable 可执行的操作；

4）在表格上方显示搜索框，对数据进行过滤；

5）表格支持分页。

9.4.5.6 备份恢复

（1）需求分析。备份海量数据分析环境虚拟机，方便在后续对分析环境进行恢复。

（2）设计思路。虚拟机的备份恢复通过创建虚拟机快照完成。点击创建快照显示创建虚拟机快照对话框，如图 9-17 所示。可以在虚拟机信息中查看创建好的快照，以表格形式显示虚拟机的快照信息，包括快照名称、状态、创建时间和允许执行的操作。通过恢复快照重建与原来状态相同的虚拟机。

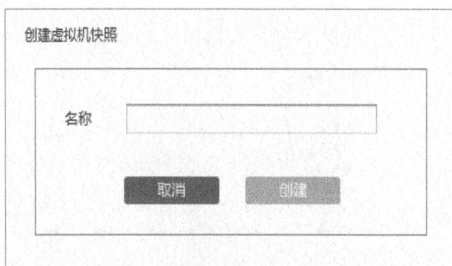

图 9-17　创建虚拟机快照对话框

9.4.5.7 调整配置

（1）需求分析。调整海量数据分析环境虚拟机的配置，提高数据分析平台的性能。

（2）设计思路。在虚拟机页面上点击调整配置显示调整虚拟机配置对话框，如图 9-18 所示。

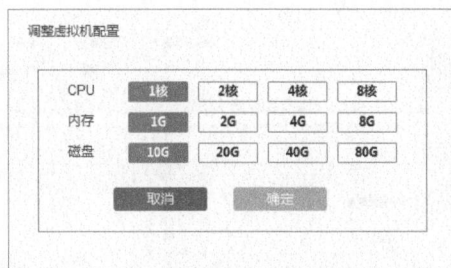

图 9-18　调整虚拟机的配置对话框

9.4.5.8 监控告警

（1）需求分析。对海量数据分析环境虚拟机进行动态监控，发生异常后主动提高告警。

（2）设计思路。以图表的形式显示虚拟机的监控信息（如图 9-19 所示），包括处理器、内存、网络和本地磁盘的动态负载。

9.4.6 云服务平台的物理机管理模块

9.4.6.1 查看物理机信息

（1）需求分析。查看验证平台的物理服务器列表和配置信息。

（2）实现思路。以表格的形式显示所有物理机信息（如图 9-20 所示），包括名称、状态、运行在物理机上的虚拟机数量、处理器占用比、内存占用比、磁盘占用比，支持分页显示。点击物理机名称在当前页显示物理机详细信息，详细信息区显示"物理机的详细信息"。

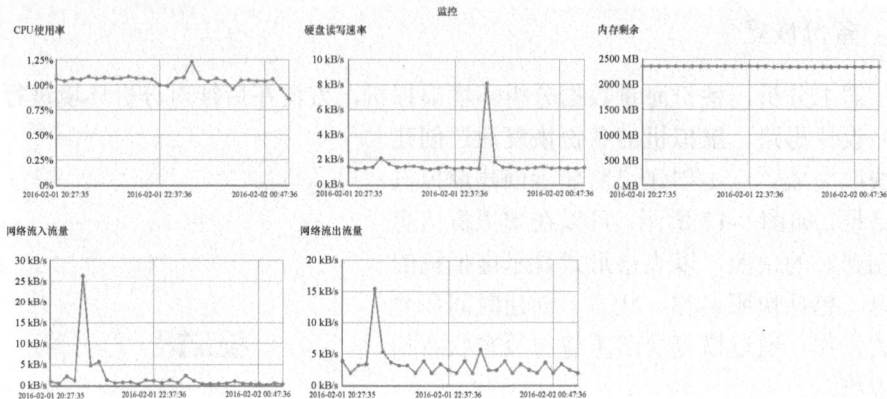

图 9-19　虚拟机的监控信息图

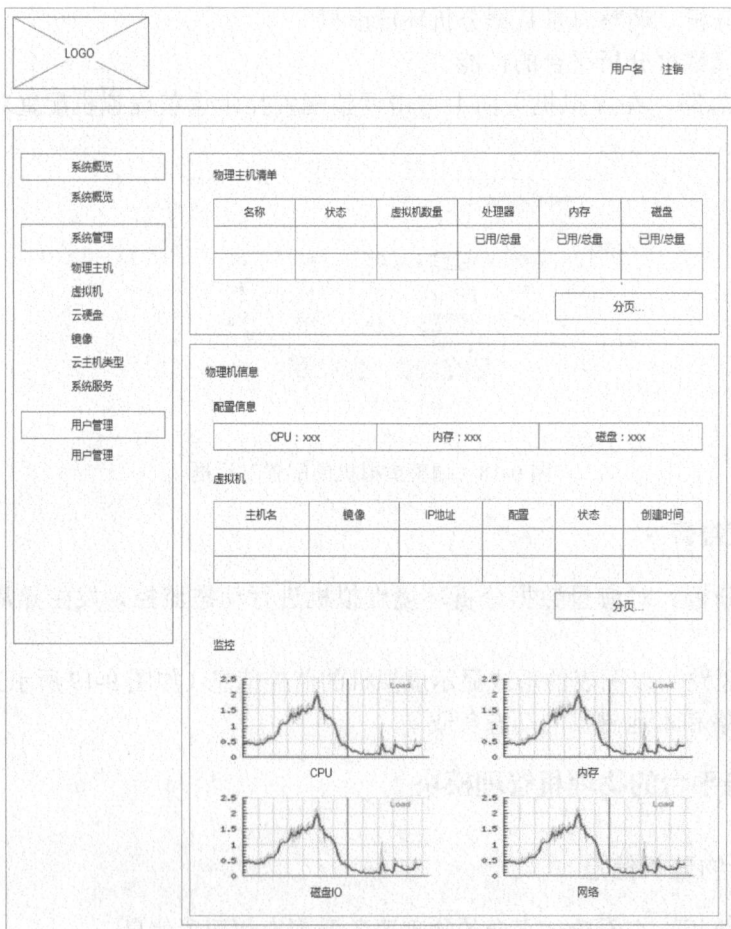

图 9-20　物理机信息查看

9.4.6.2　监控告警

（1）需求分析。

1）监控物理服务器的运行状态，包括处理器、内存、磁盘和网络性能；

2）当物理服务器发生异常时提供告警。

（2）实现思路。基于成熟的系统监控组件开发系统监控服务，周期性的采集硬件性能数据，包括处理器、内存、磁盘等实用情况。采集数据存储在关系数据库中。通过可视化的方式展示采集数据，包括曲线图、饼图、仪表盘等，便于管理员直观掌握系统运行情况。当系统中发生异常情况时，可以发出报警提示。

9.4.7　云服务平台的系统管理模块

资源管理功能包含如下内容：

（1）需求分析。①查看验证平台的资源配额；②设置验证平台的资源配额；③查看验证平台的资源利用率。

（2）设计思路。由后台接口提供统计数据，显示平台资源使用统计图表（如图 9-21 所示），包括：

1）显示云平台设定的虚拟机配额数和已用数，显示统计饼图；

2）显示云平台设定的虚拟处理器配额数和已用数，显示统计饼图；

3）显示云平台设定的虚拟内存配额数和已用数，显示统计饼图；

4）显示云平台设定的云硬盘配额数和已用数，显示统计饼图。

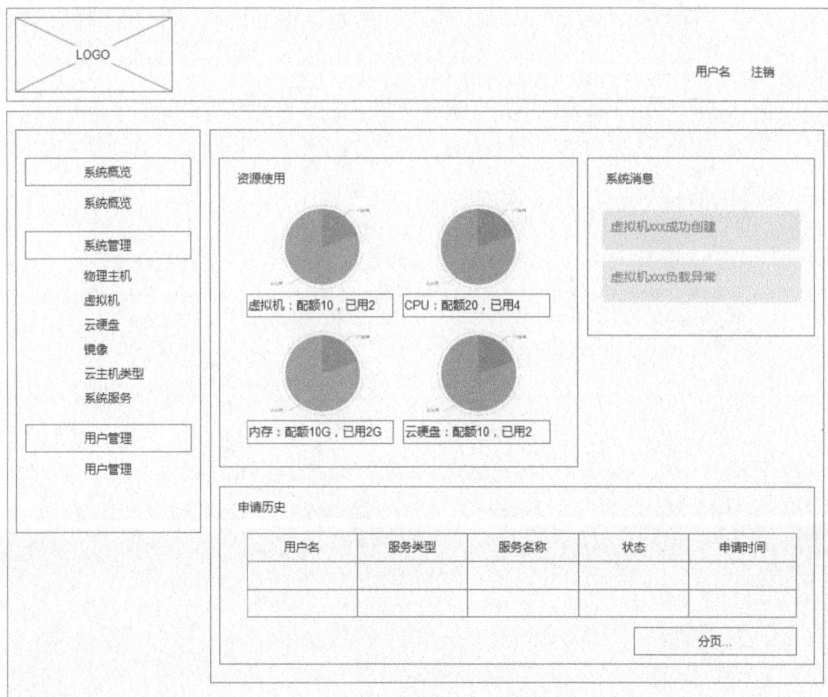

图 9-21　资源管理统计图

9.4.8　云服务平台的日志管理模块

日志管理功能包含如下内容：

（1）需求分析。①记录用户在验证平台的操作日志；②支持对操作日志进行检索和查看；

（2）设计思路。

由后台接口提供申请历史数据，显示所有用户在云平台上申请服务的历史记录，以表格的形式显示服务历史记录，包括用户名、服务类型、服务名称、状态和申请时间，按申请时间逆序排列，并支持分页显示。